Fungicides for Crop Protection

Fongicides et Protection des Plantes

Volume 2

Fungicides for Crop Protection

100 Years of Progress

Fongicides et Protection des Plantes

100 Ans de Progrès

Monograph No. 31

VOLUME 2 POSTER PAPERS

Proceedings of The Bordeaux Mixture Centenary Meeting
Comptes Rendus du Colloque Commémoratif du Centenaire de la Bouillie Bordelaise

Bordeaux, France, 5th–7th September, 1985

Editor/Rédacteur
I. M. SMITH

BCPC Publications
2A Kidderminster Road,
Croydon CR0 2UE

BCPC BRITISH CROP PROTECTION COUNCIL

British Library
Cataloguing in Publication Data

Fungicides for Crop Protection: 100 years of
progress = Fongicides et protection des plantes:
100 ans de progrès. — (Monograph, ISSN 0306-3941;
no. 31)
Vol. 1
1. Fungicides
I. Smith, I.M. II. British Crop Protection
Council III. Series
632′. 952 SB 951.31

ISBN 0 901436 93 3 (VOL. 2)

Printed in Great Britain by
The Lavenham Press Limited, Lavenham, Suffolk

Contents

Preface

It is now 100 years since Millardet, Professor of Botany at the Science Faculty of Bordeaux University, discovered and scientifically evaluated the fungicidal activity of Bordeaux Mixture. This research work, carried out in collaboration with Gayon, Professor of Chemistry, opened the modern era of crop protection. The centenary is being marked by this international symposium, with the theme 'Fungicides for Crop Protection: 100 Years of Progress'. The historical evolution of fungicides over the last century is reviewed and the meeting is the occasion for the inauguration of a commemorative monument at Château Dauzac, near Margaux in the Médoc, where the first field trials on Bordeaux Mixture were carried out by Millardet and David (estate manager at the châteaux of Dauzac and Beaucaillou). However, the main scientific content of the symposium is firmly in the present, with an eye turned also to future developments.

The centenary is also an occasion in another respect, since it is the first major joint Franco-British plant pathology meeting, initiated by the Société Française de Phytopathologie and the British Society for Plant Pathology and actively supported and sponsored also by the British Crop Protection Council, the Association Nationale pour la Protection des Plantes and the European and Mediterranean Plant Protection Organization. We hope that this centenary meeting will also seal the friendship between the sponsoring societies and be only the first, perhaps, of a series of joint meetings between national plant pathology societies in Europe.

Finally we should record our thanks to the sponsoring societies, to the referees who reviewed the manuscripts and to the staff of the Plant Pathology Station of INRA at Pont-de-la-Maye (Bordeaux) and of EPPO in Paris for their valuable support.

The Organizing Committee

Preface

Il y a 100 ans, Millardet, Professeur de Botanique à la Faculté des Sciences de Bordeaux, découvrait et déterminait l'activité fongicide de la bouillie Bordelaise. Ce travail de recherche, réalisé an collaboration avec Gayon, Professeur de Chimie, a ouvert la voie à la phytopharmacie moderne. Notre colloque international marque ce centenaire avec pour thème: "Fongicides et protection des plantes: 100 ans de progrès". L'évolution historique des fongicides au cours des 100 dernières années sera passée en revue et à l'occasion de la réunion un monument commémoratif sera inauguré à château Dauzac, près de Margaux dans le Médoc. C'est à cet endroit, notamment, que Millardet et David (régisseur des châteaux Dauzac et Beaucaillou) ont mené les premiers essais de plein champ sur la bouillie Bordelaise. Cependant, le contenu scientifique du colloque reste principalement centré sur le présent, et ouvre également des perspectives sur l'avenir.

Le centenaire représente également un évènement sous un autre aspect: c'est la première importante réunion conjointe franco-britannique de pathologie végétale. La Société Française de Phytopathologie et la British Society of Plant Pathology ont lancé le projet, le British Crop Protection Council, L'Association Nationale pour la Protection des Plantes et l'Organisation Européene et Méditerranéenne pour la Protection des Plantes lui ont apporté leur parrainage et leur soutien actif. C'est pourquoi nous espérons que cette réunion du Centenaire scellera l'amitié entre les sociétés participantes et sera, peut-être, la première de toute une série de réunions conjointes entre les sociétés nationales de pathologie végétale, au niveau européen.

Enfin, nous adressons nos remerciements pour leur soutien efficace aux sociétés qui parrainent la réunion, aux rapporteurs qui ont revu les manuscrits, au personnel de la station INRA de pathologie végétale de Pont-de-la-Maye (Bordeaux) et de l'OEPP à Paris.

Le comité d'organisation

SPONSORS

Société Française de Phytopathologie	(SFP)
British Society for Plant Pathology	(BSPP)
Association Nationale pour la Protection des Plantes	(ANPP)
British Crop Protection Council	(BCPC)
Organisation Européenne et Méditerranéenne pour la Protection des Plantes	(OEPP/EPPO)

Organising Committee
Comité d'organisation

R. LAFON — ANPP
(INRA, Bordeaux)
Chairman/Président

D. J. HIGGONS — BCPC
(Southwell)

J. P. GUILLOU — UIPP
(Paris)

Programme Committee
Comité de programme

M. RITTER — SFP
(INRA, Antibes)
Chairman/Président

M. FINNEY — BSPP
(Shell Chemicals UK Ltd)

P. LEROUX — SFP
(INRA, Versailles)

J. BOURDIN — ANPP
(INRA, Versailles)

J. BULIT — SFP
(INRA, Bordeaux)

R. DE MALLMANN — BCPC
(SOPRA, Clamart)

I. M. SMITH — BSPP/EPPO
(OEPP/EPPO, Paris)
Secretary/Secrétaire

THE BRITISH CROP PROTECTION COUNCIL

President	Professor R. L. Bell
Chairman	Mr R. F. Norman
Vice Chairmen	Mr B. W. Cox, Mr S. A. Evans
Hon. Treasurer and Secretary	Dr Q. A. Geering

Corporate Members:

Agricultural and Food Research Council
Association of Applied Biologists
Association of Independent Crop Consultants
British Agrochemicals Association

British Institute of Agricultural Consultants
Department of Agriculture and Fisheries for Scotland

Department of Agriculture, Northern Ireland
Department of the Environment
Ministry of Agriculture, Fisheries and Food Agricultural Development and Advisory Service, The Harpenden Laboratory, Pesticide Branch

National Association of Agricultural Contractors
National Farmers' Union

Natural Environment Research Council
Overseas Development Administration

Society of Chemical Industry, Pesticides Group
United Kingdom Agricultural Supply Trade Association Ltd
Agricultural Engineers' Association
British Society for Plant Pathology

Dr T. Lewis
Dr N. E. A. Scopes
Mr E. A. Brown
Dr J. R. Corbett
Mr D. Tyson
Mr G. G. Fisher
Mr J. R. Cutler,
Mr E. B. Scragg
Professor R. J. Marks
Mr T. R. Graham
Mr P. J. Attwood
Mr P. Wiggell
Mr J. A. R. Bates
Mrs H. Sackville Hamilton
Mr R. Devereux-Cooke
Mr T. I. Horsfield
Mr A. W. Hayward
Mr H. J. Killick
Dr J. C. Davies
Mr T. Jones
Dr C. G. L. Furmidge
Mr P. Waddington
Mr D. G. Lidstone
Mr M. V. Beckett
Dr B. C. Clifford

Individual members

Dr J. T. Braunholtz
Dr D. H. S. Drennan
Professor J. D. Fryer
Dr H. C. Gough
Mr A. G. Harris
Dr D. Rudd-Jones
Mr D. J. Higgons

Hon. Vice-Presidents

Mr A. W. Billitt
Mr M. S. Bradford
Professor L. Broadbent
Mr E. Lester

Abbreviations

Where abbreviations are necessary (in tables or figures) those below are permitted without definition. The full word, for example 'days', may be more suitable for use in text.

acid equivalent	a.e.
active ingredient	a.i.
approximately	c.
aqueous concentrate	a.c.
boiling point	b.p.
British Standards Institution	BSI
centimetre(s)	cm
concentration	concn
concentration required to kill 50% of test organisms	LC50
correlation coefficient	r
cultivar(s)	cv
day(s)	d
days after treatment	DAT
degrees Celsius (Centigrade)	°C
dose required to kill 50% of test organisms	LD50
dry matter	d.m.
Edition	Edn
Editor	Ed.
Editors	Eds.
emulsifiable concentrate	e.c.
freezing point	f.p.
gas chromatography-mass spectrometry	gc-ms
gas-liquid chromatography	glc
gram(s)	g
growth stage	GS
hectare(s)	ha
high performance (or pressure) liquid chromatography	hplc
hour	h
infrared	i.r.
International Standardization Organization	ISO
Kelvin	K
kilogram(s)	kg
least significant difference	LSD
litre(s)	litre
litres per hectare	l/ha
mass	m
mass per volume	m/vol
mass spectrometry	ms
maximum	max.
melting point	m.p.
metre(s)	m
milligram(s)	mg
millilitre(s)	ml
millimetre(s)	mm
minimum	min.
minute (time unit)	min
molar concentration	M
nuclear magnetic resonance	nmr
number median diameter	nmd
organic matter	o.m.
page	p.
pages	pp.
parts per million by volume	mg/l
parts per million by weight	mg/kg
pascal	Pa
percentage	%
post-emergence	post-em
power take off	pto
pre-emergence	pre-em
probability (statistical)	p
relative humidity	r.h.
revolutions per minute	rev/min
second (time unit)	s
standard error	S.E.
standard error of mean(s)	S.E.M.
soluble powder	s.p.
species (singular)	sp.
species (plural)	spp.
square metre	m^2
subspecies	ssp
surface mean diameter	smd
suspension concentrate	s.c.
temperature	temp
thin-layer chromatography	tlc
tonne(s)	t
ultraviolet	u.v.
vapour pressure	v.p.
variety (wild plant use)	var
volume	vol
volume median diameter	vmd
weight	wt
weight by volume	wt/vol
weight by weight	wt/wt
wettable powder	w.p.

less than	$<$
more than	$>$
not less than	$\nless$
not more than	$\ngtr$
Multiplying symbols –	Prefixes
mega ($\times 10^{6}$)	M
kil ($\times 10^{3}$)	k
milli ($\times 10^{-3}$)	m
micro ($\times 10^{-6}$)	µ
nano ($\times 10^{-9}$)	n
pico ($\times 10^{-12}$)	p

A.
Bordeaux mixture and copper based fungicides
Bouillie bordelaise et fongicides cupriques

ANALYTICAL STUDIES ON BIOLOGICAL ACTIVITY OF COPPER COMPOUNDS (SEARCHING FOR A NEW COPPER FUNGICIDE)

Y. ARIMOTO, Y. HOMMA, T. SASAKI, K. TOMONO, M. KAWAI

The Institute of Physical and Chemical Research (RIKEN)
Wako-shi, Saitama 351-01, Japan

Abstract

This paper analyzes the biological activity of inorganic copper (i-Cu) fungicides and proposes empirical formulas which represent the inhibitory effects in terms of $[Cu^{2+}]$ and pH. The preventive values predicted by these formulas agree fairly well with the experimental values obtained on plants being treated with a conventional i-Cu fungicide. Using these formulas, we developed a new i-Cu fungicide for which the formulas predict the preventive value of 95% on cucumber angular leaf spot disease. The preventive value observed on this new i-Cu fungicide is almost equal to 95%, which may be compared with the value 65% for the conventional i-Cu fungicide.

INTRODUCTION

Inorganic copper (i-Cu) compounds are active ingredients of fungicide, and they are thought to have a very strong biological active potential. So far, it was considered that the inhibitory effects produced by i-Cu compounds were attributable mostly to the action of Cu^{2+} ion in solution. However, experiment revealed (Tomono et al. 1981) that the Cu^{2+} ion concentration, $[Cu^{2+}]$, in solution was not simply related to the inhibitory effects on the growth of pathogenic organs (Fig. 1). This means that the inhibitory effects of i-Cu compounds are not related to $[Cu^{2+}]$ alone but also related to some other factors.

Fig. 1. The dependence of inhibition of pycnospore germination of *Diaporthe citri* on Cu^{2+} ion concentration and pH of a conventional i-Cu fungicide.
● : inhibition
□ : concn. of Cu^{2+} ion
△ : pH

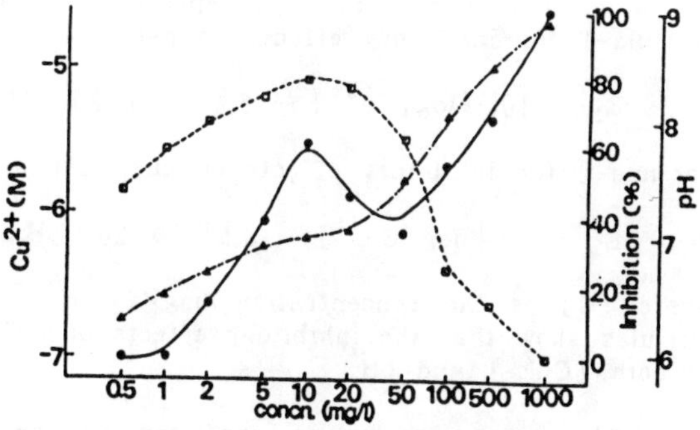

In order to clarify this problem, we performed a series of experiments and analyzed the results by using a computer. The analysis revealed that, if we consider the pH also, it is possible to explain the observed inhibitory effects satisfactorily. That is, we propose the relationship:

[inhibitory effect of i-Cu fungicide]

= [inhibition by Cu^{2+} ion] + [inhibition by pH].

Empirical formulas representing this relationship quantitatively were found, and the validity of the formulas was checked by experiments. It should be emphasized that the formulas obtained are useful not only for understanding the activity of i-Cu compounds but also for developing new effective i-Cu fungicides.

MATERIALS AND METHODS

Copper sulfate was dissolved into either distilled water or a phosphate buffer solution (1/75M, pH 4.9, 5.8, 7.0 and 8.1). The $[Cu^{2+}]$ and pH of these solutions were measured by using an ion-selective electrode. Using methods employed practically, we investigated the inhibitory effects of the solutions on both pycnospore germination of Diaporthe citri and development of cucumber angular leaf spot disease caused by Pseudomonas syringae pv. lachrymans. Assuming that the inhibitory effect, E_{Cu}, is representable in terms of Cu^{2+} and pH as

$$E_{Cu} = (\log[Cu^{2+}] - \log[Cu^{2+}]_{cr})^n \times C_{Cu^{2+}} + (pH - pH_{cr})^n \times C_{pH},$$

where n is 1 or 2 and $[Cu^{2+}]_{cr}$, pH_{cr}, $C_{Cu^{2+}}$ and C_{pH} are constants, we determined these constants by fitting to the experimental data by a computer.

In order to check the validity of the formulas thus obtained, we prepared dilutions of a conventional i-Cu fungicide (active ingredients, basic copper sulfate) with distilled water and measured $[Cu^{2+}]$ and pH of these solutions. Then, the preventive value predicted by the formulas was compared with the preventive values of these solutions on plants.

Development of new i-Cu fungicide was performed as follows. We prepared several i-Cu mixtures for which our formulas predict high preventive values. By testing these candidates on plants actually, we selected the most potent mixture, which is our new fungicide.

RESULTS

The empirical formulas we have obtained are as follows, where the coefficients are normalized so that the E_{Cu} represents the percentage.
Formula-1 for inhibitory effects on pycnospore germination of D. citri:

$$E_1 = 100\cdot(\log[Cu^{2+}] - 6.43)^2 + 35\cdot(pH - 6.0)^2.$$

Formula-2 for inhibitory effects on cucumber angular leaf spot disease:

$$E_2 = 30\cdot|\log[Cu^{2+}] - 8.5| + 20\cdot|pH - 5.5| + 10\cdot(\log\sqrt{[C]} - 1),$$

where [C] is the concentration (mg/ℓ) of i-Cu compounds in fungicide. These formulas show that the inhibitory effects of i-Cu compounds are strongly dependent on both $[Cu^{2+}]$ and pH.

The preventive values predicted by the formulas for the solutions of the conventional i-Cu fungicide agree fairly well with the observed values for both the pycnospore germination of D. citri and the development of angular leaf spot disease (Fig. 2). It is interesting to observe that the contribution of Cu^{2+} ion to the inhibitory effect of the conventional fungicide is not significant, although it is considerable at the concentration ranging from 0.5 to 50 mg/ℓ (Fig. 3). Hence, the conventional belief the inhibition is mostly due to $[Cu^{+2}]$ is wrong.

A new i-Cu formulation, for which our formulas predict the preventive value of

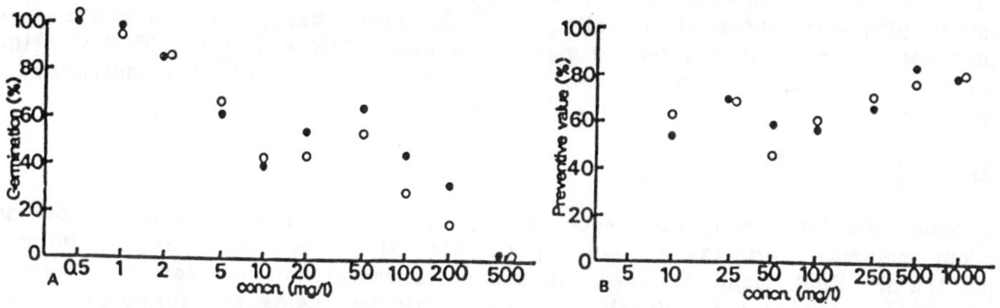

Fig. 2. Formula-derived biological activities and actual inhibitory effect of a conventional i-Cu fungicide on pycnospore germination of Diaporthe citri (A) and development of angular leaf spot disease (B).

○ : formula ● : obs.

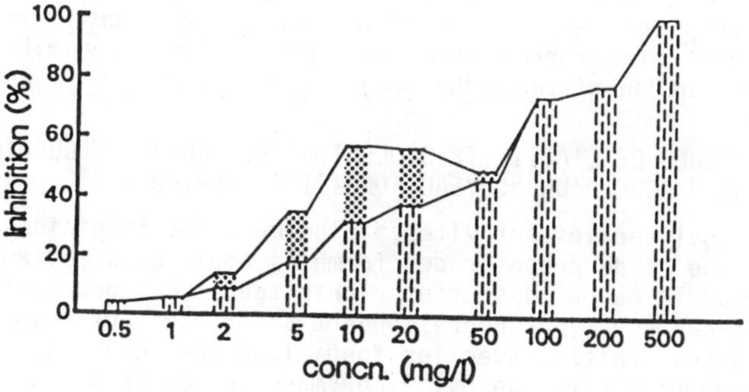

Fig. 3. Contributions of Cu^{2+} ion and pH to biological activities of conventional i-Cu fungicide (active ingredient : basic copper salfate) on pycnospore germination of Diaporthe citri.

(dotted) : inhibition by Cu^{2+} ion, (dashed) : inhibition by pH

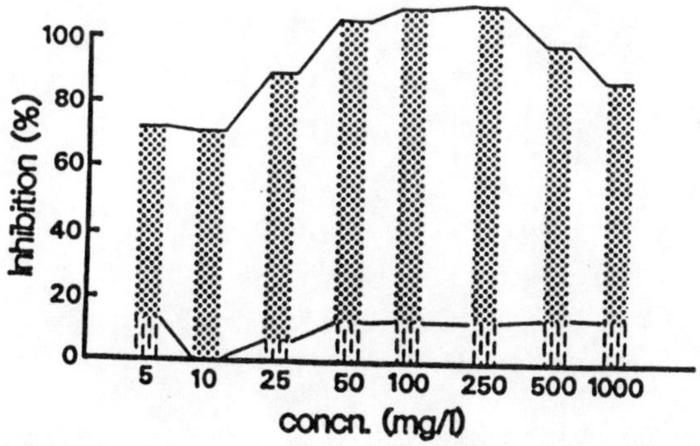

Fig. 4. Contributions of Cu^{2+} ion and pH to biological activities of newly formulated i-Cu fungicide on development of angular leaf spot disease.

(dotted) : inhibition by Cu^{2+} ion, (dashed) : inhibition by pH

95% for cucumber angular leaf spot disease, was realized. The biological activity of this new i-Cu formulation was investigated on plants, and the preventive value of almost 95% was observed actually. On the other hand, the preventive value obtained for the conventional i-Cu fungicide is about 65% and it is 30% lower than our value. We found that, in our new i-Cu formulation, the Cu^{2+} ion contributed to increase the inhibitory effect greatly (Fig. 4).

DISCUSSION

Since the functional dependence of E_{Cu} on $[Cu^{2+}]$ and pH is reasonable and since our empirical formulas explain experiments fairly well, we think our formulas hit the truth. Such empirical formulas are quite useful not only for understanding the phenomenon but also for developing new fungicides: using our formulas, we can control the biological activity of i-Cu fungicide quite simply. The approach to fungicide development based on analytical formulas was quite rare so far, but it must be pursued intensively from now on.

REFERENCE

Tomono, K., Arimoto, Y., Homma, Y., Misato, T., (1981). Studies on the mechanisms of inhibitory effect of copper compound against Diaporthe citri (part 1). The influence of Cu^{2+} ion concentration and pH on inhibitory effects against pycnospore germination of Diaporthe citri. J. Pesticide Sci. 6, 25-29.

ETUDES ANALYTIQUES DE L'ACTIVITE BIOLOGIQUE DES COMPOSES CUPRIQUES (RECHERCHE D'UN NOUVEAU FONGICIDE CUPRIQUE)

Il a été décidé d'analyser les activités biologiques des fongicides à base de cuivre inorganique et de proposer des formules empiriques mettant en jeu (Cu^{2+}) et le pH pour le calcul des effets inhibiteurs. Les pourcentages obtenus en utilisant ces équations correspondent assez bien aux résultats observés sur les plantes traitées avec les fongicides Cu-i courants. On a expérimenté sur Pseudomonas syringae pv. lachrymans un fongicide Cu-i formulé depuis peu dont la valeur préventive dérivée des équations est de 95 %. La valeur préventive observée actuellement in vivo est presque de 95 %, et ainsi plus élevée que la valeur (65 %) observée avec les fongicides Cu-i courants.

MODE OF ACTION ON FUNGAL GROWTH OF COPPER COMPOUND BASED ON Cu^{2+} ION

Y. HOMMA, Y. ARIMOTO, K. TOMONO, M.KAWAI

The Institute of Physical and Chemical Research (RIKEN)
Wako-Shi, Saitama, 351-01, Japan

ABSTRACT

The effect of the Cu^{2+} ion was studied on pycnospore germination of Diaporthe citri, and also on the development of cucumber angular leaf spot (Pseudomonas syringae pv. lachrymans). A 50 % inhibitory effect could be obtained by a 4 x 10^{-5} M concentration, and these diseases were completely controlled by a 4.5 x 10^{-5} M Cu^{2+} ion concentration. Both the stages of pycnospore germination and hyphal penetration of D. citri were found to be particularly sensitive to Cu^{2+} ion. That is Cu^{2+} ion absorption values for germination-inhibited pycnospores and penetration-inhibited hyphae were 1.6 and 4.3 times higher than for the germinating and penetrating stage values respectively. Under the same conditions the germination inhibition of the Cu^{2+} ion decreased by one hundredth when solution of citlate, isocitrate, gulutamate and ATP were used. This phenomenon seems to indicate that the Cu^{2+} ion reacts with these substrates, and it possesses some action sites in fungal metabolic cycles.

INTRODUCTION

Copper fungicides are necessary not only as a means of plant protection, but also as a fertilizer. However, an excess of Cu^{2+} ions causes phytotoxicity during the summer months. Therefore, there are problems in its agricultural use. In order to solve these problems and to develop better copper fungicides, we tried to clarify the behavior of copper compounds relative to the Cu^{2+} ion-pathogen growth interaction.

MATERIALS AND METHODS

A pycnospore suspension of Diaporthe citri having 100-120 pycnospores per microscopic field (150 x) was prepared by adding sterilized distilled water to a citrus twig culture. This was then mixed with the same volume of basic copper sulfate or copper sulfate solution (pH 6, adjusted with M/75 phosphate buffer) to make a 50 or 100 mg/l basic copper sulfate -pycnospore suspension or a 2 x 10^{-5} M Cu^{2+} ion-pycnospore suspension.

Using the method of Homma et al (1983), these suspensions were incubated at 25 C on onion epidermal strips. After 24 h, the surfaces of these epidermal strips were washed with distilled water to remove any adsorbed copper. The strips were then thoroughly dried in a vacuum chamber and carbon-coated. The amount of copper contained in each organ of D. citri was determined using an electron probe X-ray microanalyzer. Copper ion concentrations in solutions of copper sulfate or basic copper sulfate were measured using an ionalyzer (Tomono et al 1981).

Cucumber seedlings grown in an air-conditioned glasshouse (25 C, RH : 60%) were uniformly sprayed with chemicals from a spray gun and dried at room temperature. These chemically treated cucumber seedlings were then placed in a glasshouse for 7 days to watch for signs of phytotoxicity of inoculated with Pseudomonas syringae pv. lachrimans suspensions (O.D. 0.8-0.9, 562nm) at 20 ml/seedling and placed in an incubator for 4 days during which time the number of angular leaf spot lesions were counted.

RESULTS

Table 1 shows that a 10 mg/l copper sulfate solution has pH 4.9, and its Cu^{2+} ion concentration was 4.98×10^{-5} M. It also shows a preventive value of 63.0% for cucumber angular leaf spot. The Cu^{2+} ion concentration for 50% inhibition of pycnospore germination was about 4.2×10^{-5} M and its preventive value is represented by a similar percentage to that obtained for cucumber angular leaf spot. This preventive value increased as the Cu^{2+} ion content increased, it was 95.6% at 4.46×10^{-4} M Cu^{2+} ions.

By studying the Cu-Ka X-ray of germinating pycnospores incubated in 100 mg/l basic copper sulfate solution on onion epidermis, we performed a spot analysis for each organ of D. citri (Table 2). Germination-inhibited pycnospores contained about 1.6 times as much copper as germinating ones. Pnenetration-inhibited hypae contained about 4.3 times as much copper as penetrating hyphae.

Table 1 The relationship between Cu^{2+}ion in copper sulfate solution and the preventive value of cucumber angular leaf spot

$CuSO_4 \cdot 5H_2O$ solution (mg/ℓ)	pH	Concn. of Cu^{2+}ion (M)	Preventive value (%)
10	4.90	4.98×10^{-5}	63.0
25	4.95	1.23×10^{-4}	76.1
50	5.10	2.40×10^{-4}	87.0
100	5.05	4.46×10^{-4}	95.7
250	5.05	1.10×10^{-3}	89.1
500	5.00	2.28×10^{-3}	100
1000	4.90	4.26×10^{-3}	100

Table 2 The inhibitory effect of Cu^{2+}ion on pycnospore germination and hyphal penetration of Diaporthe citri in 2 x 10^{-5} M Cu^{2+}ion solution(mean values)

Organs observed	Growth stage	Cu-Kα X-ray (counts/200 s) No-inhibition	Inhibition
Pycnospore	Germination	156a)	245a)
Hyphal tip	Penetration	38b)	164b)

a) Accelerating voltage 15 keV, b) Accelerating voltage 25 keV

Under identical experimental conditions, germination inhibition of the Cu^{2+} ion decreased one hundredth in substrate solutions such as citrate, isocitrate, gulutamate and ATP, as the concentration of the Cu^{2+} ion decreased from 10^{-4} to 10^{-6} M. This phenomenon indicates that the Cu^{2+} ion reacts with these substrates, and possesses some action sites in fungal metabolic cycles.

DISCUSSION

Inhibition experiments using the Cu^{2+} ion was performed on pycnospore germination and penetration of Diaporthe citri and cucumber angular leaf sopt. A 50% inhibitory effect was produced by a 4 x 10^{-5} M Cu^{2+} ion concentration, and the disease was completely controlled by a 4.5 x 10^{-4} M Cu^{2+} ion concentration. On the other hand, pytotoxicity was found to occur in Cu^{2+} ion concentrations of 10^{-3} M. Therefore we may develop excellent copper fungicides by using concentrations of 4 x 10^{-5} or 4 x 10^{-4} M.

Both the pycnospore germination and penetration of D. citri are very sensitive to the Cu^{2+} ion; Cu^{2+} ion absorption in germination-inhibited pycnospores and penetration-inhibited hyphae were 1.6 and 4.3 times higher than for the germinating and penetrating stages respectively.

It is known that fungicides have lower preventive values in field than *in vitro*. By adding macerated citrus leaf juice the Cu^{2+} ion concentration further decreased to a tenth part. This results suggests that copper fungicides sprayed on plants may react with plant cell exudations reducing the Cu^{2+} ion concentration and in turn its effectiveness on plant diseases.

REFERENCES

Y. Homma, Y. Arimoto, H. Takahashi, and T. Misato (1983) Observation of the various growth stages of rice blast fungus (Pyricularia oryzae) (Cavara) by onion epidermal strip method. J. Pesticide Sci. 8, 371-377

A2

K. Tomono, Y. Arimoto, Y. Homma, and T. Misato (1981) The relationship between Cu^{2+} ion absorption in each organ of Diaporthe citri and inhibitory effect on pycnospore germination or hyphal penetration. J. Pesticide Sci. 6, 337-340

MODE D'ACTION DES COMPOSES CUPRIQUES (IONS CU^{2+}) SUR LA CROISSANCE MYCELIENNE

On étudie les effets de l'ion Cu^{2+} sur la germination des pycnospores de Diaporthe citri et sur le développement de la bactériose du concombre due à Pseudomonas syringae pv. lachrymans. On obtient un effet inhibiteur in vitro à 50 % avec une concentration égale à 4 x 10^{-5} M d'ions Cu^{2+} et la disparition totale in vivo des 2 maladies avec une concentration égale à 4,5 x10^{-4} M d'ions Cu^{2+}. C'est au moment de la germination des pycnospores et de la pénétration hyphale que D. citri est le plus sensible à l'ion Cu^{2+}, c'est-à-dire que les valeurs d'absorption de Cu^{2+} pour les pycnospores dont la germination est inhibée et les hyphes dont la pénétration est bloquée sont respectivement 1,6 et 4,3 fois plus élevées que les valeurs pour des spores germantes ou des hyphes en cours de pénétration. L'inhibition de la germination diminue 100 fois quand on utilise, dans les mêmes conditions, des solutions de citrate, isocitrate, glutamate et ATP. Ce phénomène semble indiquer que l'ion Cu^{2+} réagit avec ces substrats et qu'il possède des sites d'actions dans les cyles métaboliques du champignon.

PROPRIETES D'UNE BOUILLIE BORDELAISE SECHEE PAR NEBULISATION ET DES MELANGES AVEC DES FONGICIDES ORGANIQUES

A. KOVACS, P. MAINI

Centro Esperienze e Ricerche, S.I.A.P.A., Gailliera (Bologna), Italie

RESUME

Le développement de Bouillies Bordelaises industrielles prêtes à l'emploi permet au viticulteur de gagner du temps lors de la préparation de la Bouillie Bordelaise sur le terrain. Ces produits présentent des avantages tels que stabilité, homogénéité, finesse, activité fongicide, résistance au lessivage et faible phytotoxicité. L'utilisation de la méthode brevetée par l'INCRA dans la préparation industrielle de la Bouillie Bordelaise (dessication dans une tour à une température relativement basse) donne une poudre très fine et homogène. Cette poudre est assez riche en chaux, ce qui réduit la phytotoxicité et accroît son adhérence et sa résistance au lessivage. Lors d'essais menés à l'INRA de Bordeaux, cette formulation s'est révélée très efficace contre *Plasmopara viticola*, qu'elle soit utilisée seule ou en mélange avec du mancozèbe et du folpel.

INTRODUCTION

La Bouillie Bordelaise a été inventée et introduite dans la pratique de la défense des plantes depuis 100 ans. Pourtant, à ce jour on ne connaît pas encore exactement sa structure chimique. Durant ce dernier siècle, on a préparé beaucoup d'autres produits cupriques, mais aucun ne présente la résistance d'action de la Bouillie Bordelaise extemporanée. Malheureusement, la Bouillie Bordelaise préparée par l'agriculteur a des inconvénients : sa préparation est lente et difficile, les bouillies obtenues sont souvent de qualité et surtout de phytotoxicité différentes.

L'industrie a préparé des Bouillies Bordelaises prêtes à l'emploi. Il existe actuellement différentes méthodes de fabrication, pour combiner le sulfate de cuivre et la chaux :
- mélange plus ou moins homogène des composants secs,
- mise en bouillie des produits et brassage suivi de décantation, séchage et broyage,
- nébulisation, chaque gouttelette étant séchée à température relativement basse (bouillie bordelaise "Spray dried").

Chacune de ces 3 méthodes et les conditions dans lesquelles elles sont appliquées, donnent des produits qui se classent différemment dans la recherche d'un équilibre entre stabilité, homogénéité, finesse, efficacité, résistance aux lessivages, phytotoxicité, etc ...

MATERIEL ET METHODE

Les premiers essais de séchage par nébulisation ont été réalisés en 1965, chez Lancaster Laboratories (USA) avec la sponsorisation de l'International Copper Research Association (INCRA). Les compositions étaient différentes, mais le mélange était toujours séché en l'atomisant à une température relativement basse. Les différents produits obtenus ont été examinés dans différents Instituts Universitaires aux Etats-Unis et en Italie et finalement on a choisi et breveté la composition et la méthode de préparation de la formule nommée FT-2 qui est caractérisée par une teneur élevée de chaux et par sa préparation avec "Spray drying".

Après des essais réalisés dans notre usine pilote avec une tour de dessication pilote, la méthode élaborée en laboratoire a été légèrement modifiée. Finalement on a pu préparer industriellement la bouillie bordelaise "spray dried" à une température relativement basse, c'est-à-dire inférieure à 300 C°.

Pour obtenir des formulations efficaces contre les maladies insuffisamment contrôlées par les produits cupriques (Botrytis cinerea, Guignardia bidwelli, Phomopsis viticola, etc.) et pour réduire les frais par hectare, on a réalisé des mélanges avec le folpel (FT-2 F) et avec le mancozèbe (Crioram).

RESULTATS

La méthode et la composition brevetées par INCRA et mises au point dans la pratique par la Società Italo Americana Prodotti Antiparassitari (SIAPA), ont permis d'obtenir une bouillie bordelaise :

- contenant des particules fines (75 % en particules inférieures à 10 µm de de diamètre non cristallisées,
- particulièrement adhésive aux feuilles ; en effet nous avons vu dans nos essais de laboratoire que lors d'application avec grand volume (1000 l/ha ou plus), l'eau qui ruisselle contient une quantité de Cu significativement moindre que les bouillies bordelaises industrielles standard (tableau I),
- non phytotoxique parce que le produit contient seulement 13,8 % de Cu insolubilisé par 41,5 % de CaO,
- résistante au lessivage,
- de bonne qualité,
- sans influence sur la fermentation du vin.

TABLEAU I

Résistance à l'égouttement et au lessivage de deux formulations : A contenant 13,8 % de Cu et 41,5 % de CaO, et B contenant 20,0 % et 26,5 % respectivement. Sur une feuille inclinée soit à 45°, soit à 22,5° sont pulvérisés 5 ml. Le cuivre (en mg) est dosé dans la bouillie égouttée.

	Feuille à 45°		Feuille à 22,5°	
	A	B	A	B
mg de Cu égoutté	0,81	2,20	0,53	1,21
en % du Cu appliqué	11,7	22	7,7	12,1

Tableau II

RESULTATS MOYENS DE 6 ANNEES EXPERIMENTATIONS

Contamination artificielle vers le 10 JUIN.

Pulvérisation tous les 14 jours (période du ler Juin au 15 août)

Produits pulvérisés	par Hl bouillie(gr) Cu	autres matières	grappe malade x dégâts % de sa production observation fin août	feuilles malades % de la surface observation fin septembre
Bouillie Bordelaise Industrielle	3oo		2,9	26,4
FT-2	300		2,1	19,5
FT-2	200		4,42	21,1
FT-2+Mancozèbe	32	I20	2,33	23,5
FT-2+Folpel	39	I08	1,93	18,8
Témoin			73,25	90

Les mélanges avec le folpel ou le mancozèbe ont un spectre d'efficacité très large et à la dose conseillée permettent des traitements à coût moins onéreux que la plupart des autres organocupriques ayant des qualités comparables.

FT-2 FT-2F et Crioram ont été contrôlés par l'INRA de Bordeaux et par des Instituts Expérimentaux Italiens pour leur activité antimildiou (Plasmopara viticola) dans des conditions naturelles ou après infection artificielle. Les dégâts sur les grappes ont été toujours inférieurs à 6 % (Tableau II).

PROPERTIES OF A SPRAY-DRIED BORDEAUX MIXTURE AND ITS FORMULATIONS WITH ORGANIC FUNGICIDES

The time spent by the vine-grower in preparing Bordeaux Mixture in the field can be saved by the development of industrial 'ready-to-use' Bordeaux Mixture, which has the advantages of stability, homogeneity, fineness, fungicidal activity, weatherability and low phytotoxicity. Use of the INCRA-patented scheme for industrial preparation of Bordeaux Mixture (spraying and drying in a tower at a relatively low temperature) gives a homogeneous very fine powder. It is relatively rich in lime, which reduces phytotoxicity, and also shows better adhesiveness and weatherability. Trials by INRA (Bordeaux) have shown excellent activity of this formulation against Plasmopara viticola, and also of its mixtures with mancozeb and folpet.

NEW APPLICATION METHODS OF THE OLD BORDEAUX MIXTURE

Z. SOLEL

Department of Plant Pathology, Agricultural Research Organization, The Volcani Center, Bet Dagan, Israel

ABSTRACT

Brown rot (*Phytophthora citrophthora*) of oranges and grapefruits was effectively controlled by a single prophylactic treatment with Bordeaux mixture. Application via sprinklers mounted at low level - known as "fungigation", reduced the disease to the same level as that obtained by spraying. Spraying of Bordeaux mixture by helicopter controlled the disease to an acceptable extent, and thus may be recommended in orchards with a dense canopy, where much damage is expected if a sprayer has to be driven during rainy periods. Field and laboratory studies indicated the importance of soil coverage by the fungicide in disease control by inhibition of sporulation on the soil surface.

INTRODUCTION

Brown rot of citrus (Citrus spp.) fruit incited by *Phytophthora citrophthora* is a common disease in citrus orchards in Israel as well as in most citrus growing countries. Inoculum production on the soil surface or on decayed fruit and subsequent splashing and blowing of sporangia onto fruit to cause infection requires heavy rains. The disease is routinely prevented by spraying the lower fruits (within 1 m of the ground) and the soil underneath the trees with a copper fungicide once in autumn before the rainy season. In wet winters, a supplementary treatment is recommended in the late winter. Bordeaux mixture usually is the preferred fungicide because of its long-lasting properties and lower cost compared with other copper-containing fungicides.

Fungicides are generally applied with a tractor-drawn sprayer driven between the rows. If effective disease control could be achieved by either aerial spraying or by fungigation (application of fungicides with sprinkler irrigation systems), the application could be made under any soil conditions and topography to the whole orchard and at the optimal time. Furthermore, there would be no damage to, or drop of, fruit in a dense canopy.

MATERIALS AND METHODS

Fungicides

Bordeaux mixture was prepared by dissolving the required dose of pentahydrated copper sulfate in the amount of water adjusted to the application type, and adding 0.7 kg hydrated lime to each kilogram.

Application methods

Ground sprays applied at the rate of 2,000 L/ha were aimed toward the lower canopy of the trees, up to 1 m above soil level, as well as to the soil underneath and between the trees. The aerial spray was applied from a helicopter with a 15-m boom at the rate of 150 L/ha. For fungigation, the irrigation system, consisting of sprinklers mounted on low risers under the canopy of the trees, was operated. The fungicide suspension, prepared in a container with constant agitation, was injected by means of a pump into the main pipe at a pressure higher than that in the irrigation system.

Laboratory evaluation of soil treatment

Soil was collected from a citrus grove seriously affected by brown rot, placed in trays and sprayed with several copper fungicides. All trays were gently flooded with water and then ten orange fruits were placed in each. Brown rot was recorded in four trays of each treatment after 10 days.

RESULTS

Application by fungigation or ground spray

In the plots treated by fungigation wetting of fruit by the irrigated fungicide occurred sparsely, and was limited to 50 cm above ground level. Effective disease control was achieved with Bordeaux mixture applied either by fungigation or by spraying (Table 1 A-C). A dose of 10 kg/ha performed equally well as the full dose (20 kg/ha). Fungigation was only slightly inferior to spraying.

Aerial treatments

Examination of fruit from the lower canopy as well as of papers placed underneath the trees revealed few spray droplets after helicopter spraying, compared with dense deposits after ground applications. In experiment D (Table 1), the fungicide performed well by aerial application, although results were better by ground spraying. In experiment E the aerial treatment was unsatisfactory; note should be taken of the half-strength (10 kg/ha) of Bordeaux mixture applied from the air.

Laboratory evaluation of soil treatment

Percentages of infection in soil treated with 1% copper sulfate or 1% and 0.1% Bordeaux mixture were 0, 5 and 10%, respectively, while in the control trays, 85% of the fruit was infected.

TABLE 1

Effect of fungigation, spraying and aerial treatments with bordeaux mixture on the incidence of Phytophthora citrophthora infection of citrus fruit

Experiment	Crop	Application method	Rate (kg/ha)	Cumulative infection (infected fruit/ha)
A	Orange	Fungigation	10	580
		Fungigation	20	600
		Spraying	20	510
		Control	-	1690
B	Orange	Fungigation	20	1220
		Spraying	20	880
		Control	-	4430
C	Grapefruit	Fungigation	20	1320
		Spraying	20	790
		Control	-	4120
D	Grapefruit	Aerial	20	2060
		Spraying	20	1010
		Control	-	8790
E	Orange	Aerial	10	5690
		Spraying	20	2000
		Control	-	8090

DISCUSSION

The conventional approach to brown rot control is based on two complementary mechanisms. The fruit is covered with a protective deposit and the ground underneath the trees is covered with a toxicant which inhibits inoculum production over it. When a high-volume spray is applied to the lower canopy of the trees, a large part of it lands on the soil indirectly as a result of runoff.

In the fungigation experiments most of the funicide reached the soil rather than being deposited on the fruit. The laboratory experiment of direct soil treatment verified the suppressive effect of copper fungicide on soilborne inoculum. After aerial spraying most of the toxicant was deposited on the upper canopy of the trees and to a limited extent on the ground. We may surmise that rain gradually washed the fungicide from the canopy onto the fruit in the lower canopy and onto the ground.

Our trials suggest that usually if the operation of a ground sprayer is feasible, it would be preferable to a helicopter, which may, however, provide an acceptable degree of control when treatment is required immediately after a rainy period, especially as a supplementary treatment in late winter.

NOUVELLES TECHNIQUES D'APPLICATION DE L'ANCIENNE BOUILLIE BORDELAISE

La pourriture brune des oranges et des pamplemousses (Phytophthora citrophthora) est efficacement combattue par un seul traitement prophylactique à la Bouillie Bordelaise. L'application dans l'eau d'aspersion (appelé "fungigation" - application de fongicide par irrigation) a ramene la maladie au même niveau que celui obtenu par pulvérisation. La pulvérisation de Bouillie Bordelaise par helicoptère a maintenu la maladie à un niveau acceptable, et peut de ce fait être recommandée dans les vergers à couverture dense, où l'on peut provoquer de graves dégâts en introduisant un pulvérisateur en période pluvieuse. Des études menées au champ et en laboratoire montrent qu'il est important au cours du traitement de couvrir le sol avec le fongicide pour inhiber la sporulation à la surface du sol.

PROGRES APPORTES PAR CUPROSAN - PREMIERE ASSOCIATION SYNERGIQUE ORGANO-CUPRIQUE .

J. THIOLLIERE

Société Pépro - l'Orée d'Ecully - Bât. C - 69130 Ecully .

RESUME

La Bouillie Bordelaise avait 3/4 de siècle lorsque Pechiney-Progil proposa aux viticulteurs sous le nom de Cuprosan la première formule organo-cuprique (cuivre + zinèbe) pour lutter contre le mildiou de la vigne *(Plasmopara viticola)* . La remarquable efficacité de cette association réside dans la synergie entre cuivre et zinèbe permettant à de faibles doses d'emploi (500 g par hl pour la formule initiale , 400 g pour la formule plus évoluée , dite "directe") d'obtenir une efficacité préventive et une persistance égale à celle de la Bouillie Bordelaise à 2 % . Synergie et efficacité ont été démontrées à partir de 1951 dans divers essais de laboratoire et de plein champ effectués en France et en divers pays viticoles par les services officiels et l'industrie .

La Bouillie Bordelaise dont on commémore le centenaire n'avait encore que 3/4 de siècle lorsque l'industrie française (plus précisément la Sté Péchiney-Progil) proposait aux viticulteurs un premier progrès considérable en commercialisant en 1954 pour la première fois un fongicide viticole nouveau constitué par une association originale d'un fongicide cuprique minéral ancien l'oxychlorure (tétracuivrique) et d'un fongicide organique récent l'éthylène bis dithiocarbamate de zinc ou zinèbe dans la proportion de 37,5% de cuivre métal et 15 % de zinèbe .

La remarquable efficacité de ce produit (dont le nom commercial Cuprosan fut rapidement connu de tous les viticulteurs de tous les pays viticoles) était dû à un phénomène de synergie entre cuivre et zinèbe , si bien qu'une dose de 500 g de produit formulé par hectolitre de bouillie permettait d'obtenir une protection du vignoble contre le mildiou *(Plasmopara viticola)* comparable à celle de la Bouillie Bordelaise à sa dose courante d'emploi en France de 2 % (soit 2000 g de sulfate de cuivre , neutralisé par environ 1300 g de chaux) , avec tous les avantages de commodité d'emploi liés à l'utilisation d'une seule poudre de très fine granulométrie , à petite dose et qui , de plus était dépourvue d'action phytotoxique sur les jeunes pousses de vigne , ce qui n'était pas le cas de la Bouillie Bordelaise.

L'expérimentation parcellaire des premiers mélanges de carbonate ou d'oxychlorure tétracuivrique et de zinèbe dans la lutte contre le mildiou de la vigne remonte aux années 1949-1952 . Elle fut conduite par les pathologistes de la firme Dr R. Maag de Dielsdorf - Zurich (Suisse) et le Centre de Recherches Antiparasitaires de la Dargoire , Péchiney-Progil Lyon , travaillant en liaison avec divers services officiels et professionnels .

A partir de 1951, divers résultats prouvant la très bonne efficacité de ces associations furent publiés et nous rappelons dans les tableaux I et II les résultats obtenus d'une part par les stations fédérales de Lausanne en Suisse (4) et à la station viticole de Cognac en 1953 par Lafon,J.et Couillaud,P.(2) .

TABLEAU I

* Expérimentation de 1951 contre le mildiou de la vigne au Domaine de Caudoz à Pully (Station Fédérale de Lausanne) .

	Nombre de feuilles mildiousées par cep	% de grappes détruites
Témoin non traité	56,3	90,8
Bouillie Bordelaise 1,5% avant fleur, 2% après	12,9	5,4
Association carbonate de cuivre + zinèbe(+) à 0,5%	6,2	2,9

TABLEAU II

* Expérimentation de 1953 contre le mildiou de la vigne à la Station Viticole de Cognac .

	Pesées de feuilles restant sur les souches en kg par parcelle .	
	17.10.53	05.11.53
Témoin non traité	18	3,5
Bouillie Bordelaise 2%	70	16,9
Cuprosan (oxychlorure de cuivre+zinèbe) à 0,5 %	77	18,4

J. Lafon et P. Couillaud indiquent que les résultats obtenus ne peuvent s'expliquer que par l'existence d'une synergie entre cuivre et zinèbe et émettent l'hypothèse que la formation dans la bouillie d'un éthylène bis dithiocarbamate de cuivre très actif en est responsable . La synergie est démontrée à la Station de Biologie Agricole de Suresnes par B. Payen et Al (3) . Le mélange oxychlorure de cuivre + zinèbe s'avère six à sept fois plus actif que la somme théorique séparée de ses deux constituants et ils vérifient en plein air à la Station de Villefranche-sur-Saône , sur petites parcelles de jeunes plants de vigne l'excellente efficacité qui résulte de cette synergie . Les résultats sont résumés dans le tableau III .

TABLEAU III

* Essais de lutte contre le mildiou de la vigne sur petites parcelles à la Station Expérimentale de Villefranche-sur-Saône (Péchiney-Progil) en 1953.

	Action fongicide notée de 0 à 10			Défoliation en %		
	1/9	1/10	26/10	1/9	1/10	26/10
Témoin non traité	0	0	0	90	95	100
Bouillie Bordelaise 2 %	10	9	8	0	0	10
Zinèbe (120g m.a./hl)	9,5	7	4	10	20	80
Oxychlorure de cuivre (500 g Cu métal/hl)	10	9	8	0	0	10
Cuprosan (150g Cu métal + 60 g zinèbe par hl)	10	10	9	0	0	0

Poursuivant leurs travaux , les chimistes et les biologistes des Laboratoires de Recherches de Péchiney-Progil montrèrent que l'efficacité de l'association cuivre + zinèbe pouvait encore être améliorée . Ils mirent au point un procédé de fabrication appelé "direct" qui consistait à réaliser une association intime en phase liquide dès leur élaboration des matières actives : oxychlorure tétracuivrique et zinèbe avec incorporation au même stade des adjuvants et d'un colorant bleu , le ferrocyanure ferrique , puis par séchage commun de l'ensemble de ces constituants (alors que la première association dite "ordinaire" était réalisée par simple mélange à sec des constituants .

A la suite de divers essais réalisés par la Station Expérimentale de la Dargoire - et plus particulièrement grâce à l'expérimentation conduite en 1963 par M. Gaudineau et Y. Bugaret de la Station de Pathologie Végétale de l'INRA de la Grande-Ferrade (4)- le Comité d'études des Antiparasitaires Agricoles du Ministère de l'Agriculture , accorde en 1964 à l'association cuivre-zinèbe "directe" une autorisation de vente à la dose de 0,4 % , alors que la dose retenue pour toutes les autres spécialités de composition comparable était de 0,5 % . Le tableau IV rappelle les résultats obtenus .

TABLEAU IV

* Expérimentation contre le mildiou de la vigne au domaine de Latresne Station de Pathologie Végétale de la Grande-Ferrade - 1963 -

Cépage Cabernet Sauvignon . 5 trait. du 11 juin au 16 août	Nombre moyen de grappes avec Rot-brun par cep	Poids de raisins récoltés par bloc en grammes	Poids des feuilles par bloc en grammes
	18.03.63	17.10.63	28.10.63
Bouillie Bordelaise 2%	13,1	19.262	4237
Cuprosan 0,5% 187,5 g Cu métal/hl 75 g zinèbe/hl	23,8	21.600	3387
Cuprosan Super D 0,4% (formulation directe) 150 g Cu métal/hl 60 g zinèbe/hl	11,7	24.987	5537

Ultérieurement , de nouvelles expérimentations montrèrent l'intérêt d'abaisser quelque peu la dose de cuivre de l'association et de remplacer une partie du zinèbe par un autre dithiocarbamate , le manèbe , dont les performances sur vigne étaient supérieures à celle du zinèbe . L'efficacité du mélange sur mildiou de la grappe était légèrement renforcée . C'est ainsi que naquit le dernier représentant de cette famille organo-cuprique : Le Cuprosan 311 Super D (30 % cuivre de l'oxychlorure tétracuivrique + 10 % de zinèbe et 10 % de manèbe) .

Commercialisée par Pépro , cette spécialité apporte en plus de sa performance sur mildiou les effets secondaires bénéfiques du cuivre , c'est-à-dire : large persistance en fin de saison , meilleur aoûtement des bois , léger durcissement des épidermes limitant indirectement la pourriture grise et effet secondaire sur oïdium et bactéries .

Ainsi , grâce à la conjugaison de ces différentes propriétés , cette association garde tout son intérêt dans une stratégie de lutte contre le mildiou , notamment en traitement de fin de saison . Elle se place utilement dans un calendrier , à côté de fongicides nouveaux alliant à l'action préventive une efficacité curative et stoppante qui sont un gage supplémentaire de sécurité et de souplesse d'emploi .

BIBLIOGRAPHIE

Gaudineau, M. ; Bugaret, Y. (1964) - Essais de fongicides en 1963 sur mildiou de la vigne . *Phytiatrie Phytopharmacie 13, 123-129.*

Lafon, J.; Couillaud, P. (1953) - Essais de fongicides organiques dans la lutte contre le mildiou de la vigne . *Compte-rendu de l'Académie d'Agriculture de France 744-747.*

Payen, B.; Thellot,B.; Thiollière, J. (1954) - Mise en évidence d'une synergie entre le zinèbe et les produits cupriques dans la lutte contre le mildiou de la vigne . *Compte-rendu de l'Académie d'Agriculture de France 317-320* .

Stations Fédérales d'Essais de Lausanne (1951) - Résultats des essais et recherches des stations fédérales de Lausanne concernant l'efficacité de divers fongicides - Essais biologiques au domaine de Pully . *Revue Romande d'Agriculture , de Viticulture et d'Arboriculture 11 , 85-86* .

SUMMARY

PROGRESS DUE TO CUPROSAN , THE FIRST ORGANOCUPRIC ASSOCIATION TO SHOW SYNERGISM .

Bordeaux mixture was three-quarters of a century old when Péchiney-Progil proposed under the name cuprosan the first organocupric association (copper + zineb) for control of *Plasmopara viticola* . The high efficacity of this product lies in synergism between its components , allowing it to be used at low doses (0.5 kg/hl for the initial formulation and 0.4 kg/hl for the more advanced "direct" formulation) to ensure preventive control and persistence equal to that of Bordeaux mixture at 2 % . This synergism has been repeatedly demonstrated in laboratory and field trials carried out since 1951 in France and other grapevine-growing countries , by both official services and industry .

ACTION DE FONGICIDES SUR DES MITOCHONDRIES PURIFIEES D'AGARICUS CAMPESTRIS

C. ANDING, J. PEREZ

Rhône-Poulenc Agrochimie, Centre de Recherches de la Dargoire, Lyon

RESUME

L'isolement, la purification et les propriétés oxydatives des mitochondries d'*Agaricus campestris* sont décrits. L'action de six fongicides est testée sur les mitochondries. Les produits sont des découplants ou des inhibiteurs de la fonction respiratoire.

INTRODUCTION

La mitochondrie est, d'après la littérature (Corbett 1974) la cible d'action de certains produits phytosanitaires. La comparaison de l'activité de différents fongicides sur des mitochondries isolées de champignon et purifiées n'a cependant pas été décrite.

Agaricus campestris var *bisporus*, le champignon de Paris, est un matériel commun dont les mitochondries pourraient être un bon modèle pour préciser le mode d'action de nouveaux fongicides. Nous décrivons l'isolement, la purification et les propriétés oxydatives de mitochondries d'*A. campestris*, ainsi que l'action de quelques fongicides.

MATERIEL ET METHODES

Préparation et purification des mitochondries

Les champignons proviennent d'un producteur local. Seuls les chapeaux, nettoyés et lavés à l'eau distillée (10°C), sont utilisés. Les mitochondries sont isolées d'après la méthode décrite par Douce (Douce *et al* 1977). 250 g de matériel sont broyés dans 500 ml de tampon d'extraction pendant 1 s. Le tampon d'extraction est 0,45 M en mannitol. Les mitochondries sont purifiées sur gradient de Percoll (22 % v/v) d'après la méthode décrite par Neuburger (Neuburger *et al* 1982). L'intégrité des mitochondries est évaluée par l'oxydation du cytochrome c (ibidem). Les mitochondries sont stockées à une concentration de 20 mg de protéine/ml.

Mesure de consommation d'O2

La consommation d'O_2 est mesurée à 25°C en utilisant un système d'électrode de Clark (Hansatech Ltd). Le milieu réactionnel est celui décrit par Neuburger (Neuburger *et al* 1982) modifié en mannitol (0,45 M). La concentration d'O2 saturante dans le milieu est de 215 μM.

Action des produits

Les produits testés sont dissouts dans du DMSO.

RESULTATS

Purification des mitochondries

La purification des mitochondries sur gradient de Percoll conduit après centrifugation à l'obtention de trois bandes. La bande supérieure présente une activité respiratoire, mais ne phosphoryle pas l'ADP. Le culot ne présente aucune activité respiratoire. Les mitochondries purifiées correspondent à la bande médiane : leur intégrité est > à 90 %.

Propriétés oxydatives

Le succinate, le NADH, l'α-céto glutarate sont oxydés promptement par les mitochondries d'A. campestris. Dans le cas de ces trois substrats les contrôles respiratoires sont élevés : respectivement 3,6, 3,7 et 6. Ces contrôles respiratoires sont meilleurs que ceux obtenus sur mitochondries d'A. campestris non purifiées (Gallinet 1973).

D'autres intermédiaires du cycle de Krebs tel que le malate et le citrate sont également oxydés. Cependant la consommation d'O_2 à l'état 3 est inférieure à celle observée pour les trois premiers substrats.

Action de quelques fongicides

Le tableau 1 présente l'action découplante et/ou inhibitrice de 6 fongicides sur les mitochondries d'A. campestris.
Le dinoterbe est utilisé comme référence.

Le dichlorophen, le dinocap et le fenpropimorphe présentent de bonnes activités découplantes. Le dichlorophen n'a à notre connaissance que peu été étudié. Le dinocap, dérivé de 2,6 dinitrophénol, est un découplant dont l'activité est proche de celle du dinoterbe utilisé comme produit de référence dans cette étude. L'activité découplante du fenpropimorphe sur mitochondrie de champignon est à noter ; ce produit est connu pour inhiber la biosynthèse de l'ergostérol (Kato 1983).

La carboxine inhibe spécifiquement l'oxydation du succinate (Mathre 1970). Ce résultat est confirmé sur mitochondrie d'A. campestris.

Le thiabendazole et le propiconazole sont des inhibiteurs faibles de la mitochondrie. Pour ces deux produits, cette action n'est vraisemblablement pas le site primaire. Ce point a été discuté pour le thiabendazole (Corbett 1974) et le propiconazole est un inhibiteur puissant de la biosynthèse de l'ergostérol (Kato 1983).

CONCLUSION

Nous avons décrit une technique pour l'isolement et la purification de mitochondries intègres d'A. campestris. L'étude de quelques fongicides sur l'activité mitochondriale permet de confirmer des résultats de la littérature obtenus sur des mitochondries isolées de sources diverses.

Les mitochondries d'A. campestris peuvent être considérées comme un bon modèle d'étude pour déceler des activités et préciser le mode d'action de nouveaux fongicides.

TABLEAU I

Etude de 6 fongicides sur mitochondries d'Agaricus campestris

PRODUITS	EFFET	SUCCINATE Etat IV	SUCCINATE Etat III	NADH Etat IV	NADH Etat III	α-CETO-GLUTARATE Etat IV	α-CETO-GLUTARATE Etat III
Réf. 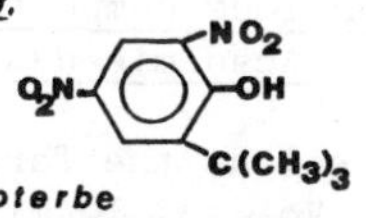	Déc.	3.10^{-5}	X	2.10^{-5}	X	7.10^{-6}	X
Dinoterbe	Inhib.	10^{-3}	6.10^{-4}	-	6.10^{-4}	2.10^{-4}	4.10^{-4}
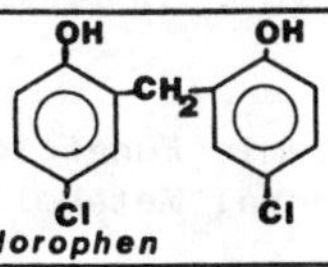	Déc.	4.10^{-5}	X	8.10^{-6}	X	10^{-5}	X
Dichlorophen	Inhib.	3.10^{-4}	2.10^{-4}	10^{-4}	2.10^{-4}	2.10^{-4}	2.10^{-4}
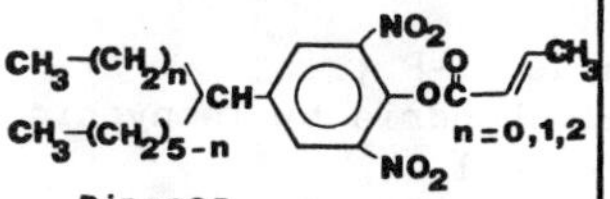	Déc.	2.10^{-5}	X	10^{-5}	X	10^{-5}	X
Dinocap	Inhib	10^{-3}	5.10^{-4}	10^{-3}	3.10^{-4}	3.10^{-4}	4.10^{-4}
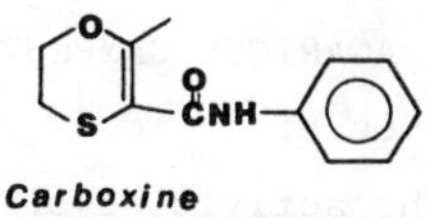	Déc.	0	X	0	X	0	X
Carboxine	Inhib	4.10^{-7}	2.10^{-8}	-	-	-	5.10^{-4}
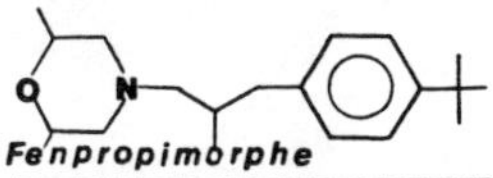	Déc.	2.10^{-5}	X	5.10^{-5}	X	0	X
Fenpropimorphe	Inhib	9.10^{-5}	5.10^{-5}	10^{-4}	5.10^{-5}	2.10^{-4}	4.10^{-5}
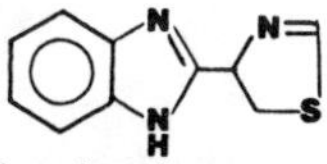	Déc.	0	X	0	X	0	X
Thiabendazole	Inhib	-	-	3.10^{-4}	2.10^{-4}	10^{-3}	-
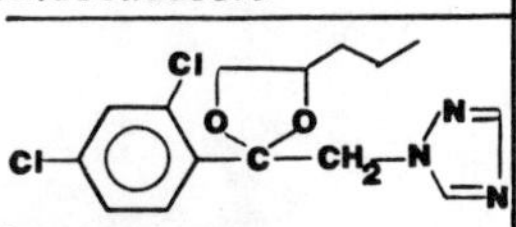	Déc.	0	X	0	X	3.10^{-4}	X
Propiconazole	Inhib	5.10^{-4}	4.10^{-4}	5.10^{-4}	2.10^{-4}	10^{-3}	5.10^{-4}

Les valeurs numériques représentent la concentration en Mole donnant un découplage (déc) maximum et une inhibition (Inhib.) de 50 %.
0 pas d'activité décelée X : activité inexistante sur le plan théorique
- : pas d'activité décelée à des concentrations $> 10^{-3}$M.

REFERENCES

Corbett, J.R. (1974) Pesticides interfering with respiration. In : The Biochemical Mode of Action of Pesticides Academic Press, pp 3-53

Douce, R. ; Moore, A.L. ; Neuburger, M. (1977) Isolation and Oxidative Properties of Intact Mitochondria Isolated from Spinach Leaves. Plant Physiology 60, 625-628

Gallinet, J-P (1973). Les mitochondries des champignons supérieurs. Isolement des mitochondries d'Agaricus campestris (F) var. bisporus. Compte-rendus des Séances de l'Académie des Sciences, série D, 276, 1173 - 1176.

Kato, T. (1983) Biosynthetic processes of Ergosterol as the Target of Fungicides. In : IUPAC, Pesticide Chemistry, Vol. 3. I. Miyamoto and P.C. Kearney (Eds) : Pergamon Press, pp 33-41.

Mathre, D.E. (1970) Mode of Action of Oxathiin Systemic Fungicides. Effect of Carboxin and Oxycarboxin on the general Metabolism of several Basidiomycetes. Phytopathology, 60, 671-676.

Neuburger, M ; Journet, E.T. ; Bligny R. ; Carde, J-P ; Douce R. (1982) Purification of Plant Mitochondria by Isopycnic Centrifugation in Density Gradients of Percoll. Archives of Biochemistry and Biophysics, 217, 312-323.

FUNGICIDE ACTIVITY ON PURIFIED MITOCHONDRIA OF AGARICUS CAMPESTRIS

The isolation, purification and oxidative properties of Agaricus campestris mitochondria are described. The activities of 6 fungicides were tested on the mitochondria. The products were uncouplers or inhibitors of respiratory function.

B
Fungicides as active compounds
Matieres actives

DPX H6573 : nouveau fongicide systémique à large spectre

P. CAGNIEUL, B. LABIT

DU PONT DE NEMOURS (FRANCE) S.A. Département AGROCHIMIE
9 rue de Vienne 75008 PARIS

RESUME

DPX H6573 ou bis(fluoro-4-phényl)méthyl(1-H-triazol-1,2-4,yl-1 méthyl) silane est un nouveau fongicide systémique à action préventive et curative. Il agit en inhibant la biosynthèse de l'ergostérol. Expérimenté depuis deux ans en plein champ en France, il a montré, seul ou associé à d'autres molécules, des performances équivalentes ou supérieures à celles des meilleurs produits de référence sur les maladies des céréales, l'oïdium et le black-rot de la vigne et la tavelure et l'oïdium du pommier.

INTRODUCTION

DPX H6573 ou bis(fluoro-4-phényl)méthyl(1-H-triazol-1,2-4,yl-1 méthyl) silane est un nouveau fongicide, découvert par la Société DU PONT DE NEMOURS, possèdant un haut niveau d'efficacité contre les maladies majeures de très nombreuses cultures.

L'objet de cette communication est de présenter les principales caractéristiques de cette molécule et surtout de montrer, à travers quelques résultats chiffrés, son efficacité, seul ou associé, sur les maladies les plus dommageables des céréales, de la vigne et de l'arboriculture fruitière.

I. CARACTERISTIQUES DU DPX H6573

. Nom chimique bis(fluoro-4-phényl)méthyl(1-H-triazol-1,2-4,yl-1 méthyl silane

. Formule développée

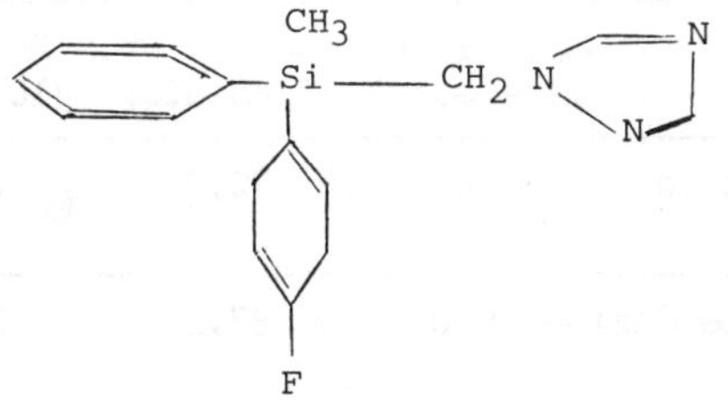

II. PROPRIETES BIOLOGIQUES DE DPX H6573

Le DPX H6573, largement expérimenté en France depuis deux ans, a montré un très large spectre d'activité ainsi qu'un haut niveau d'efficacité sur les maladies des céréales, de la vigne et du pommier. Cependant, afin d'optimiser ces performances, des formulations différentes, mieux adaptées aux exigences des différentes cultures, seront développées sur le marché français.

1. Maladies des céréales

1.1- <u>formulations</u>

Sur céréales, une association sera développée :

Sur céréales, une association sera développée

. DPX H6573 + carbendazime (250 g/l + 125 g/l) sous forme d'une suspension concentrée.

1.2- résultats

1.2.1- piétin-verse
Avec une application réalisée au stade 1-2 noeud de la céréale, l'association, appliquée à une dose apportant 300 g de matière active de DPX H6573, a permis d'obtenir un très bon niveau d'efficacité sur piétin-verse, qu'il s'agisse de souches résistantes ou sensibles au carbendazime. Cette efficacité a toujours été identique ou supérieure à celle de la référence à sa dose homologuée (prochloraz + carbendazime). Les résultats obtenus avec cette association sont présentés dans le tableau I.

DPX H675 + carbendazime (300 g/ha + 150 g/ha)	66,4
prochloraz + carbendazime (450 g/ha + 120 g/ha)	61,1
Témoin	(41,4)^{x}

x % section nécrosée
TABLEAU I - Céréales - Piétin-verse - Efficacité(10 essais)

1.2.2- maladies des feuilles
Sur l'ensemble des maladies des feuilles, l'association, appliquée à une dose apportant 200 g m.a./ha de DPX H6573, a montré des efficacités de haut niveau, équivalentes à supérieures à celles de la référence à sa dose homologuée (propiconazol + carbendazime).

Produits	Septoriose (14 essais)	Rouille Br. (5 essais)	Rhynchosp. (10 essais)	Helminthosp. (4 essais)
H6573 + carbendazime (200 + 100 g/ha)	77,8	90,9	83,5	69,5
propiconazol+carbendazime (125 + 150 g/ha)	79,0	87,1	76,6	72,7
Témoin	(40,1)^{x}	(69,1)^{xx}	(72,7)^{x}	(52,1)^{x}

x % surface foliaire atteinte - xx nombre de pustules/feuille
TABLEAU II - Céréales - Maladies des feuilles - Efficacité

2. Maladies de la vigne

2.1- formulation

DPX H6573 sous forme de concentré émulsionnable à 10 % de matière active.

2.2- résultats

A cadence fixe de 14 jours, DPX H6573 a montré une excellente efficacité sur l'oïdium et le black-rot de la vigne. Par ailleurs, un programme complet sur toute la saison à 2 ou 4 g de matière active par hectare n'affecte ni la végétation, ni la fermentation et les qualités organoleptiques des vins.

Produits	oïdium (3 essais)	black-rot (2 essais)
H6573 2 g/hl	96	-
H6573 3 g/hl	-	96,4
H6573 4 g/hl	98	97,9
fenarimol 4 g/hl	83	-
soufre (1) 750 g/hl	58	-
mancozèbe (1) 280 g/hl	-	66,8
Témoin	(66) x	(33,4) xx

x % d'attaque/grappe - xx % grappes atteintes
(1) = cadence avertissement
TABLEAU III - Vigne - Efficacité

3. Maladies du pommier

3.1- formulation

DPX H6573 sous forme de concentré émulsionnable à 40 % de matière active.

3.2- résultats

A cadence fixe de 14 jours, DPX H6573 permet d'assurer un haut niveau de protection des cultures de pommier vis-à-vis de l'oïdium et de la tavelure et ceci dès 2 g m.a./hl.

Produits	Tavelure 1 essai Feuilles	Tavelure 1 essai Fruits	Oïdium 2 essais Feuilles
H6573 2 g/hl	98,8	98,9	67,4
H6573 3 g/hl	99,8	100,0	78,4
H6573 4 g/hl	99,8	100,0	89,3
fenarimol 4 g/hl	70,8	96,4	68,5
Témoin	(87,9) x	(66,0) x	(79,9) x

x % feuilles ou fruits atteints
TABLEAU IV - Pommier - Efficacité

CONCLUSION

Etudié en conditions de plein champ depuis deux ans en France, le nouveau fongicide DPX H6573 a montré une activité de haut niveau.

Ainsi, DPX H6573 s'est révélé très efficace sur les différentes maladies des céréales piétin-verse, septorioses, oïdium, rouilles, rhynchosporiose et helminthosporiose de l'orge. Il a permis également de très bien protéger la vigne contre l'oïdium et le black-rot ainsi que les arbres fruitiers (pommier) contre la tavelure et l'oïdium.

Enfin, DPX H6573 a toujours été parfaitement toléré par les plantes traitées aux doses expérimentées.

SUMMARY

DPX H6573: a New Broad-Spectrum Systemic fungicide

DPX H6573 or bis(fluoro-4-phenyl) methyl (1-H-triazol-1,2,4,yl-1 methyl) silane is a new systemic fungicide displaying preventive and curative activity. The product acts by inhibiting ergosterol biosynthesis. Field tested for the last 2 years in France, it has shown, alone or in association with other molecules, activity equal or superior to that displayed by the best reference products, against diseases of cereals, powdery mildew and black-rot of grapevine and scab and powdery mildew of apple.

LES ASSOCIATIONS A BASE DE CYMOXANIL

DU PONT DE NEMOURS (FRANCE) S.A.
MC. GAUTRAIN - JL. NOE

RESUME

Le cymoxanil possède une efficacité sur les champignons de la famille des Péronosporacées (Plasmoparo viticola, Phytophthora infestans, Bremia lactucae). Les associations qui le contiennent bénéficient de ses propriétés particulières : pénétration rapide dans le végétal, action préventive et curative en début d'incubation, effet de synergie avec les matières actives associées. En outre, le cymoxanil participe à la polyvalence d'action des matières actives associées notamment vis-à-vis de l'excoriose (Phomopsis viticola), du black-rot (Guignardia bidwellii) et du brenner (Pseudopeziza tracheiphila) sur vigne.

1) DESIGNATION CHIMIQUE

2-cyano-N-/(éthylamino)carbonyl/-2-(méthoxyamino)acétamide.

2) PROPRIETES BIOLOGIQUES DU CYMOXANIL

2.1 Mode d'action

. Action de contact :

Déposé par pulvérisation sur la surface d'un végétal traité, le cymoxanil agit sur les spores au moment de leur germination comme un produit classique de contact.

. Action pénétrante :

Le cymoxanil pénètre à l'intérieur du végétal traité. Il n'est pas pris par le courant de sève ascendante et sa diffusion reste locale. Cette pénétration est très rapide et se réalise dans l'heure qui suit l'application.

Délai entre traitement et lessivage	Traitement de la face supérieure des feuilles	Traitement de la face inférieure des feuilles
15'	73	93
30'	68	100
1 h	95	100
2 h	65	100

Tableau 1 : Essai INRA BORDEAUX 1979
Pourcentage d'efficacité avec une association cymoxanil 12 g/hl + produit de contact

. Action curative en début d'incubation :

Conséquence de l'action de pénétration, le cymoxanil a la capacité de détruire le champignon en cours d'incubation dans le végétal. Le mycélium non encore visible et qui progresse dans le parenchyme est stoppé dans les quelques jours qui suivent l'infection.

.../...

. Action anti-sporulante :

Appliqué sur de jeunes taches de mildiou à peine visibles, en fin d'incubation, le cymoxanil peut réduire d'environ 70 % la production de conidies infectieuses.

2.2 Action biochimique

Le cymoxanil présente, au niveau du métabolisme du parasite, de multiples sites d'action : il agit au niveau de la respiration cellulaire, affecte la synthèse des acides nucléiques (en particulier l'ARN) et inhibe celle de plusieurs acides aminés et de certains lipides.

2.3 Absence de résistances

Aucun phénomène de résistance au cymoxanil des Phytophthora ou Plasmoparo n'a pu être décelé au laboratoire ou en plein champ. Les spécialités fongicides à base de cymoxanil peuvent donc être utilisées sans restriction ; en particulier le cymoxanil ne présente pas de résistance croisée avec les acylalanines.

3) LES ASSOCIATIONS A BASE DE CYMOXANIL

3.1 Action synergique des composants de l'association

Les associations à base de cymoxanil présentent une efficacité globale supérieure à l'addition des effets partiels de chaque constituant. A ce titre, chaque association se présente comme une entité pour laquelle il devient difficile d'analyser les caractéristiques de chaque composant pris isolément.

Dose g/hl		Surface foliaire atteinte en %
cymoxanil	mancozèbe	
20	-	52
-	80	60
20	80	2.5
15	120	2.3
Témoin non traité		95.5

Tableau 2 : Effet de synergie
Essai INRA BORDEAUX 1975 sur mildiou de la vigne

10 répétitions de 4 plantes
9 traitements hebdomadaires du 03.07 au 03.09
notation le 22.09, 19 jours après le dernier traitement.

Cet essai montre bien l'effet de synergie développé par le cymoxanil avec de faibles doses de fongicides de contact. Les mêmes observations ont pu être faites avec d'autres fongicides de la famille des dithiocarbamates, et aussi avec des phtalimides.

.../...

3.2 Action préventive et curative des associations : cymoxanil + fongicide de contact

L'action préventive de l'association est assurée par le cymoxanil et le fongicide de contact agissant de façon synergique. De plus, l'action curative permet un délai d'intervention après contamination dans les 3 jours sur vigne, et de l'ordre de 1 à 2 jours sur pomme de terre, assurant ainsi plus de sécurité et de flexibilité dans les programmes.

4) UTILISATION DES ASSOCIATIONS

4.1 Sur vigne

Toutes les associations à base de cymoxanil sont autorisées contre le mildiou de la vigne, la plupart d'entre elles l'étant également contre l'excoriose. Selon la matière active de contact associée, la polyvalence d'action de l'association, peut se révéler intéressante à l'égard de champignons parasites tels que black-rot ou brenner, les associations contenant des phtalimides ont un pouvoir freinateur vis-à-vis du botrytis.

4.2 Sur autres cultures

Certaines associations à base de cymoxanil bénéficient d'une autorisation sur mildiou de la pomme de terre et certaines spécialités sont en outre autorisées sur mildiou de la tomate et mildiou de la laitue.

5) RESULTATS D'ESSAIS OFFICIELS SUR PLASMOPARO VITICOLA

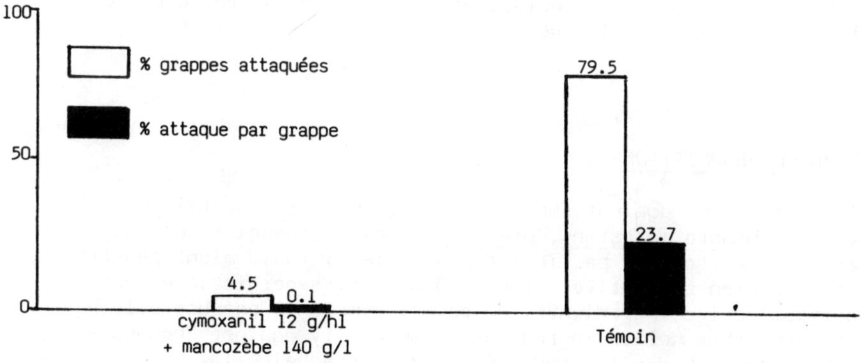

Figure 1 : Essai PROTECTION DES VEGETAUX BEAUNE 1984
(mildiou résistant aux anilides)
9 traitements, cadence avertissements

.../...

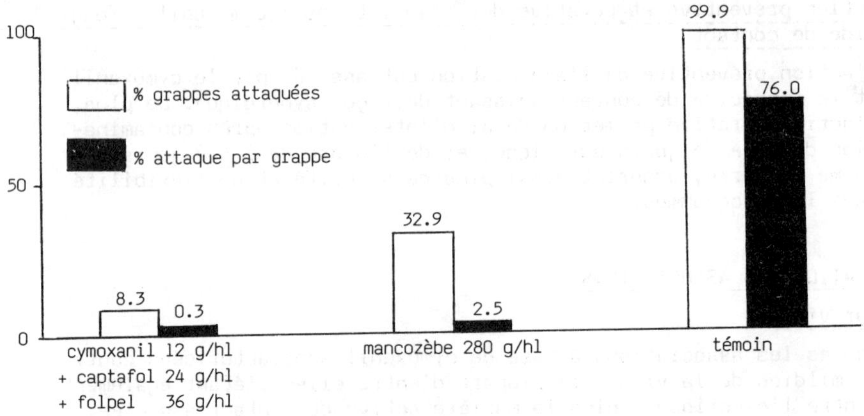

Figure 2 : Essai INRA BORDEAU 1984
7 traitements

Dans les spécialités fongicides autorisées à la vente, le cymoxanil est associé aux matières actives suivantes : captafol, cuivre, folpel, mancozèbe, métrame de zinc, oxadixyl, propinèbe, zinèbe.

6) CONCLUSION

Les associations à base de cymoxanil apparaissent comme des spécialités fongicides originales efficaces sur les mildious et de nombreuses autres maladies des plantes cultivées.
Par leur pouvoir pénétrant, leur souplesse d'emploi, leur effet curatif en début d'incubation, ces spécialités ont apporté la preuve de leur fiabilité depuis près de 10 ans.

CYMOXANIL BASED ASSOCIATIONS

Cymoxanil is effective against fungi of the Peronosporaceae (*Plasmopara viticola*, *Phytophthora infestans*, *Bremia lactucae*). Associations that contain it benefit from its particular properties : rapid plant penetration, post-infection preventive effect and arrest, synergistic effect with associated active ingredients. Moreover, cymoxanil can usefully be associated with other active ingredients, especially against *Phomopsis viticola*, *Guignardia bidwellii* and *Pseudopeziza tracheiphila*.

BIOASSAY DETERMINATION OF TRIADIMENOL AND FENPROPIMORPH

J. GILMOUR, J. MacFARLANE and I. W. DAWES
Edinburgh School of Agriculture, West Mains Road, Edinburgh, EH9 3JG. Scotland.

ABSTRACT

A previously described bioassay for triadimenol using Coriolus versicolor has been calibrated. Significant inhibition of the test fungus occurred when a triadimenol dose of 48 ng was applied to the bioassay plates. Fungicidal activity equivalent to a triadimenol concentration of 0.2 mg/kg could be detected in the seedling leaves of barley plants.

A liquid culture bioassay for fenpropimorph has been developed which can detect doses as small as 15 ng. Fungicidal activity equivalent to a fenpropimorph concentration of 0.003 mg/kg could be detected in the seedling leaves of barley plants.

INTRODUCTION

Bioassay can provide a convenient method for detecting fungitoxic substances and determining their concentrations. Williamson and Gilmour (1984) described such a procedure for the detection of triadimenol in cereal leaves using agar plate cultures of the fungus Coriolus versicolor. Further work has calibrated this bioassay.

A similar bioassay for the determination of fenproprimorph was sought. As liquid culture might simplify the procedure, yeasts were screened for sensitivity to this fungicide.

It is appreciated that the procedures described here do not enable any distinction to be made between a fungicide and its toxic degradation products. Fungitoxic activity is, however, reported in terms of the parent compounds.

TRIADIMENOL BIOASSAY

Materials and Methods

Bioassay plates were prepared with ethanol extracts of the first-formed leaves of 21-day old barley seedlings cv Golden Promise grown from seed treated with a range of doses of triadimenol formulated as Baytan (Williamson & Gilmour 1984) or ethanol dilutions of technical triadimenol (purity = 97.5%, supplied by Bayer UK Ltd.) As it was observed that the stock isolate of Coriolus versicolor grew more slowly than in the original tests, the culture plates were incubated for 12 days.

Results

Significant inhibition of growth occurred when the test solution contained only 0.048 mg triadimenol per litre (Table 1). Similar results were obtained in bioassays on other occasions. At this concentration the bioassay culture contained 48 ng of triadimenol.

TABLE 1
Colony growth and percentage inhibition of *Coriolus versicolor* in bioassays with technical triadimenol (4 replicates)

Triadimenol concentration in ethanol (mg/litre)	Dose of triadimenol present (ng)	Linear growth of colony (mm)	Percentage inhibition of growth
0	0	60	-
0.048	48	54	10.0
0.096	96	40	33.3
0.19	190	33	45.0
0.38	380	17	71.7
0.58	580	14	76.7
0.76	760	9	85.0

A level of activity equivalent to approximately half that of the lowest concentration of technical triadimenol tested was detected in the first-formed leaves of barley plants grown from seed treated with 0.04 g triadimenol per kg (Table 2). Equivalent triadimenol concentrations in the fresh leaves were calculated from the data in Table 1 by linear interpolation after logarithmic transformation of the doses. The level of activity in the first-formed leaves of plants grown from seed treated with the commercially recommended dose (0.375 g a.i./kg) was estimated to be equivalent to a triadimenol concentration of 1.2 mg/kg in the fresh leaf.

TABLE 2
Colony growth and percentage inhibition of *Coriolus versicolor* in triadimenol bioassays with extracts of barley leaves (4 replicates)

Dose of triadimenol on seed (g/kg)	Linear growth of colony (mm)	Percentage inhibition of growth	Calculated concentration in fresh leaf (mg/kg)
0	61	-	-
0.04	58	4.9	0.15
0.08	52	14.8	0.21
0.125	43	29.5	0.36
0.255	33	45.9	0.68
0.375	24	60.7	1.15
0.625	15	75.4	2.00

FENPROPIMORPH BIOASSAY

Materials and Methods

Yeasts in our collection were screened for sensitivity to fenpropimorph. A mutant strain which showed extreme sensitivity to this fungicide was selected for the development of the bioassay. The growth of the organism was calibrated against a range of known doses of technical fenpropimorph (supplied by May and Baker Ltd.). Leaf extracts were prepared from the first-formed leaves of 21-day old barley seedlings cv Golden Promise grown from seed treated with a range of doses of fenpropimorph formulated as Mistral.

Results

Significant inhibition of growth could be measured 24 hours after the bioassay cultures were set up. Growth was consistently inhibited in cultures containing 15 ng technical fenpropimorph (Table 3), but not in cultures containing only 7.5 ng technical fenpropimorph.

TABLE 3
Growth and percentage inhibition of a mutant yeast in bioassays with technical fenpropimorph (6 replicates)

Fenpropimorph concentration in ethanol (mg/litre)	Dose of fenpropimorph present (ng)	Yeast growth 24 h	Percentage inhibition of growth
0	0	0.82	-
0.146	7.5	0.82	0
0.293	15	0.74	9.8
0.586	30	0.49	40.2
1.172	59	0.24	70.7
2.344	117	0.08	90.2

TABLE 4
Growth and percentage inhibition of a mutant yeast in fenpropimorph bioassays with extracts of barley leaves (6 replicates)

Dose of fenpropimorph on seed (g/kg)	Yeast growth 24 h	Percentage inhibition of growth	Calculated concentration in fresh leaf (mg/kg)
0	0.78	-	-
0.023	0.51	34.6	0.0026
0.047	0.42	46.2	0.0034
0.094	0.39	50.0	0.0037
0.188	0.32	59.0	0.0047
0.375	0.22	71.8	0.0060
0.750	0.12	84.6	0.0083

All of the leaf extracts caused marked inhibition of growth in the bioassay cultures (Table 4). Equivalent fenpropimorph concentrations in the fresh leaves were calculated from the data in Table 3 by linear interpolation after logarithmic transformation of the doses.

DISCUSSION

This work has confirmed the suitability of the previously described Coriolus bioassay for the determination of small doses and low concentrations of triadimenol. The concentration of triadimenol calculated to be present in the first-formed leaves of 21-day old seedlings (1.2 mg/kg) was lower than that (5.8 mg/kg) determined chemically in similarly grown plants (D.J. Caverley 1982, personal communication). This may reflect differences in uptake of the fungicide. Possible effects of differences in extraction procedures have yet to be investigated.

The development of the fenpropimorph bioassay using an organism that would grow satisfactorily in liquid culture has demonstrated the convenience of this approach. The mutant strain of yeast selected was unusually sensitive to fenpropimorph. No other strain in our collection was of near comparable sensitivity to this fungicide.

LICENSED USE OF FENPROPIMORPH BIOASSAY

Full details of the fenpropimorph bioassay and a culture of the sensitive mutant yeast will be supplied under the terms of a non-exclusive licence.

ACKNOWLEDGEMENTS

The work on the triadimenol bioassay was supported financially by Bayer UK Ltd. The development of the fenpropimorph bioassay was supported financially by May and Baker Ltd.

REFERENCE

Williamson, M.B.R.; Gilmour, J. (1984) A bioassay procedure for detecting triadimenol and its degradation products in cereal leaf tissue. Tests of Agrochemicals and Cultivars No 5 (Annals of Applied Biology 104 Supplement), pp.50-51.

DOSAGE DU TRIADIMENOL ET DU FENPROPIMORPH PAR TEST BIOLOGIQUE EN LABORATOIRE

L'étalonnage du test biologique précédemment décrit pour le dosage du triadiménol à l'aide de Coriolus versicolor a permis de démontrer que même une dose de 48 ng du fongicide provoque une inhibition significative. Une activité fongicide équivalente à une concentration de 0,2 mg/kg peut être détectée dans les feuilles des plantules d'orge. Pour le fenpropimorph, un test en milieu liquide permet de détecter des doses aussi faibles que 15 ng. Le seuil de détection de l'activité fongicide dans les feuilles de plantules d'orge est de 0,003 mg/kg.

RATIONAL DESIGN OF INHIBITORS OF STEROL BIOSYNTHESIS.

A. RAHIER, M. TATON, P. SCHMITT, P. BENVENISTE.

Laboratoire de Biochimie Végétale, 28, rue Goethe, 67083-STRASBOURG (FRANCE)

C. ANDING, P. PLACE

Rhône-Poulenc Agrochimie, Centre de Recherche de la Dargoire, 69263 - LYON (FRANCE).

ABSTRACT

The concept of transition-state analogues (TS analogues) or high energy intermediate analogues (H.E.I. analogues) is a successful one for the design of potent enzyme inhibitors (Wolfenden 1976, Pauling 1946). We applied this concept to the design of N-benzyl-8-aza-4α,10-dimethyl-trans-decal-3β-ol (1) a powerful and specific inhibitor of $\Delta^8 \rightarrow \Delta^7$ sterol isomerase and cycloeucalenol-obtusifoliol isomerase both in vitro and in vivo in higher plants. Experimentation with commercial fungicides showed that these two enzymes were also the major targets of the fungicides tridemorph and fenpropimorph both in vivo and in vitro. The results of these studies suggest that these two chemicals are also H.E.I. analogues for these two enzymes.

INTRODUCTION

One major feature of catalysis by several of the enzymes of sterol biosynthesis is the involvement of postulated or demonstrated carbocationic high energy intermediates (HEI). Such HEI are involved in the reaction pathway of pyrophosphate-squalene synthetase 2(3)-epoxy-2(3)-dihydro-squalene cyclase, sterol-C-24 and C-28 methyltransferase, cycloeucalenol-obtusifoliol isomerase (COI) and $\Delta^8 \rightarrow \Delta^7$ sterol isomerase (8,7-SI). It has been previously postulated (Pauling 1946) and demonstrated (Wolfenden 1976) that the design of transition state or HEI analogues could lead to powerful and specific inhibitors of the target enzyme. Such a concept has already been used with success in sterol biosynthesis to design potent inhibitors of S-adenosyl-(L)-methionine cycloartenol-C-24-methyltransferase (Narula *et al.* 1981, Rahier *et al.* 1984), 2(3) epoxy-2(3)-dihydro squalene-β-amyrin cyclase (Delprino *et al.* 1983) and farnesyl pyrophosphate-squalene synthetase (Sandifer *et al.* 1982). The general strategy we followed was to mimic carbocationic HEIs involved in the reaction pathway of COI and 8,7-SI (Fig 1) and to replace the carbon atom bearing the positive charge by a nitrogen atom. The resulting tertiary amine (pKa ≃ 10) is protonated at physiological (7.4) pH and the resulting stable ammonium derivative displays a positive charge at the position occupied by the charged sp^2 carbon atom in the unstable HEI. Thus N-benzyl-8-aza 4α,10-dimethyl-trans-decal-3β-ol (1) and derivatives can be considered as low MW analogues of HEIs occuring in the reactions catalyzed by COI and the isomerase. The results reported here show that (1) is an extremely potent inhibitor of these two enzymes both in vitro and in vivo (Rahier *et al.* 1985). (1) has been compared with fenpropimorph (2) and tridemorph (3), which are systemic fungicides used in agriculture.

MATERIAL AND METHODS

Plant material

The in vitro experiments were performed in an enzyme system prepared from maize seedlings as described earlier (Rahier *et al.* 1984, Rahier *et al.*

1985). The in vivo experiments were performed in suspension culture of Rubus fruticosus cells grown in the presence of the inhibitor. The analytical procedure has been described previously (Schmitt *et al.* 1981).

Inhibitors

The synthesis of (1) and analogues has been described in a previous paper (Rahier *et al.* 1985).

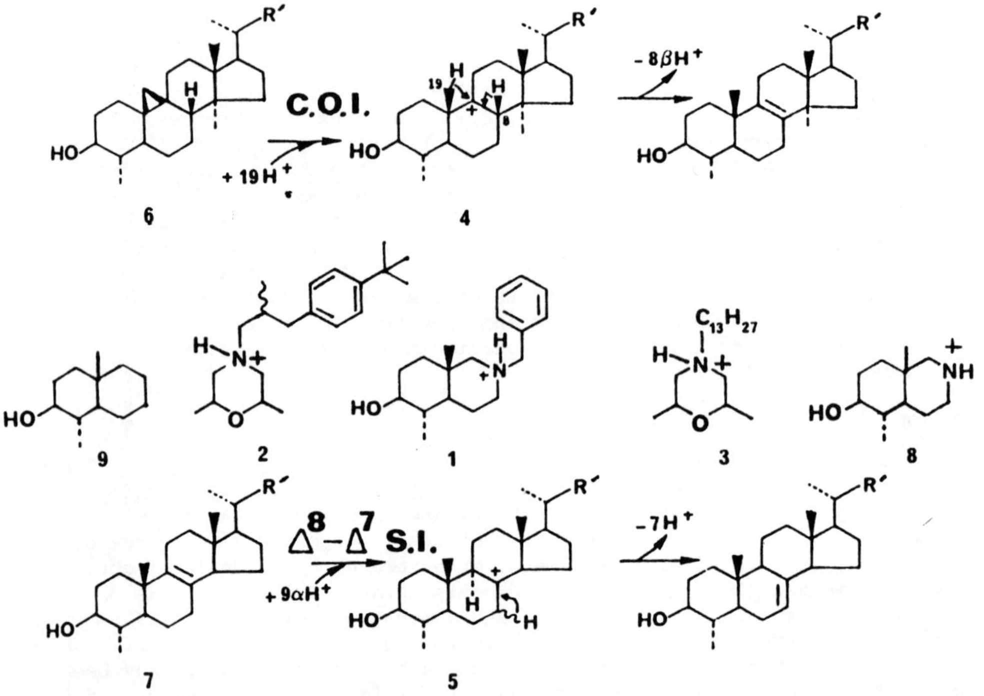

Fig 1. Reactions pathways for cycloeucalenol (6)-obtusifoliol isomerase (COI) and Δ^8 (7) - Δ^7 sterol isomerase ($\Delta^8 \rightarrow \Delta^7$ S.I.).

RESULTS

Inhibition of COI and of $\Delta^8 \rightarrow \Delta^7$ sterol isomerase in cell-free extracts from maize.

The two enzyme activities were tested in the presence of increasing amounts of the different inhibitors. From the inhibition curves it was possible to calculate the different I_{50} (inhibitor concentration required to reduce the reaction velocity by half) (Table 1). Under our assay conditions ($|S|$ = Km = 100 m) I_{50} value were close to the inhibition constant (K_I).

A similar rationale for the inhibitory properties of (2) and (3) to that proposed for (1) can also be suggested since these morpholines, having a pKa around 7.5 are present in both neutral and protonated forms at physiological pH. As the morpholinium cations present some analogies with the HEIs (4) and (5), they would be expected to interact with the active site of both COI and the $\Delta^8 \rightarrow \Delta^7$ S.I. (Fig 1). Table 1 shows that the affinity of (1) for the COI and the $\Delta^8 \rightarrow \Delta^7$ S.I. is 3 orders of magnitude ($K_I/K_m = 10^{-3}$) higher than those for their best substrate (6) and (7) respectively, and that (1) is a specific inhibitor of these two enzymes.

TABLE 1

Inhibition of enzymes of sterol biosynthesis by 4α,10 -dimethyl-trans-decal-3β-ol (1) and by the N-substituted morpholines (2 and 3).

Inhibitor	COI	$\Delta^8 \rightarrow \Delta^7$ SI	AdoMet-cycloartenol-C-24-methyltransferase
		I_{50} (μM)	
1	0.10	0.13	50
8	17.5	10	200
9	a	a	-b
2	0.4	0.6	-c
3	0.4	-c	a

[a]No inhibition at the highest concentration (100 μM) tested
[b]20% inhibition at 100 μM of inhibitor.
[c]Not determined.

TABLE 2

Sterols of control and N-benzyl-8-aza-4α,10-dimethyl-trans-decal-3β-ol (1)-treated Rubus fruticosus cells.

	(1) (mg/l) 0 Control	1 Treated	5 Treated
Δ^5-sterols	96	8	1.5
Δ^8-sterols	0	87	60
$\Delta^{8,14}$-sterols	0	0	4
9β,19-cyclopropyl sterols	1	4.5	30

[a] As % of total sterols

Effect in vivo of (1) on the sterol profile of suspensions of R. fruticosus cells.

Table 2 shows that in cells treated with (1) the concentration of Δ^5-sterols decreases strongly whereas new sterols accumulate. With low concentration of (1), Δ^8-sterols predominate strongly and with higher concentration of (1) an additional accumulation of 9β,19-cyclopropyl sterol can be seen. These results do indicate that (1) interfers with sterol biosynthesis and suggest that the major targets of the drug are the $\Delta^8 \rightarrow \Delta^7$-sterol isomerase and COI. Similar studies have been performed with tridemorph (3) and fenpropimorph (2) in suspension cultures of bramble cells (Schmitt *et al.* 1981), in maize (Bladocha & Benveniste 1983) and wheat (M.F. Costet, unpublished results) seedlings in our laboratory. They showed that treatment with (2) or (3) resulted in a spectacular accumulation of cyclopropyl sterols. These data and the one reported above with cell-free systems give a large array of evidence that the major targets of (1), (2) and (3) in plants cells are COI and $\Delta^8 \rightarrow \Delta^7$-sterol isomerase.

CONCLUSION

(1) constitutes a leader molecule of a new class of rationally designed

inhibitors. Such potent inhibitors could be powerful tools to control in vivo the sterol profile of plant cells and therefore to study the structural and fonctional roles of sterols in plant cell membranes. They could be also of value as potential fungicides since $\Delta^8 \rightarrow \Delta^7$-sterol isomerase is a target of several fungicides used currently to control pathogenic fungi.

CONCEPTION RATIONNELLE D'INHIBITEURS DE LA BIOSYNTHESE DES STEROLS

RESUME

L'utilisation du concept d'analogue d'état de transition ou d'intermédiaire à haute énergie (analogue IHE), a permis la réalisation de puissants inhibiteurs enzymatiques (Wolfenden 1976, Pauling 1946). La N-benzyl-8-aza 4α,10-dimethyl-trans-decal-3β-ol (1) a été conçue selon ce principe et constitue un inhibiteur puissant et spécifique, à la fois in vitro et in vivo de la $\Delta^8 \rightarrow \Delta^7$-stérol isomérase et de la cycloeucalénol-obtusifoliol isomérase de plantes supérieures. Ces deux enzymes sont aussi la cible des fongicides commerciaux tridémorphe et fenpropimorphe à la fois in vivo et in vitro. Les résultats obtenus avec ces substances suggèrent qu'elles constituent aussi des analogues d'IHE pour ces deux enzymes.

REFERENCES

Bladocha, P.; Benveniste, P. (1983) Manipulation by tridemorph, a systemic fungicide, of the sterol composition of maize leaves and roots. Plant Physiology 41, 756-762.

Delprino, L.; Balliano, G.; Cattel, L.; Benveniste, P.; Bouvier, P. (1983) Inhibition of higher plant 2,3-Oxidosqualene Cyclase by 2-Aza-2,3-dihydrosqualene and its Derivatives. Journal of the Chemical Society, Chemical Communication 381.

Narula, A.S.; Rahier, A.; Benveniste, P.; Schuber, F. (1981) 24-Methyl-25-azacycloartanol, an analogue of a carbonium ion high-energy intermediate, is a potent inhibitor of (S)-adenosyl-L-methionine : sterol C-24-Methyl-transferase in higher plant cells. Journal of the American Chemical Society 103, 2408-2409.

Pauling, L. (1946) Molecular architecture and Biological Reactions. Chemistry and Engineering News 24, 1375-1377.

Rahier, A.; Génot, J.C.; Schuber, F.; Benveniste, P.; Narula, A.S. (1984) Inhibition of S-Adenosyl-L-methionine Sterol-C-24-methyltransferase by analogues of a carbocationic Ion High-energy intermediate. Journal of Biological Chemistry 259, N°24, 15215-15223.

Rahier, A.; Taton, M.; Schmitt, P.; Benveniste, P.; Place, P.; Anding, C. (1985) Inhibition of $\Delta^8 \rightarrow \Delta^7$-sterol isomerase and of cycloeucalenol-obtusifoliol isomerase by N-benzyl-8-aza-4α-10-dimethyl-trans-decal-3β-ol, an analogue of a carbocationic high energy intermediate. Phytochemistry 24, 1223-1232.

Sandifer, R.M.; Thompson, M.D.; Gaugham, R.G.; Dale Poulter, C. (1982) Squalene synthetase. Inhibition by an ammonium analogue of a carbocationic intermediate in the conversion of presqualene pyrophosphate to squalene. Journal of the American Chemical Society 104, 7376.

Schmitt, P.; Benveniste, P.; Leroux, P. (1981). Accumulation of 9β,19-cyclo-propyl sterols in suspension cultures of bramble cells cultures with tridemorph. Phytochemistry, 20, 2153-2159.

Wolfenden, R. (1976) Transition state analog inhibitors and enzyme catalysis. Annual Review of Biophysics 5, 271-306.

FUNGICIDAL TREATMENTS WITH AZIDES

E. VAN WAMBEKE, A. VANACHTER, C. VAN ASSCHE

Laboratory for Phytopathology and Plant Protection, I.W.O.N.L. - Katholieke Universiteit Leuven

ABSTRACT

Azides were choosen as potential broad-spectrum soil fungicides because of easy and less hazardous application compared to highly volatile compounds such as methyl bromide. The active hydrazoic acid generated from potassium and sodium azide in soil was studied with regard to Rhizoctonia solani, Fusarium oxysporum f.sp. lycopersici, Pyrenochaeta lycopersici, Phytophthora nicotianae and Verticillium albo-atrum 'in vitro' and on bean and tomato plants. Low dose applications of 100 kg sodium azide/ha showed promising results and phytotoxic after-effects were avoided.

INTRODUCTION

The use of inorganic fungicides, e.g. Bordeaux mixture, has shown its interest in the agricultural and horticultural world. Their action may be due to the metal or to the other moiety of the molecule and most of them are contact fungicides. Some of the rather simple fungicidal organic molecules are soil fumigants. One inorganic compound suitable for soil disinfestation is hydrazoic acid, generated under mildly acid conditions (Adams et al., 1971) from potassium and sodium azide. Nematocidal and herbicidal activity were recognized after fungicidal activity (Hill et al., 1953, Bradbury et al., 1957, Steinberg & Clayton, 1949). Azide is known as an uncoupler of oxidative phosphorylation and as an inhibitor of electron transport in the case of non-phosphorylating preparations (Wilson and Chance, 1966). However, two types of hazards are involved with azide use, toxicity, and explosive properties due to the reaction with certain metals (Sax, 1979). The correct choice of storing and application equipment avoids the latter risk. Azides can be applied to soils as a granule, as a powder or in aqueous solution and need no specialized equipment except non reactive coating on containers and tubing. Other positive aspects, are the low dose required for effective soil treatments when compared to other soil fumigants, and the absence of residues.

This paper presents results obtained for a few fungal pathogens of economic importance on beans and tomato. Trichoderma was also studied as a test organism in view of its antagonistic role. The generation and diffusion of hydrazoic acid and the soil factors involved were discussed by Adams et al. (1971), Parochetti & Warren (1970), Van Wambeke & Van den Abeele (1984) and Van Wambeke et al. (1984).

MATERIALS AND METHODS

'In vitro' experiments

PDA-medium containing sodium azide at concentrations of 0, 6.6, 33, 53, 66, 72, 100 and 133 μg/ml at pH 5.5 and 6.5 was inoculated with mycelial plugs of Rhizoctonia solani, Fusarium oxysporum f.sp. lycopersici, Pyrenochaeta lycopersici, Phytophthora nicotianae, Verticillium albo-atrum and Trichoderma longibrachiatum isolates. The eventual growth was measured by diameter. Each fungus and each dose were replicated 5 times.

'In vivo' experiments

Five bean plants cv. 'Processor' were germinated and grown per pot with soil artificially infested with Rhizoctonia solani in 5 replicates. The soil was treated 3 weeks before with 30 and 130 kg sodium azide/ha and 800 kg dazomet/ha and covered with low density polyethylene sheet for 1 week. Soil pH was 6. Plants were checked for Rhizoctonia incidence 3 weeks after sowing.

Tomato plants cv. 'Moneymaker' were grown in soil inoculated with 1 full-grown petri-dish per 3 l pot Verticillium albo-atrum, Pyrenochaeta lycopersici and Phytophthora nicotianae, treated 4 weeks before at rates of 100 kg sodium azide/ha or 800 kg dazomet/ha in 5 replicates. Soil pH was 6.3 and 6.7 in the case of azide treatment and 6.7 in the case of dazomet treatment and control. Plants were checked by weight,reisolation of the pathogen and disease index calculation according to visual assessment of the roots in the case of Pyrenochaeta and Phytophthora and microscopic observation of the vascular bundles in case of Verticillium.

RESULTS AND DISCUSSION

'In vitro' experiments

Table 1 shows the growth of the tested fungi on PDA containing azide. The medium with the lowest pH caused inhibition at lower doses of sodium azide due to the easier decomposition into hydrazoic acid. The tested Pyrenochaeta and Verticillium isolates were very sensitive to the azide treatment. The antagonistic Trichoderma isolate was inhibited at concentrations comparable to these for the plant pathogenic fungi. Experiments with soil have shown less toxic effect for the same isolate when compared to the Fusarium and Rhizoctonia isolates used here (Van Wambeke & Van den Abeele 1984). Rodriguez-Kabana and Curl (1980) mention the increase of Trichoderma spp. in response to prolonged sodium azide treatment in soil but also the changing biochemical properties of isolates from treated soil. This may suggest alternation of soil treatments in order to avoid analogous possible risks with fungal pathogens.

TABLE 1

Growth (cm diam.) of fungi grown on PDA-media containing sodium azide at different pH

test organism	pH	dose (μg sodium azide/ml)			
		0	6.6	33	53-133
Rhizoctonia	5.5	5.0	3.1	0	0
solani	6.6	5.0	4.0	0.2	0
Fusarium	5.5	5.0	3.4	0	0
oxysporum	6.6	5.0	4.0	0.6	0
Pyrenochaeta	5.5	5.0	0	0	0
lycopersici	6.6	4.0	1.2	0	0
Phytophthora	5.5	5.0	4.2	0	0
nicotianae	6.6	5.0	4.8	3.4	0
Verticillium	5.5	3.5	1.8	0	0
albo-atrum	6.6	5.0	2.0	0.7	0
Trichoderma	5.5	5.0	3.0	0	0
longibrachiatum	6.6	4.4	2.2	0.6	0

'In vivo' experiments

Rhizoctonia infection on bean plants was reduced with increasing application rate of sodium azide. Dazomet, generating methylisothiocyanate, applied at a higher but normal dose of 800 kg/ha showed an effect intermediate between the two azide rates. The results are summarized in table 2.

TABLE 2

Rhizoctonia incidence on bean plants grown on artificially infested sodium azide or dazomet treated soil

treatment	diseased bean plants/pot (max. = 5)
800 kg dazomet/ha	0.9
30 kg sodium azide/ha	1.6
130 kg sodium azide/ha	0.4
untreated	2.0

The results of sodium azide and dazomet soil treatment on a few tomato diseases are expressed in table 3.

Here again the low application rate of sodium azide shows promising results. Plant growth was in general positively affected for both compounds, possibly due to disease control as well as to other influences.

TABLE 3

Influence of fungicidal soil treatments (sodium azide 100 kg/ha; dazomet 800 kg/ha) on tomato plant growth and disease incidence

inoculum	observation	treatment			
		sodium azide pH 6.3	sodium azide pH 6.7	dazomet	control
Pyrenochaeta lycopersici	shoot weight (g)	135	134	167	127
	isolate growth	0.4	1.2	1.0	1.4
	cork formation (0-5)	0.6	2.4	2.4	4.4
Phytophthora nicotianae	shoot weight (g)	173	177	165	147
	root lesions (0-5)	1.4	1.2	2.2	3.2
Verticillium albo-atrum	shoot weight (g)	142	146	148	160
	number infested vascular bundles	0.2	0.2	0	1.4

CONCLUSION

Azides have shown their effectiveness for the control of many soilborne diseases and are considered as soil fumigants, in spite of their reduced diffusion in soil (Parochetti & Warren 1970, Van Wambeke et al. 1984,

Van Wambeke & Van den Abeele 1984). Although there is some risk of adaptation by fungal pathogens, azides can certainly be very useful in practice, provided the same kinds of precautions on application and prolonged use are taken as applied to any fungicide.

REFERENCES

Adams, P.B.; Warren, H.L.; Tate, C.J. (1971). Potassium azide : fungicidal activity as affected by pH. Plant Disease Reporter 55, 1077-1081.

Bradbury, F.R.; Campbell, A.; Suckling, C.W.; Jameson, H.R.; Peacock, F.C. (1957). The nematocide properties of azide. Annals of Applied Biology 45, 241-250.

Hill, G.D.; Klingman, G.C.; Woltz, W.G. (1953). Chemical weed control in tobacco plant beds. North Carolina Agricultural Experimental Station Bulletin 382.

Parochetti, J.V.; Warren, G.F. (1970). Behaviour of potassium azide in the soil. Weed Science 18, 555-560.

Rodriguez-Kabana, R.; Curl, E.A. (1980). Nontarget effects of pesticides on soilborne pathogens and disease. Annual Review of Phytopathology 18, 311-332.

Sax, N.I. (1979). Dangerous properties of industrial materials. Van Nostrand Reinhold Company, 1188 pp.

Steinberg, R.A.; Clayton, E.E. (1949). Chemical soil treatment for black root rot of tomato in the greenhouse. Phytopathology 39, 155-157.

Van Wambeke, E.; Deconinck, S.; Descheemaeker, F.; Vanachter, A. (1984). Sodium azide for the control of soil borne tomato pathogens. Mededelingen van de Faculteit Landbouwwetenschappen Rijksuniversiteit Gent 49, 373-381.

Van Wambeke, E.; Van den Abeele, D. (1984). The potential use of azides in horticulture. Acta Horticulturae 152, 147-154.

Wilson, D.F.; Chance, B. (1966). Reversal of azide inhibition by uncouplers. Biochemical and Biophysical Research Communications 23, 751-756.

TRAITEMENTS FONGICIDES AUX AZOTURES

Les azotures ont été choisies comme fongicides de sol à grand spectre dans l'intention de réduire les risques lors de l'application de désinfectants du sol en comparaison avec des produits très volatils comme le bromure de méthyle. L'acide généré à partir de l'azoture de potassium ou de sodium a été étudié vis-à-vis de quelques pathogènes comme *Rhizoctonia solani*, *Fusarium oxysporum* f.sp. *lycopersici*, *Pyrenochaeta lycopersici*, *Phytophthora nicotianae* et *Verticillium albo-atrum* dans des tests *in vitro* et *in vivo*. De faibles doses d'application de 100 kg/ha d'azoture de sodium se sont montrées prometteuses et les effets phytotoxiques sont acceptables.

PROCHLORAZ - A DECADE OF DEVELOPMENT

S.B. WAKERLEY, P.E. RUSSELL

FBC Limited, Chesterford Park Research Station, Saffron Walden, England.

ABSTRACT

Prochloraz is a broad spectrum fungicide active against the major pathogens of many crops. The development programme for cereals, starting in 1975, led to commercial recommendations in the UK in 1980 and France in 1981. The commercialisation of prochloraz - carbendazim coformulations was co-incidental with the appearance of MBC resistant Pseudocercosporella, against which prochloraz is very effective. The rise in oilseed rape growing led to a development programme for prochloraz which culminated in commercial recommendations in 1983. The discovery of a WP formulation based on a manganese complex of prochloraz led to further development on a range of broadleaf crops and mushrooms.

EARLY RESEARCH AND OBJECTIVES

Worldwide field evaluation of prochloraz started in 1975 and it was soon recognised that the compound possessed a wide spectrum of activity, including many disease pathogens of economic importance.

Concurrent with the discovery of prochloraz was an agronomic scene in Western Europe, in which years of cereal monoculture had brought problems of fungal pathogens, slowly recognised as important reducers of yield. This stimulated an intensive programme of trials with prochloraz to evaluate its potential for disease control in wheat, barley and rye.

A few years later expansion of oilseed rape brought with it an increased incidence of disease. The efficacy of prochloraz in controlling some of the disease pathogens in other crops, eg., Alternaria and Botrytis encouraged a further study to determine its value in controlling the disease complex of oilseed rape.

CEREALS

Very early in the cereal development programme it was realised that due to differences in disease prevalence and pressure between continental Europe and the UK, different dose rates would be required to provide efficient, cost effective disease control. In the UK, an application rate of 400g ai/ha was selected, while in France and certain other European countries 450g ai/ha was required.

The result of this early development effort (Table I) was the introduction of the 40% and 45% EC formulations of prochloraz, as SPORTAK, into the UK and France.

During the later phases of this initial development it was realised that cereal fungicide usage was changing. The demand for the highest level of broad spectrum disease control became apparent coupled with a minimum risk of encouraging the development of resistance. This led to development work on mixtures in order to satisfy these requirements (Table II).

TABLE I

Control of major cereal pathogens by prochloraz in the UK and France (F) 1978/79

Treatment g ai/ha	% Disease control				% Yield Benefit
	Pseudocercosporella	Erysiphe	Rhynchosporium	Septoria	
Prochloraz 400 (UK)	44*	-	-	-	8
400 (UK)	-	82	-	-	13
400 (UK)	-	-	66	-	23
450 (F)	-	-	97	-	7
400 (F)	-	-	-	63	-

* Based on % tillers infected

TABLE II

The use of prochloraz in mixtures to control major cereal diseases

Treatment g ai/ha	% Disease control					% Yield Benefit
	Pyrenophora	Erysiphe	Rhynchosporium	Septoria	Puccinia	
Prochloraz 400 (UK)	86	64	82	89	16	5-8
450 (F)	-	-	-	70	-	15
Prochloraz 400 + carbendazim 150	91	-	-	-	-	12
Prochloraz 400 + fenpropimorph 750	-	86	86	92	95	6-9
Prochloraz 400 + captafol 720	-	-	-	92	-	7
Prochloraz 450 + mancozeb 1600	-	85	74	76	-	7

TABLE III

The control of *Pseudocercosporella herpotrichoides* by prochloraz alone and in mixtures (France) 1983/84.

Treatment g ai/ha	% Control of Pseudocercosporella**	
	All strains	MBC resistant strains
Prochloraz 450	66	62
Prochloraz 450 + carbendazim 120	69	67
Prochloraz 450 + mancozeb 1600		67

** Based on frequency + intensity of attack

The discovery of MBC resistant Pseudocercosporella in Europe in the early 1980's provided a further unique opportunity to exploit prochloraz. The use of prochloraz mixtures provided the means of controlling MBC resistant strains while obtaining the added benefits often seen by the use of other products as early season sprays (Table III).

Again due to differences between the UK and continental Europe, two different coformulations were developed: SPORTAK PF (450g ai prochloraz plus 120g ai carbendazim/ha) for France and other countries and SPORTAK ALPHA (400g ai prochloraz plus 150g ai carbendazim/ha) for the UK.

OILSEED RAPE

The disease complex on oilseed rape tends to be dominated by Alternaria spp but high levels of Pyrenopeziza brassicae and Sclerotinia sclerotiorum are frequently seen. Phoma lingam, Botrytis cinerea and sometimes Peronospora parasitica occur and also have potential to cause considerable damage.

Replicated trials on prochloraz in the UK were initiated early in the 1980's and over a period of three years comparisons were made of 1 and 2 sprays applied at stem extension and 95% petal fall. After the first two years the timing of the second spray was altered to mid-late petal fall following satisfactory bee toxicity studies in the crop.

Prochloraz showed good control of the diseases present (Table IV). Yield benefits were especially significant for prochloraz in trials where Pyrenopeziza was the most important disease. The 2-spray programme produced yields 14-30% higher than untreated.

Concurrent trials in Western Europe used the prochloraz-carbendazim coformulation with results as indicated in Table V.

Recommendations for use of the products commercially in France and UK are based on these data.

DEVELOPMENT OF OTHER USES

Studies on other crops went on alongside the major developments in foliar treatments of cereals and oilseed rape. Recommendations have been developed for use of the EC for control of seed borne diseases of rice, post-harvest diseases of citrus and other tropical fruits and as a dip treatment for bulbs and corms. But with foliar applications to some crops, problems of crop safety with the EC were apparent especially with repeated applications. For these crops a more appropriate formulation was required.

An exciting innovation was the complexing of prochloraz with metals which led to the discovery that prochloraz manganese complex could be formulated as a WP, was safe to crops and maintained high fungicidal efficacy on pathogens of broadleaf species. This led to development of OCTAVE (50% WP prochloraz manganese complex) for treatment of a variety of ornamentals and SPORGON (50% WP prochloraz manganese complex) for bed casing treatments of mushrooms.

A co-formulation of prochloraz manganese complex with carboxin for treatment of seed borne diseases in barley and oats has also been developed and it is hoped to extend the recommendations to wheat and rye.

TABLE IV

Summary of disease control and yield benefit in UK 1982-84.

Treatment	g ai/ha	Mean % control					% Yield Benefit
		Pyrenopeziza	Alternaria	Phoma	Sclerotinia	Botrytis	
prochloraz	500	63	62	67	65	62	9.5
iprodione	500	13	75	51	43	34	9.5

TABLE V

Summary of disease control and yield benefit in Western Europe

Treatment			% Disease Control (winter oilseed rape)					% Yield Benefit
Stem extension	90% petal fall	Pod development	Pyrenopeziza	Alternaria	Phoma	Sclerotinia	Botrytis	
prochloraz	prochloraz		79	83	72	81	62	11.7
	prochloraz	prochloraz	32	83	72	80	63	8.4
prochloraz/ carbendazim			78	-	-	-	-	14.2
	prochloraz/ carbendazim		-	-	-	93	-	-
iprodione	iprodione		21	89	50	63	59	11.9
	iprodione	iprodione	7	98	-	-	59	10.4
	vinclozolin	vinclozolin	10	63	-	71	15	5.7

PROCHLORAZ - UNE DECENNIE DE DEVELOPPEMENT

Le prochloraz est un fongicide à large spectre d'activité, efficace contre les principaux organismes pathogènes de nombreuses cultures. Le programme de développement pour les céréales, commencé en 1975, a débouché sur des recommandations commerciales au Royaume-Uni en 1980 et en France en 1981. La commercialisation de coformulations prochloraz-carbendazime a coincidé avec l'apparition de souches de Pseudocercosporella résistantes au carbendazime, contre lesquelles le prochloraz s'est avéré trés efficace. L'augmentation de la surface cultivée en colza a entraîné la mise en place d'un programme de développement du prochloraz, qui déboucha en 1983 sur des recommandations commerciales. La découverte d'une formulation en poudre mouillable, basée sur un complexe prochloraz-manganèse entraîna de nouveaux développements sur cultures à larges feuilles et champignons.

C.
The fungicide/crop/ environment/ interaction
L'interaction fongicide/ plante/ environnement

MODE D'ACTION DU BENOMYL SUR LES NEMATODES A KYSTE DU GENRE *GLOBODERA*

A. CAVELIER, D. MUGNIERY, A. MANSOUR

I.N.R.A., Laboratoire de Zoologie, BP 29, F 35650 Le Rheu

RESUME

Des essais *in vitro* et *in vivo* précisent l'activité et le mode d'action du bénomyl sur les nématodes à kyste de la pomme de terre. Le bénomyl agit un peu par contact sur l'éclosion et la pénétration des nématodes et très fortement par systémie sur leur développement endoradiculaire. Les doses nécessaires pour obtenir *in vivo* l'effet constaté *in vitro* sont très supérieurs et n'autorisent pas actuellement l'usage agronomique du bénomyl en vue de maîtriser les nématodes à kyste.

INTRODUCTION

Le bénomyl appartient au groupe chimique des benzimidazoles. Largement utilisés en agriculture pour leurs propriétés fongicides, les benzimidazoles sont aussi d'usage courant en médecines humaine et vétérinaire pour maîtriser les helminthoses.

Une série de méthodes *in vitro* et *in vivo* est développée pour vérifier si les propriétés anti-helminthiques des benzimidazoles pouvaient intéresser la lutte contre les nématodes parasites des plantes. Les études ont porté sur des modèles aisément manipulables *in vitro* (*Globodera rostochiensis* et *G. pallida* élevés sur plantules de tomates) et *in vivo* (*G. rostochiensis* sur pomme de terre).

OBJECTIF

L'objectif est de vérifier au moyen d'expériences simples l'activité et le mode d'action au plan biologique du bénomyl sur les différentes phases du cycle de développement des nématodes (Figure 1):

- *in vitro* pour bien caractériser les divers aspects du mode d'action;
- *in vivo* pour vérifier son activité en présence des interactions nématodes-plantes-sol-pesticide.

MATERIEL ET METHODES

1) Essais in vitro

Tous les essais *in vitro* sont conduits sur une base commune. culture de plantules de tomate en boîtes de Pétri sur milieu gélosé. Les nématodes sont déposés individuellement au stade larvaire L2 (stade infestant) sur la racine ou à sa proximité selon le cas, au moyen d'un cil monté. Ils pénètrent dans la racine en quelques heures et y accomplissent leur développement jusqu'au stade adulte en 15 jours environ à 20°C.

Les observations portent sur la structure de population lorsque les témoins non traités ont accompli leur cycle complet : dissection des racines sous loupe binoculaire et dénombrement des différents stades

C1

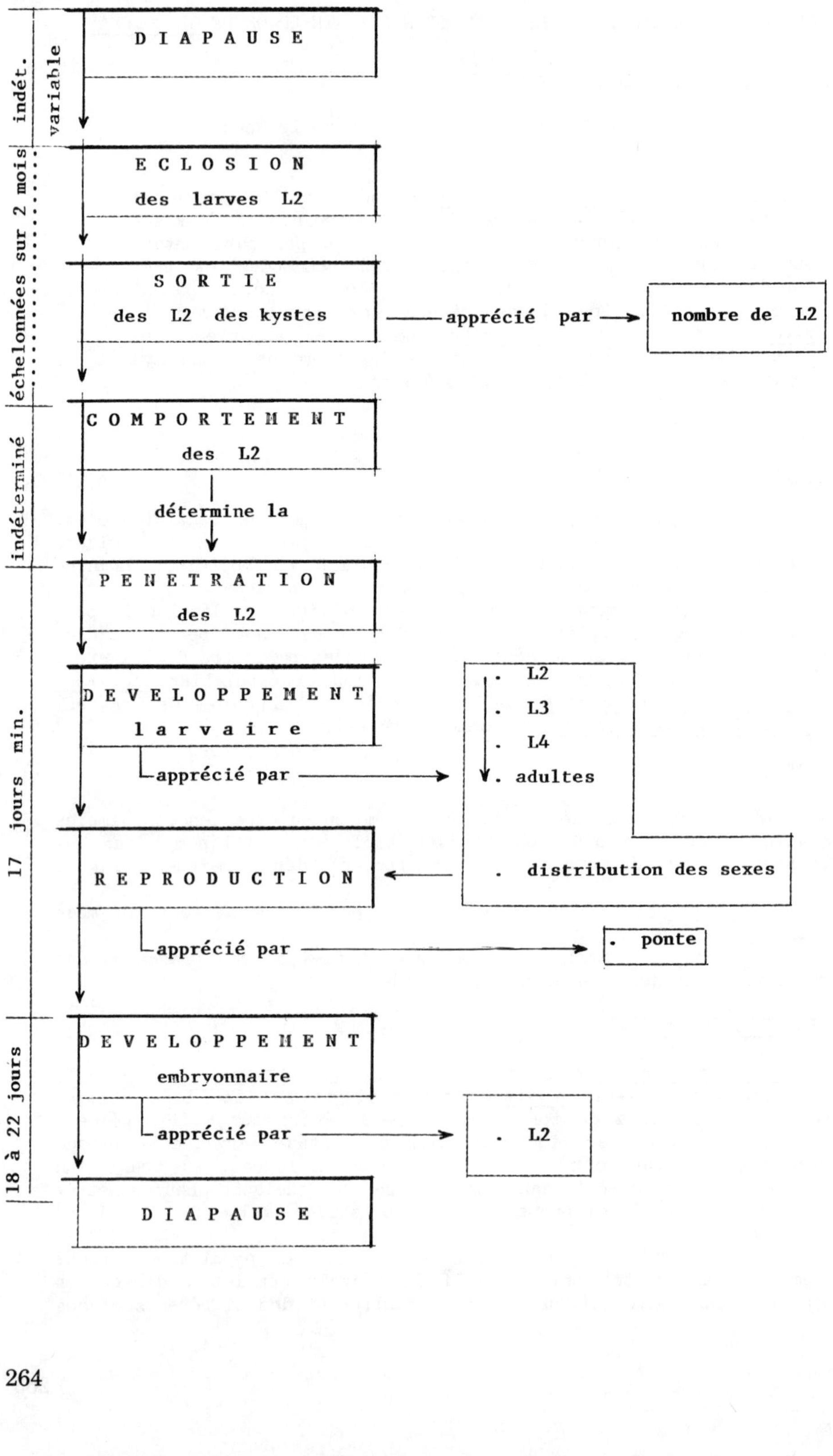
indét.
variable
DIAPAUSE
échelonnées sur 2 mois
ECLOSION
des larves L2
SORTIE
des L2 des kystes
apprécié par
nombre de L2
indéterminé
COMPORTEMENT
des L2
détermine la
17 jours min.
PENETRATION
des L2
DEVELOPPEMENT
larvaire
apprécié par
. L2
. L3
. L4
. adultes
REPRODUCTION
. distribution des sexes
apprécié par
. ponte
18 à 22 jours
DEVELOPPEMENT
embryonnaire
apprécié par
. L2
DIAPAUSE

atteints par les animaux.

Les modalités de mise en présence des nématodes et du toxique varient selon l'effet recherché :

a) Effet contact : traitement des L2 par immersion dans la solution toxique pendant 12h avant inoculation sur plantules cultivées sur gélose non traitée.

b) Effet global : dépôt de L2 non traitées sur plantules cultivées sur gélose traitée. Les L2 sont alors déposées sur la gélose près de la racine;

c) Effet systémique : dépôt de L2 non traitées sur plantules cultivées sur gélose non traitées. Après pénétration des larves dans la racine, les plantules sont transférées sur un milieu gélosé traité. Le délai de transfert varie avec l'effet à mettre en évidence (de 7 h pour l'effet sur les L2 à 6 jours pour l'effet sur les L3).

2) Essais in vivo

Des pommes de terre sont cultivées dans des pots dont la terre a été préalablement stérilisée, puis traitée au bénomyl, et contaminée par un lot de kystes récupérables de *G. rostochiensis*. A intervalles de temps déterminés, on dénombre dans les kystes, le sol et les racines les différents âges larvaires et adultes, selon le cas. L'essai est arrêté quand une génération a accompli son cycle complet dans le témoin non traité.

RESULTAT

1) Essai in-vitro

a) Effet global : à 1,3 et 9 mg de bénomyl par kg de gélose, la pénétration est réduite du tiers, sans différence entre les doses. Les animaux pénétrés sont totalement bloqués au stade L2.

b) Effet contact : la pénétration est réduite du tiers à 1 mg/kg jusqu'aux trois-quarts à 100 mg/kg. 60 à 85% des animaux pénétrés sont bloqués au stade L2.

c) Effet systémique : le développement des L2 commence à être bloqué dès 0.05 mg/kg. Cet effet s'accroît avec la dose et est total à 0.4 mg/kg. Le blocage du développement des L3 est perceptible à partir de 0.1 mg/kg; il est très important à 0.3 mg/kg, et total à 0.9 mg/kg.

2) Essais in-vivo

Sur un sol peu absorbant, il a pu être mis en évidence les actions suivantes du bénomyl :

- sur l'éclosion des nématodes : stimulation à 6 mg de bénomyl par litre de solution du sol, retard à 17 mg/l, et inhibition à 52 mg/l;
- sur la pénétration des nématodes dans les racines : retard à 6 mg/l, réduction de 60% à 17 mg/l;
- sur la multiplication finale de la population : réduction de l'accroissement de la population à 6 mg/l (x3, contre x 36 dans le témoin) et inhibition totale de l'accroissement de population à partir de 17 mg/l.

La méthode n'a permis de mesurer ni l'effet létal du bénomyl, ni son action sur la ségrégation des sexes ou sur la fertilité des femelles.

CONCLUSION

Le bénomyl présente in-vitro une activité nématostatique très puissante, comparable voire supérieure à celle des nématicides non fumigants classiques (organo-phosphorés, carbamates). Contrairement à ces derniers, dont l'activité en conditions agronomiques porte presque exclusivement sur la pénétration par action de contact dans la solution du sol, le bénomyl agit principalement par action systémique sur les animaux pénétrés. Mais la migration des benzimidazoles n'est qu'ascendante. Or les doses nécessaires pour obtenir un effet intéressant en présence de sol sont élevées. Peut-être la découverte d'une molécule benzimidazole à migration descendante modifierait-elle les conditions de la lutte chimique contre les nématodes.

MODE OF ACTION OF BENOMYL ON CYST NEMATODES OF THE GENUS *GLOBODERA*

In vitro and *in vivo* experiments have given details on the activity and mode of action of benomyl on potato cyst nematode. Benomyl has a limited contact action on hatching and penetration of nematodes. It has a much greater systemic activity on nematode development within the root. The doses required *in vivo* to obtain effects observed *in vitro* are very much greater and do not allow, at present, practical use of benomyl to control cyst nematodes.

THE AVENACINS. NATURAL FUNGICIDES FROM OAT ROOTS ACTIVE AGAINST 'TAKE-ALL' ATTACK

L. CROMBIE, W.M.L. CROMBIE AND D.A. WHITING.

Department of Chemistry, The University, Nottingham, NG7 2RD.

ABSTRACT

Four compounds active against the wheat 'take-all' fungus Gaeumannomyces graminis var. tritici (Ggt) have been isolated from oat-roots and designated Avenacin A-1, A-2, B-1 and B-2. Their structures were completely elucidated by a combination of chemical and physical techniques including ^{1}Hmr, ^{13}Cmr, nOe difference spectroscopy and X-ray methods. The four compounds are oxygenated triterpenes esterified with either N-methylanthranilic or benzoic acid, each carrying a trisaccharide residue (1 arabinose, 2 glucose) at C-3. Concentrations are much higher in growing oat-root tips than in older root tissue. Virulent fungal strains (Gga), capable of attacking oat roots, are able to hydrolyse one, and then two, glucose residues from the avenacins.

INTRODUCTION

'Take-all' is a fungal disease of cereals, serious and widespread in Britain and the rest of the world. The disease is caused by fungus Gaeumannomyces graminis (Sacc.) Arx and Olivier var. tritici Walker (Ggt) formerly known as Ophiobolus graminis (Asher and Shipton, 1981). It damages the roots and tiller-bases of wheat, diseased plants being recognised by their stunted growth : their bleached white-grey appearance stands out in a still-green crop. The stem-base is black-brown and roots show dark discolouration and extensive rotting. Barley and rye may also be attacked.

Chemical control methods are difficult to apply and one control tactic is to change to an oat crop to cleanse the land. Oats are not attacked by most strains of G. graminis and Goodwin and Pollock (1954) showed that a fluorescent glycoside was present in oat root tips. Turner (1953), (1956), (1960), (1961) showed that a strong inhibitor of the growth of G.graminis and other fungi was present, and a substance, thought to be pure and named avenacin, was isolated by Burkhardt et al. (1964) and Maizel et al. (1964). They demonstrated that the fluorescent material was toxic to fungi and was possibly a triterpene glycoside containing N-methylanthranilic acid. Tschesche et al. (1973) later corrected some of the functionality proposed by Maizel, and carried out a valuable study of the trisaccharide, but considered that the type of triterpene could not be arrived at : in addition he found a second related compound, claimed to be a disaccharide.

C2

ISOLATION AND STRUCTURE OF THE AVENACINS

In our work, freeze-dried oat roots, grown hydroponically, gave after extraction and extensive reversed-phase hplc (elutant MeOH/H_2O, 3/1), the four avenacins shown in Table 1. (Crombie *et al*. 1984) Avenacin A-1 and B-1 each had an intense blue

TABLE 1

Avenacins isolated from oat roots

	M.p.(°C)	Molec.formula (M)
Avenacin A-1	228-233	$C_{55}H_{83}O_{21}N$ (1093)
Avenacin A-2	237-239	$C_{54}H_{80}O_{21}$ (1064)
Avenacin B-1	glass	$C_{55}H_{83}O_{20}N$ (1077)
Avenacin B-2	glass	$C_{54}H_{80}O_{20}$ (1048)

fluorescence and on methanolysis each gave 1 mol of methyl *N*-methylanthranilate. Avenacin A-2 and B-2 similarly gave 1 mol of methyl benzoate. All four avenacins are trisaccharides giving on acid hydrolysis 1 mol of arabinose and 2 mol of glucose. Four crystalline aglycones, avenestergenins A-1, A-2, B-1 and B-2, arising from the corresponding avenacins are formed in the hydrolysis and using a combination of ^1H, ^{13}C and nOe difference spectroscopy, along with chemical information, their structures were elucidated as (1-4).

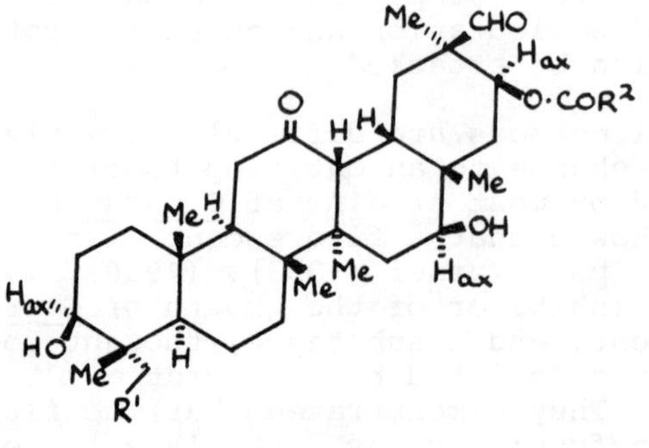

1. Avenestergenin A-1 : R^1=OH ; R^2=*o*-MeHNC_6H_4
2. Avenestergenin A-2 : R^1=OH ; R^2=C_6H_5
3. Avenestergenin B-1 : R^1=H ; R^2=*o*-MeHNC_6H_4
4. Avenestergenin B-2 : R^1=H ; R^2=C_6H_5

X-ray structure analysis in this group of compounds has proved extremely difficult but very recently Dr. M. Begley in our laboratory has verified that structure 1 is correct in all details for Avenestergenin A-1. A chloroform-water solvated crystal was used for the direct methods single crystal analysis.

Continued study of the avenacins themselves revealed that the avenestergenins are not true aglycones but their structures have been altered by acid hydrolysis. Detailed ^{1}H and ^{13}Cmr spectroscopy of the avenacins shows that they contain a β -12, 13-epoxide converted by hydrolysis into a 12- keto group. The structure of the trisaccharide attachment at C-3 was determined by a combination of methylation techniques and detailed ^{1}H and ^{13}Cmr spectroscopy. The complete structures of the four avenacins which protect the oat root against 'take-all' fungal attack are thus (5-8).

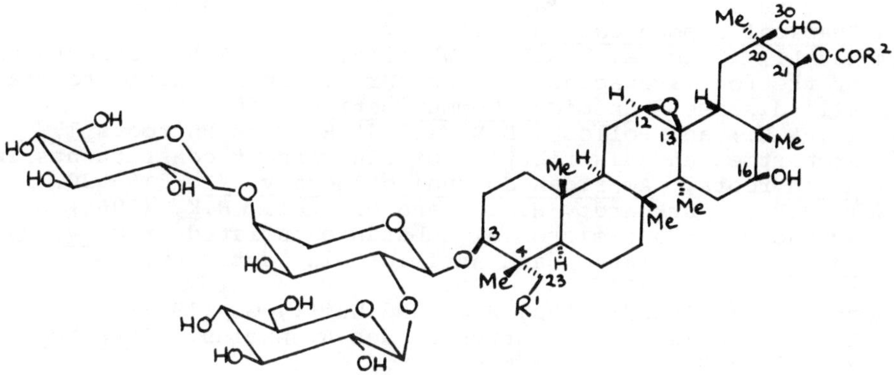

5. Avenacin A-1 : R^1=OH ; R^2=o-MeHNC$_6$H$_4$

6. Avenacin A-2 : R^1=OH ; R^2=C$_6$H$_5$

7. Avenacin B-1 : R^1=H ; R^2=o-MeHNC$_6$H$_4$

8. Avenacin B-2 : R^1=H ; R^2=C$_6$H$_5$

OCCURRENCE AND FUNGICIDAL ACTIVITY OF THE AVENACINS

The avenacins are produced in particularly high concentration in growing root tips (8μg/tip), older root material has substantially smaller amounts. A survey of twelve Avena species showed that they all contained the four avenacins, with total concentrations ranging from 0.22 to 1.00 mg/g of dry root. A-1 and A-2 form between 45-60% and 30-45% respectively of the avenacins mixture. B-1 and B-2 occur in smaller amounts,

5-7% and 3-6% respectively. G.graminis, particularly the wheat form Ggt, is much more sensitive to the effects of the avenacins than is Fusarium avenaceum and among the avenacin group, the pair containing N-methylanthranilic residues are more fungicidal than those containing benzoic residues. A more virulent G.graminis strain (Gga) is able to attack oat roots and the fact that it produces enzymes capable of hydrolysing one, then two, glucose residues from the avenacins provides part of the explanation since the deglucosylated compounds are much less fungicidal than their parent avenacins.

References

Asher, M.J.C. and Shipton, P.J. (Eds) (1981) Biology and Control of take-all London : Academic Press.
Burkhardt, H.J.; Maizel, J.V.; and Mitchell, H.K. (1964) Avenacin, an antimicrobial substance isolated from Avena sativa II. structure. Biochemistry 3, 426-431.
Crombie, L.; Crombie, W.M.L;: Whiting, D.A. (1984) Isolation of avenacins A-1, A-2, B-1 and B-2 from oat roots: structures of their 'aglycones', the avernestergenins. Chemical Communications 244-246.
Crombie, L.; Crombie, W.M.L.; Whiting, D.A. (1984) Structures of the four avenacins, oat root resistance factors to 'take all' disease. Chemical Communications 246-248.
Goodwin, R.H.; and Pollock, B.M. (1954) Studies on roots 1. Properties and distribution of fluorescent constituents in Avena roots. American Journal of Botany, 41, 516-520.
Maizel, J.V.; Burkhardt, H.J.; and Mitchell, H.K. (1964) Avenacin, an antimicrobial substance isolated from Avena sativa I. Isolation and antimicrobial activity. Biochemistry, 3, 424-426.
Tschesche, R.; Chandra Jha, H.; and Wulff, G. (1973) Uber Triterpene XXIX. Zur Struktur des Avenacins. Tetrahedron 29, 629-633.
Turner, E.M. (1953) The nature of the resistance of oats to the 'take-all' fungus. Journal of Experimental Botany 4, 264-271.
Turner, E.M. (1956) The nature of the resistance of oats to the 'take-all' fungus II. Inhibition of growth and respiration of Ophiobolus graminis Sacc. and other fungi by a constituent of oat sap. Journal of Experimental Botany 7, 80-92.
Turner, E.M. (1960) The nature of the resistance of oats to the 'take-all' fungus III. Distribution of the inhibitor in oat seedlings. Journal of Experimental Botany. 11, 403-412.
Turner, E.M. (1961) An enzymic basis for pathogenic specificity in Ophiobolus graminis. Journal of Experimental Botany, 12, 169-175.

L. CROMBIE, W.M.L. CROMBIE & D.A. WHITING

LES AVENACINES. FONGICIDES NATURELS DES RACINES D'AVOINE EFFICACES CONTRE LE PIÉTIN-ÉCHAUDAGE.

Quatre composés à activitité fongicide contre le piétin-échaudage du blé, Gaeumannomyces graminis var. tritici (Ggt), ont été isolés de racines d'avoine et désignés par les termes d'avenacines A-1, A-2, B-1 et B-2. Leurs structures ont été complètement déterminées grâce à une combinaison de techniques physiques et chimiques dont le ^{1}HMR, ^{13}CMR, la spectroscopie par différence nOe et l'utilisation des rayons-X. Les quatre composés sont des triterpènes oxygénés, estérifiés soit par de l'acide N-méthylanthranilique, soit par de l'acide benzoique. Chacun porte un résidu trisaccharide (1 arabinose, 2 glucose) en C-3. Les concentrations sont beaucoup plus élevées dans les extrémités des racines d'avoine en croissance que dans les tissus racinaires plus âgés. Les souches virulentes de var. avenae (Gga), capables de s'attaquer aux racines d'avoine, le font en hydrolysant un, puis deux résidus de glucose des avenacines.

DISTRIBUTION DU PHOSETHYL-AL DANS LES TISSUS DE COCOTIER APRES TRAITEMENT : HYPOTHESES SUR SON MODE D'ACTION SUR LE PHYTOPHTHORA HEVEAE.

DARAKIS G. (1), BLIZOUA-BI P. (1), BARCHIETTO T. (1), RENARD J.L. (2), SAINDRENAN P. (1), BOMPEIX G. (1).

(1) Pathologie végétale T53, Université P. et M. Curie, 4 place jussieu. 75230 PARIS CEDEX 05.

(2) Institut de Recherches pour les Huiles et Oléagineux 11, Square Pétrarque. 75116 PARIS.

RESUME.

Sur le couple Cocos nucifera/P. heveae il a été possible de déterminer avec précision les teneurs en H_3PO_3 et phoséthyl-Al au niveau des sites potentiels d'infection. Une étude in vitro sur divers milieux de culture, dont certains enrichis en extraits de tissus de cocotier, montrent que les teneurs trouvées in vivo peuvent être tenues pour responsables de l'inhibition du parasite par un effet direct au niveau du rachis des régimes. Si l'effet direct peut en grande partie être pris en compte dans ce cas précis, cela n'exclut pas un effet indirect dans d'autres organes comme le bourgeon.

INTRODUCTION.

Le mode d'action du phoséthyl-Al est un sujet controversé. Un mode d'action indirect a été envisagé et semble effectivement avoir été démontré à plusieurs reprises (Bompeix et al. 1985).

Fenn et Coffey (1984) ont montré que sur certains milieux de culture synthétiques ou naturels carencés en phosphates des inhibitions notables pouvaient être observées in vitro. Ceci a été confirmé par Bompeix et Saindrenan (1984). Cependant un doute subsiste sur les corrélations possibles entre les teneurs exactes en phosphites* d'un tissu protégé de l'infection, comparées à celles qui sont efficaces in vitro. De plus les plantes sont riches en phosphates, qui pourraient réduire considérablement l'effet de H_3PO_3.

Dans la plupart des cas, les études d'efficacité du phoséthyl-Al ont porté sur des parasites racinaires. Il est évidemment difficile dans ce cas de connaître exactement la teneur en H_3PO_3 au niveau des sites d'infection potentiels.

C'est pourquoi nous nous sommes intéressés au couple P. heveae - Cocos nucifera (Quillec et al. 1984) qui présente diverses particularités expérimentales intéressantes :

1. Renard et Quillec (1984) ont montré l'efficacité du phoséthyl-Al dans la lutte contre cette maladie par injection dans les troncs de cocotier; la dose appliquée est donc parfaitement connue pour chaque plante.

* métabolite actif du phoséthyl Al dans les plantes.

2. L'efficacité du traitement est de longue durée comme dans le cas de la gommose des citrus (Laville E. 1979).

3. Le bourgeon terminal, les pétioles, les rachis des régimes sont attaqués et représentent autant d'organes très localisés faciles d'accès et qui peuvent donc être analysés pour leur teneur en H_3PO_3. Il y a donc adéquation parfaite entre le site d'infection et la possibilité de connaître la teneur en métabolite actif.

Nous avons ainsi été amenés à vérifier successivement les points suivants : (1) efficacité in vitro du métabolite actif du phoséthyl-Al sur le P. heveae : milieux de culture Corn Meal Agar (naturel) et Ribeiro (synthétique avec 0,5 mM en phosphate) ainsi que sur le même milieu avec extrait de cocotier; (2) intéraction entre les phosphates (abondants chez le cocotier) et l'activité de H_3PO_3; (3) évaluation des teneurs dans des tissus, sites potentiels d'infection.

RESULTATS.

Etudes in vitro. Le P. heveae se montre l'espèce la plus sensible (sur 11 espèces essayées) à l'action du phoséthyl-Al et H_3PO_3 sur les milieux CMA et Ribeiro modifié.

Sur le milieu CMA avec 32,5 µg/ml de H_3PO_3, une inhibition totale peut être obtenue après quelques jours.

Sur le milieu de Ribeiro modifié les inhibitions mesurées entre le 3è et le 4è jour à 25° sont respectivement de 18% pour 1,87 µg/ml de H_3PO_3; 36% pour 3,75 µg/ml; 46% pour 7,5 µg/ml; 69% pour 15 µg/ml; 82% pour 30 µg/ml; 100% pour 60 µg/ml.

L'addition de phosphate même à dose élevée (100 mM) ne modifie que faiblement l'activité de H_3PO_3. De plus, les extraits aqueux de tissus de bourgeon de cocotier même concentrés (correspondant à 100 g de tissus frais pour 20 ml de milieu de culture) ne diminuent pas non plus l'effet de H_3PO_3 sur la croissance mycélienne du P. heveae. Il est donc possible de comparer les teneurs in vivo des tissus protégés avec l'activité trouvée in vitro.

Traitements des cocotiers.

Les traitements ont été réalisés dans une plantation expérimentale de l'IRHO en Côte d'Ivoire. Des solutions aqueuses de phoséthyl-Al (0,5 g/ml) sont injectées dans le tronc de cocotiers hybrides (PB 121) à 70 cm au dessus du sol. Deux injections ont été faites, la première en mars 1984, la seconde en septembre. La quantité totale injectée est de 20 g. L'arbre est ensuite abattu en janvier 1985, et différents organes ont été envoyés de Côte d'Ivoire à l'Université P. et M. Curie pour les analyses.

Evaluation des teneurs en phoséthyl-Al et H_3PO_3 dans les tissus de cocotier.

Les extraits de cocotier ont été préalablement purifiés par

HPLC en utilisant une colonne échangeuse d'anions. Les oxyanions ont été ensuite transformés en dérivés tert-butyldiméthylsilyl et évalués par chromatographie en phase gazeuse (détecteur à ionisation de flamme).

Le fait que l'on ne trouve aucune trace d'éthyl-phosphite, permet de penser que le phoséthyl-Al a été complètement transformé en acide phosphoreux dans les tissus végétaux. De plus, il semble que ce métabolite reste stable dans la plante sans être oxydé en phosphate ou transformé en un autre métabolite du phosphore. La systémie du phoséthyl-Al est aussi montrée puisque les tissus situés à environ 12 à 15 m de hauteur sont enrichis en H_3PO_3, alors que de très petites quantités sont décelées près des zones d'injection (0,9 µg/g. P.F.).

La distribution rapide de l'H_3PO_3 dans les tissus du stipe entraîne une plus importante concentration dans les parties supérieures : à 30 cm sous le bourgeon terminal la teneur est de 0,8 µg/g. P.F., à 150 cm elle est de 0,4 µg/g. P.F. tandis que dans le bourgeon terminal, elle atteint 6,6 µg/g. P.F.

Cette concentration est relativement faible, mais il s'agit d'un organe en renouvellement permanent, et bien entendu il aurait fallu réaliser des mesures régulièrement après les injections ce qui aurait nécessité un grand nombre d'arbres en expérimentation.

L'acide phosphoreux semble avoir migré préférentiellement dans les rachis des régimes qui alimentent les noix en cours de développement. En effet les résultats sont les suivants: (1) les régimes adjacents aux feuilles n°11 et n°15 sont les derniers formés, longtemps donc après les injections; l'acide phosphoreux est alors déjà distribué dans d'autres organes. Les teneurs sont respectivement de 0,0 et 1,9 µg/g. P.F. (2) pour les rachis correspondants aux feuilles 18, 20, 23 qui ont alimenté activement des régimes en cours de formation après les injections, les teneurs sont les plus élevées, respectivement: 22,0 µg/g. P.F.; 25,1 µg/g. P.F.; 12,2 µg/g. P.F. (3) en ce qui concerne le rachis du régime adjacent à la feuille n°25, la basse teneur observée (7,7 µg/g. P.F.) vient du fait que ce régime était déjà formé avant les injections.

On remarque que les cocotiers traités ont produit 61 noix en moyenne sans aucune atteinte parasitaire alors que sur les témoins non traités des attaques de *P. heveae* se produisaient sur 8,65 à 13,20 % des noix.

CONCLUSION

Tous les résultats qui précèdent incitent à penser que l'efficacité du phoséthyl-Al dans le cas de la pourriture des rachis des régimes (chutes de noix) du cocotier est due pour l'essentiel à un effet direct sur le parasite. Ceci peut être démontré pour la première fois en comparant avec précision les teneurs *in vivo* avec l'efficacité *in vitro* en présence d'extrait de cocotier. Cependant dans le cas du bourgeon terminal il est possible que la protection obtenue à long terme soit due à l'addition de l'effet direct (ralentissement de la croissance) et de l'effet indirect (mise en place des mécanismes de résistance).

SUMMARY

Fosetyl-Al and phosphite were accurately determined at potential infection sites in the system Cocos nucifera - Phytophthora heveae. In vitro studies on various culture media, some containing C. nucifera tissue extracts, showed that phosphite contents in vivo could account for inhibition of fungal growth by a direct mode of action. If only this direct mode of action need be taken in consideration in this case, the occurence of an indirect mode of action cannot be excluded in other organs such as the bud.

BIBLIOGRAPHIE

Bompeix G.; Saindrenan P. (1984) In vitro Antifungal Activity of Fosetyl-Al and Phosphorous Acid on Phytophthora Species. Fruits 39, 12, 777-786.

Bompeix G.; Ravisé A.; Saindrenan P. (1985) Comportement des fongicides au niveau des relations hôte-parasite. Bordeaux Mixture Centenary Meeting, SFP, BSPP, ANPP, BCPC, OEPP, Blackwell London (in press).

Fenn M.E.; Coffey M.A. (1984) Studies on the In vitro and In vivo Antifungal Activity of Fosetyl-Al and Phosphorous Acid. Phytopathology 74, 5, 606-611.

Laville E. (1979) Utilisation d'un nouveau fongicide systémique: l'Aliette, dans la lutte contre la gommose à Phytophthora des agrumes. Fruits, 34, 1, 35-41.

Quillec G. et Renard J-L. (1984) La pourriture à Phytophthora du cocotier. Oléagineux, 39, 3, 143-145.

Quillec G.; Renard J-L.; Ghesquière H. (1984) Le Phytophthora heveae du cocotier : son rôle dans la pourriture du coeur et dans la chute des noix. Oléagineux, 39, 10, 477-485.

Renard J-L.; Quillec G. (1984) Le Phytophthora heveae du cocotier II. - Méthode de lutte. Oléagineux, 39, 11, 529-534.

ERGOSTEROL BIOSYNTHESIS INHIBITION AND MORPHOLOGICAL CHANGES IN THE SPORIDIA OF USTILAGO MAYDIS TREATED WITH TRIFLUMIZOLE

S.HASHIMOTO, S.SANO AND Y.MORISHIMA

Odawara Research Center, Nippon Soda Co.,Ltd. Odawara, Kanagawa, Japan

ABSTRACT

The new fungicide,triflumizole,inhibited sporidial multiplication and caused morphological changes in Ustilago maydis. Sporidia treated with the chemical (2 µg/ml) were branched, swollen and multicellular. Increase in dry weight was inhibited 73 % during 24 h incubation. In the treated sporidia, the thickening of cell wall and septa, and the presence of electron-dense materials in vacuoles were observed under electron microscope. Incorporation of ^{14}C-acetate into C-4-desmethylsterols and sterol esters was inhibited 96 % and 54 %,respectively. The amount of ergosterol remarkably decreased, while 24-methylenedihydrolanosterol, obtusifoliol and 14α-methyl-$\Delta^{8,24(28)}$ergostadienol accumulated. These results indicate that triflumizole acts as a selective inhibitor of demethylation at the C-14 position during ergosterol biosynthesis in sporidia of U.maydis.

INTRODUCTION

Triflumizole, (E)-4-chloro-α,α,α-trifluoro-N-(1-imidazol-1-yl-2-propoxyethylidene)-o-toluidine, is a new fungicide for control of scabs and rusts of fruit trees and powdery mildews of many crops (Nakata et al. 1982, Hashimoto et al. 1983) . The antifungal spectrum and antifungal properties of the chemical are similar to those of the fungicides which inhibit ergosterol biosynthesis (Drandarevski & Fuchs 1973, Kato et al. 1975, Buchenauer 1979) . The present investigation was conducted to clarify the effects of triflumizole on sterol biosynthesis in and morphology of the sporidia of U.maydis.

MATERIALS AND METHODS

Sporidia of U.maydis were precultured in liquid medium (Buchenauer 1977a) on a reciprocal shaker at 28°C for 20 h. The sporidia were washed with sterile water and incubated in liquid medium treated with or without triflumizole (2 µg/ml). The cultures were periodically harvested and their dry weight and cell numbers were measured.

Light microscopic observations of the treated or untreated sporidia were made with interference-contrast optics. For electron microscopic observations, the sporidia were fixed with 2% glutaraldehyde, post-fixed with 2% osmium tetroxide, dehydrated in ethyl alcohol, and then embedded in Epon 812. Ultrathin sections were stained with uranyl acetate and lead citrate.

After sporidia treated or untreated with the chemical had been hydrolyzed with KOH/ethyl alcohol solution, the sterols were extracted with n-hexane, and then injected into GC-MS (Shimadzu GCMS QP-1000). Mass spectra of all peaks on TIC were measured to identify the sterols.

In incorporation experiment of ^{14}C-acetate into lipids, sporidia were incubated for 2 h with the chemical (2 µg/ml) and ^{14}C-acetate.

Lipids were extracted with methyl alcohol and chloroform according to the method of Bligh and Dyer as modified by Yung and Mudd (1966). The radioactivities of each lipid fraction on the tlc plate developed was measured with a liquid scintillation spectrometer (Aloka LSC-901).

RESULTS AND DISCUSSION

The effect of triflumizole (2 μg/ml) on the growth of the sporidia of U.maydis is shown in Fig.1. The multiplication of sporidia was inhibited after 4 h incubation and almost perfectly after 8 h, while the dry weight of treated sporidia gradually increased up to 24 h incubation compared with that of untreated sporidia.

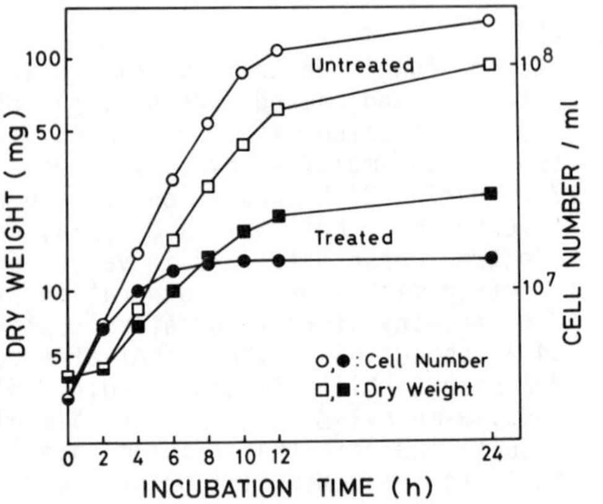

Fig.1. Effect of triflumizole on the growth of the sporidia of U.maydis.

There was no difference between the morphology of treated and untreated sporidia at 2 h. The septa were scarcely observed in the untreated sporidia in logarithmic phase, but they were usually observed in stationary phase (Fig.2-C). After 4 h treatment, ingrowth of the lateral wall to form a new septum appered in treated sporidia. After 24 h treatment, sporidia were branched, enlarged in diameter, and multicellular (Fig.2-B).An increase in thickness of peripheral cell wall and septa,and electron-dense amorphous materials

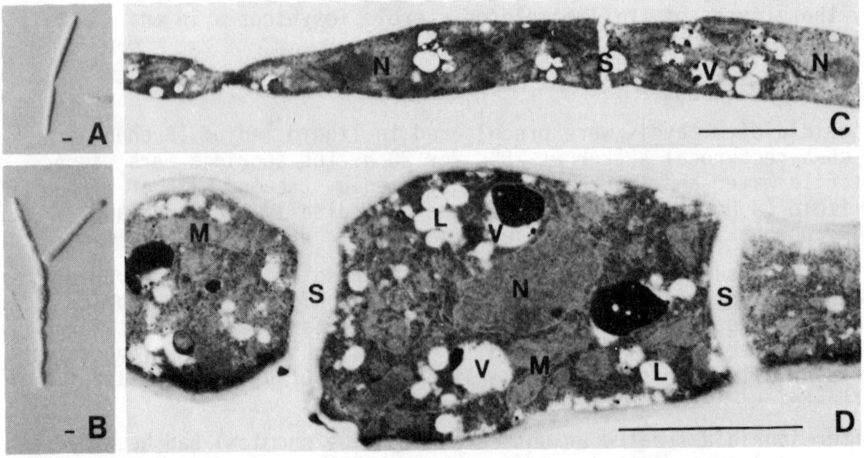

Fig.2. Interference-contrast (A and B) and electron (C and D) microscopy of the sporidia of U.maydis treated (B and D) or untreated (A and C) with triflumizole for 24 h. L,lipid body; M,mitochondrion; N,nucleus; S,septum; V,vacuole; Bars indicate 2 μm.

containing in vacuoles were observed (Fig.2-D). Similar ultrastructural changes in the sporidia of U.avenae treated with the fungicides nuarimol, triadimefon and imazalil nitrate have been described (Hippe 1984).

The effect of triflumizole on the incorporation of ^{14}C-acetate into lipids was shown in Table 1. Incorporation of ^{14}C-acetate into the fraction of C-4-desmethyl sterols was almost completely inhibited by triflumizole, while the radioactivities of the fractions of C-4-methyl-sterols and 4,4-dimethyl sterols of treated sporidia were about 7 and 19 times as much as those of the untreated sporidia, respectively.

Table 1. Effect of triflumizole on the incorporation of ^{14}C-acetate into lipids

Lipid Fraction	Radioactivity(10^2 dpm/2 ml)		
	Treated	Untreated	Ratio(T/U)
Phospholipids	971	1,007	0.97
Diglycerides	14	15	0.93
C-4-Desmethyl Sterols	9	237	0.04
C-4-Methyl Sterols	44	6	6.72
4,4-Dimethyl Sterols	188	10	19.16
Free Fatty Acids	15	13	1.15
Triglycerides	174	152	1.14
Sterol Esters	4	9	0.46
Total Lipids	1,419	1,449	0.98

On the other hand, the results obtained from the analyses of GC-MS showed that the amount of ergosterol was drastically reduced and three other sterols 14α-methyl-$\Delta^{8,24(28)}$ergostadienol, 24-methylenedihydro-lanosterol and obtusifoliol were accumulated in the treated sporidia. Similar results were obtained when triadimefon (Buchenauer 1977b) and S-3308 (Takano et al. 1983) were treated against U.avenae and U.maydis, respectively. The major components of C-4-methyl sterols and 4,4-dimethyl sterols accumulated as given in Table 1 were also considered to be obtusifoliol and 24-methylenedihydrolanosterol from the analyses of GC-MS, respectively.

These results demonstrate that triflumizole inhibits the conversion from 24-methylenedihydrolanosterol to 4,4-dimethyl fecosterol, i.e., demethylation at the position of C-14 in the ergosterol biosynthesis pathway.

REFERENCES

Buchenauer, H. (1977a) Biochemical effects of systemic fungicides fenarimol and nuarimol in Ustilago avenae. Zeitschrift Pflanzenkrankheiten Pflanzenschutz 84, 286-299

Buchenauer, H. (1977b) Mode of action of triadimefon in Ustilago avenae. Pesticide Biochemistry Physiology 7, 309-320

Buchenauer, H. (1979) Comparative studies on the antifungal activity of triadimefon, triadimenol, fenarimol, nuarimol, imazalil and fluotrimazole in in vitro. Zeitschrift Pflanzenkrankheiten Pflanzenschutz 86, 341-354

Drandarevski, C.A.; Fuchs, A. (1973) The in vitro and in vivo antifungal activity of triforine. Mededelingen Faculteit Landbouwwetenschappen

Rijksuniversiteit Gent 38, 1525-1536
Hashimoto, S.; Murakami, A.; Mizuno, M.; Nishikawa, H.; Yasuda, Y. (1983) Studies on a new fungicide, NF-114 (in japanese abstr.). Annals Phytopathological Society Japan 41, 421
Hippe, S. (1984) Ultrastructural changes induced by the synthetic fungicides triadimefon, nuarimol and imazalil nitrate in sporidia of Ustilago avenae. Pesticide Science 15, 210-214
Kato, T.; Tanaka, S.; Yamamoto, S.; Kawase, Y.; Ueda, M. (1975) Fungitoxic properties of a N-3-pyridylimidodithiocarbonate derivative. Annals Phytopathological Society Japan 41, 1-8
Nakata, A.; Ikura, K.; Wakai, A. (1982) Structure-activity in imidazole ring chemicals and fungitoxic properties of NF-114. Fifth International Congress Pesticide Chemistry IIb-9
Takano, H.; Oguri, Y.; Kato, T. (1984) Mode of action of S-3308 in Ustilago maydis. Pesticide Biochemistry Physiology 21, 170-183
Yung, K.H.; Mudd, J.B. (1966) Lipid synthesis in the presence of nitrogenous compounds in Chlorella pyrenoidosa. Plant Physiology 41, 506-509

INHIBITION DE LA BIOSYNTHESE DE L'ERGOSTEROL ET MODIFICATIONS MORPHOLOGIQUES DES SPORIDIES D'USTILAGO MAYDIS TRAITEES AVEC DU TRIFLUMIZOLE

Le nouveau fongicide, triflumizole, inhibe la multiplication des sporidies et est responsable de modifications morphologiques chez Ustilago maydis. Les sporidies traitées avec ce produit (2 µg/ml) sont ramifiées, gonflées et pluricellulaires. L'augmentation du poids sec est inhibé à 73 % en 24 h d'incubation. La microscopie électronique revele chez les sporidies traitées un épaississement des parois cellulaires et des cloisons et la présence de substances opaques aux électrons dans les vacuoles. L'incorporation d'acétate-C^{14} dans les C-4-desméthylsterols et les stérols estérifiés est inhibée respectivement à 96 et 54 %. La quantité d'ergostérol diminue de façon importante alors que le 24-méthylènedihydrolanostérol, l'obtusifoliol et le 14α-méthyl-$\Delta^{8,24(28)}$ergostadiénol s'accumulent. Ces résultats montrent que le triflumizole joue un rôle comme inhibiteur sélectif de la déméthylation au niveau du C-14, dans la biosynthèse de l'ergostérol par les sporidies d'U.maydis.

STIMULATION OF DEFENCE REACTIONS IN CITRUS BY FOSETYL AL AND FUNGAL ELICITORS AGAINST PHYTOPHTHORA spp.

AKTHAR J. KHAN and A. RAVISE
O.R.S.T.O.M. - 93I40 BONDY, France.

SUMMARY

Defence mechanisms of a Citrus cultivar susceptible to gummosis are stimulated by treatments with fosetyl-Al or by fungal elicitors.The compounds synthesized are similar to those found in tissues of resistant cultivars.

INTRODUCTION

The fungicide fosetyl-Al can effectively control the susceptibility of Citrus to gummosis caused by *Phytophthora* spp. (Laville and Chalandon I982).Several studies have shown that fosetyl-Al has little direct effect on the parasite *in vitro* (Vo Thi Hai *et al*. I979)although it induces the resistance *in vivo* after infection (Bompeix *et al*. I98I,Guest I984,Vernenghi I985).In the case of Citrus gummosis we suppose that fosetyl-Al acts by influencing host defence mechanisms as in tomato or dichlorocyclopropane in rice (Cartwright *et al*. I977). The aim of the present study was to investigate following :

- comparison of natural defence reaction in tolerant Citrus with that of a susceptible Citrus after treatment;
- comparison of incidence of the fungicide and of elicitors on defence reaction of susceptible Citrus;

MATERIALS AND METHODS

Tolerant cultivars -*Poncirus trifoliata* and Rough Lemon- and susceptible -Valencia Late- were raised in the glass house for 5-7 months.They were inoculated with *P. citricola*,*P. citrophthora*,*P. parasitica* strains of determined pathogenecity provided by the "Institut de Recherches sur les Fruits et Agrumes" Stem inoculations were done with mycelial discs.The inoculated plants of Valencia Late were treated weekly with fosety-Al (200 µg/plant) or with elicitors -glucosamine (40 µg/plant), arachidonic acid (50 µg/plant) or both at the same concentrations.Amino-oxyacetic acid (AOA) a competitive inhibitor of phenylalanine ammonia lyase was applied to a set of plants treated with fosetyl-Al.

Plants were harvested after 4 weeks of incubation.After methanolic extraction,phenolics were estimated by Folin-Ciocalteu reagent.The accumulation of defence compounds was analysed by thin layer chromatography (TLC) and high performance liquid chromatography (HPLC) using different solvants.*In vitro*,the toxicity of the extracts was assessed by inhibition of *Cladosporium cladosporioides* growth on TLC.Identification of inhibitors was carried out by Mass spectrometry,Nuclear Magnetic Resonance and Infra-Red spectrometry in the La boratoire des Mediateurs Chimiques (I.N.R.A.-C.N.R.S.).

RESULTS

Total phenolics increased significantly after inoculation, mainly in Rough Lemon and in *Poncirus Trifoliata*;in tissues of Valencia Late synthesis was considerably enhanced by the treatments with fosetyl-Al and elicitors (Table I).

Table I :Concentration of phenolics in Valencia Late after inoculation and various treatments (concentrations expressed as equivalent of chlorogenic acid µg/g fresh weight).

Treatment	Inoculated	Fosetyl-Al	Fosetyl-Al + AOA	Glucosamine	Arachidonic acid	Glucosamine + Arachidonic acid
Stem	642	780	650	946	1270	1078
Root	846	1045	760	980	1155	1076

TLC analysis revealed accumulation of compounds in tolerant hosts which were also detected in Valencia Late after treatments Table 2).

Table 2 : Comparison of TLC analysis of Valencia Late extracts in 2 eluants after spraying with p-nitroaniline (PN) or antimony chloride (SB) reagents.

Table 2a : (Hx : Ae 2 : 1)

Rf	0,17	0,33	0,40	0,46	0,50	0,53	0,60	0,63	0,70	0,83	0,90
PN	++	+	0	–	–	+	–	0	–	⊞	–
Sb	+	+++	0	+++	0	++	+	⊞	⊞	0	⊞

Table 2b : (Clf :Ae : Me 50 : 40 : 5)

Rf	0,10	0,40	0,60	0,69	0,77	0,83	0,86	0,91	0,94
PN	0	0	++	++	+++	+++	++	++	⊞
Sb	0	0	++	++	+++	+++	++	++	⊞

+ = Increase in synthesis ; 0 = No increase ; – = Not detected : ⊞ = New synthesis.

According to these results,several biosynthetic pathways were triggered.A sesquiterpen (R_f 0.63 in Hx/Ae) and a coumarin -xanthyletin-(R_f 0.77 in Clf:Ae:Me) were detected besides xanthoxylin (Hartmann and Nienhaus I974).Other inhibitors were mainly phenolic compounds,benzoic and cinnamic acid derivatives.It is evident from present results that fosetyl-Al and elicitors triggered in Valencia Late tissues the synthesis of compounds which were constitutive in Rough Lemon inoculated by P. citrophthora.We observed only quantitatives differences between extracts of inoculated plants treated with fosetyl-Al or with elicitors.The application of AOA significantly suppressed the synthesis of phenolics in plants treated by fosetyl-Al,mainly the compounds eluted between 40% and 80% MeOH on silica C I8 column (Figure I).

All the compounds accumulated in tissues,after partial purification by TLC and HPLC,were tested for toxicity to Cladosporium cladosporioides;a strong inhibition was obtained with the sesquiterpene,the coumarin,the acetophenone and phenolics eluted between 40%-70% MeOH on silica CI8 column.In this case,

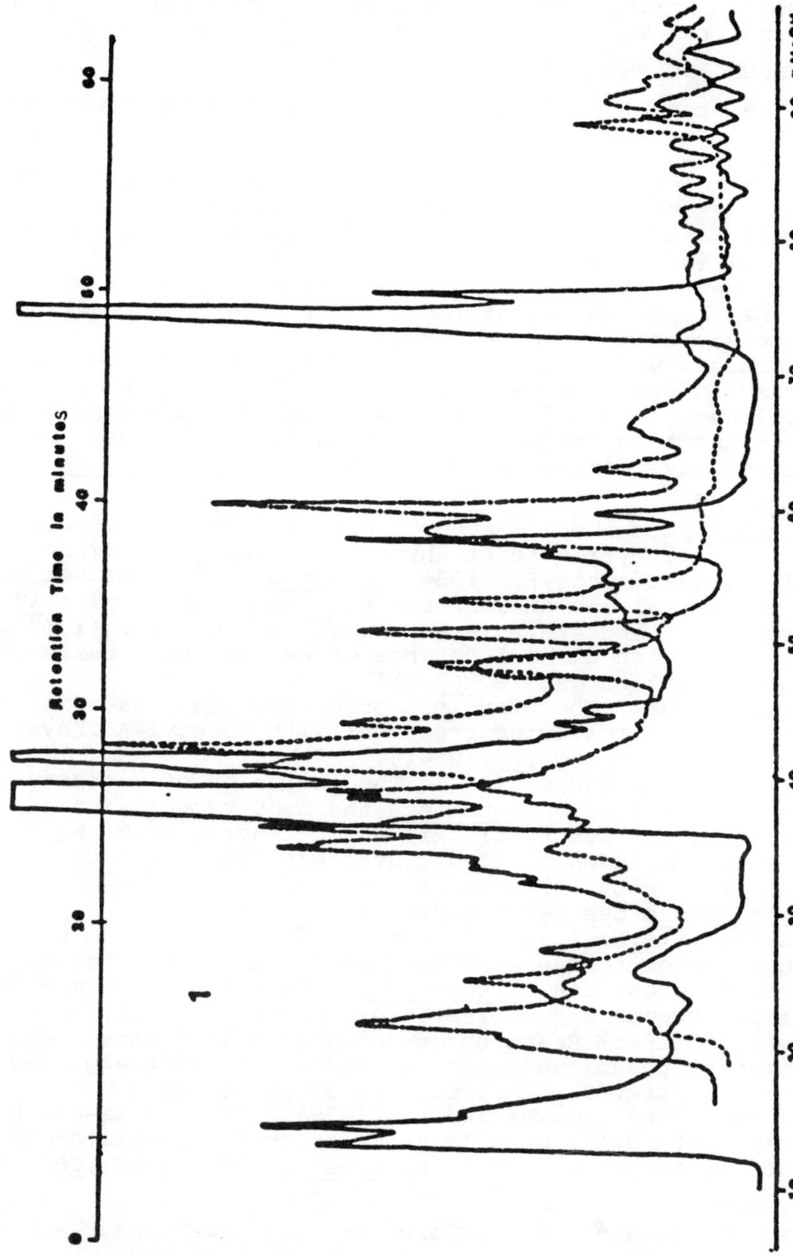

Fig. I : Comparison of HPLC analysis of the shoot extracts of Valencia Late inoculated with P. citrophthora (....), inoculated and treated with fosetyl-Al (-.-.-) or with glucosamine (——).

we observed strong correlation between the extracts from Rough lemon and from Valencia Late treated with fosety-Al or elicitors.

DISCUSSION AND PROSPECTS

The present findings indicate that treatment with fosetyl Al induces defence mechanisms like elicitors.Chromatographic analysis shows considerable similarity between the natural reaction of a tolerant variety and that of susceptible Valencia late after treatment.It is known for host-pathogen interactions of capsicum and tobacco (Guest) or tomato (Vernenghi) that fosetyl-Al induces defence mechanisms.In the case of Citrus,we suppose that independently of its direct activity (Bompeix and Saindrenan I984),the fungicide triggers the host reaction in the same way that the elicitors.

Studies using Fosetyl-Al could be a tool to determine the mechanisms of resistance of Citrus to *Phytophthora* spp..Possible applications could concern improving disease control in practice and also the screening of hybrid root stocks for their ability to give defence reactions against *Phytophthora* spp..

BIBLIOGRAPHY

Bompeix,G.;Fettouche,F.;Saindrenan,P. (I98I) Mode d'action du fosetyl-Al.Phytiatrie et Phytopharmacie,30,257-272.

Bompeix,G.;Saindrenan,P. (I984).*In vitro* antifungal activity of fosetyl-Al and phosphorous acid on *P.* sp:.Fruits,39,777

Cartwright,D.;Langcake,P.;Pryce,R.J.;Leworthy,D.P. (I977).Chemical activation of host-defence mechanisms as a basis of crop protection.Nature,267,5II.

Guest,D.I. (I984).Modifications of defence responses in tobacco and capsicum following treatment with fosetyl-Al.Physiological Plant Pathology,25,I25-I34.

Hartmann,G.;Nienhaus,F. (I974).The isolation of xanthoxylin from the bark of *Phytophthora* and *handersonula*-infected Citrus lemon and its fungitoxic effect.Phytopath.Z.,8I,97-II3.

Laville,E.;Chalandon,A. (I982).Synthèse des résultats obtenus avec le phosétyl-Al dans la lutte contre les maladies à *Phytophthora* des agrumes.Fruits,37,II-I7.

de Vallavieille,C. (I983).Structure d'une population phytopathogène sélectionnée sous la pression d'une population hôte pérenne:le cas des *Phytophthora* inféodés aux agrumes de la plaine orientale de Corse.Thèse Doctorat d'état,Paris XI.

Vernenghi,A.(I985).Réactionsde défense de la tomate à des infections cryptogamiques:mise en évidence de phytoalexines et de leurs propriétés.Thèse Doctorat 3° cycle,Paris VI .

Vo Thi Hai;Bompeix,G.;Ravisé,A. (I979).Rôle du tris-O-éthyl phosphonate d'Al. dans la stimulation des réactions de défense de la tomate contre le *P. capsici*,C.R. Ac;SC.,288,II7I.

ABBREVIATIONS

Ae = ethyl acetate;Clf = chloroform;Hx = hexane;MeOH = methanol

Titre : Stimulation des réactions des citrus aux *Phytophthora* par le phoséthyl d'Al et par des éliciteurs fongiques.

Résumé : le phosétyl d'AL,comme des éliciteurs,stimule les réactions de défense contre la gommose;les substances inhibitrices accumulées sont analogues à celles élaborées par des cultivars naturellement résistants aux *Phytophthora* spp..

METHODES BIOLOGIQUES METTANT EN EVIDENCE LES FONGICIDES SYSTEMIQUES SUR LES GRAINS

G. KOVÁCS

Laboratoire de Pathologie Végétale, Université Vétérinaire et Agronomique Royale de Copenhague, Danemark.

RESUME

La mise en oeuvre d'une méthode par diffusion de gélose ainsi que l'utilisation de bactéries et levures sensibles appropriées permettent de mettre en évidence la présence de fongicides systémiques sur les céréales. Cette méthode convient également pour contrôler l'application des préparations sur des grains isolés provenant d'un échantillon de semences.

INTRODUCTION

La mise au point de méthodes servant à mettre en évidence la présence de fongicides sur les céréales poursuit deux objectifs principaux:

1. Pour les agriculteurs et les stations d'essai de semences, il est très intéressant de savoir si un lot de semences donné est traité ou non au fongicide. En cas de traitement, il est capital de savoir si la dose prescrite est respectée et si la préparation est appliquée régulièrement sur les différents grains.

2. Pour les organismes de contrôle alimentaire et de protection de l'environnement, il s'avère utile de pouvoir analyser si le blé et les céréales fourragères présentent ou non des traces de produits chimiques.

L'auteur a mis au point une méthode biologique expérimentale visant à démontrer la présence de fongicides, surtout de préparations organomercurielles, sur les semences (Kovács 1963, 1967).

Les analyses chimiques permettent généralement d'obtenir un résultat plus précis et sont mieux adaptées aux déterminations qualitatives que les méthodes biologiques. Mais ces dernières surpassent les analyses chimiques quand il s'agit d'analyser l'application d'une préparation antifongique sur les différents grains d'un lot de semences. Les impératifs de temps et d'argent rendent impossibles des analyses chimiques systématiques. Par contre, ces analyses sont simples à effectuer en utilisant des méthodes microbiologiques.

Des méthodes physiques ont été mises au point pour rechercher les fongicides sans mercure sur les différents grains (Rietz & Kohsiek 1984, Koch & Spieles 1984). La méthode biologique ci-dessous convient donc particulièrement bien aux analyses en série, même en ce qui concerne les préparations systémiques.

APPAREILLAGES ET METHODES

Espèce et variété de céréales

Le blé "Kranich" est la variété de céréales qui a constamment été utilisé pour ces expériences.

Préparations

14 préparations fongicides disponibles dans le commerce et représentant 11 combinaisons chimiques ont été prises en compte.

Les doses appliquées sont celles conseillées par les organismes professionnels danois.

Ces 14 préparations commerciales sont les suivantes:

Préparation	Principe actif	g ou ml/kg semence
Tillantine S	Méthoxyéthylmercurisilicate, 3,75%	1
Tillantine T	Méthoxyéthylmercurisilicate, 1,88%	1
Neo-Voronite	Fuberidazole, N-diméthyldithiocarbamate de sodium	2,5
Granosane	Carbendazime	2
Vitavax 75	Carboxine	2
Vitamanèbe 20/40	Carboxine + manèbe	2
Dithane M 45	Mancozèbe	2
Bejsin	2-(thiocyanomethylthio) benzothiazole	5
Manèbe 70%	Manèbe	2
Tecto 40	Thiabendazole	1
Tecto 60	Thiabendazole	0,7
Imazalil 5%	Imidazole	2
Derosal	Carbendazime	1
Panoctine	Guanoctine	2

Indicateurs

Les principaux critères guidant le choix d'un micro-organisme adéquat devraient être les suivants:

1. Caractère apathogène
2. Très grande sensibilité aux préparations étudiées
3. Facilité de culture en laboratoire
4. Croissance relativement rapide
5. Croissance et sensibilité stables.

On a essayé d'utiliser des bactéries et des champignons (levures et moisissures) pour servir d'organismes indicateurs. Les bactéries ont été ensemencées dans un bouillon nutritif gélose. Une gélose sucrée de pomme de terre, une à l'extrait de malt et celle de Sabouraud ont été utilisées pour les champignons. Les espèces de champignons s'avérant les plus appropriées à l'issue de tests comparatifs évoluaient le mieux dans la gélose de Sabouraud.

Principe technique

La technique utilisée lors de la méthode par diffusion est en gros une adaptation particulière de la méthode originelle servant à la normalisation de la pénicilline (Heatley 1944) et que l'auteur a déjà décrite (Kovács 1963 et 1967).

La détermination d'une dose précise dans une préparation ou la mesure de l'application régulière de fongicide suppose l'utilisation de grains caractéristiques du lot de céréales et l'exclusion des grains de dimensions particulières, mal développés, déformés ou brisés.

Positionnement des grains lors de l'application

L'expérience a fait appel aux appareillages suivants:

Préparations: Tillantine T et Tecto 60
Micro-organismes: Arthrobacter globiformis et Sporobolomyces roseus
Milieux: Bouillon nutritif gélose et gélose de Sabouraud

0,5 ml d'une culture liquide de 48 heures renfermant des bactéries et de la levure est ajouté à 20 ml d'un milieu liquide à 48° C. Le tout est ensuite transvidé dans des boîtes de Pétri. Les grains sont mis dans 3 positions différentes: "abdomen" (en d'autres termes, sillon abdominal vers le bas), "dos" et "côté". 9 grains sont mis différemment dans chaque boîte de Pétri. Il y avait 4 boîtes de A. globiformis et S. roseus. Les chiffres obtenus portent donc sur la moyenne de 12 mesures (voir tableau 1).

TABLEAU 1.

Diamètre des zones inhibitrices en mm selon les positions des grains

Position	A*	B*
"abdomen"	23	21
"dos"	18	11
"côté"	18	14

A* Préparation: Tillantine T, organisme expérimental: A. globiformis

B* Préparation: Tecto 60, organisme expérimental: S. roseus

Comme les résultats l'indiquent, une application avec l'"abdomen" vers le bas donne les zones inhibitrices les plus importantes. En outre, ce mode de positionnement présente l'avantage de donner aux grains l'appui le plus sûr sur le milieu ce qui permet d'obtenir les zones inhibitrices les plus régulières.

Influence de la concentration en gélose sur la taille des zones inhibitrices

La préparation Tillantine T a été utilisée pour l'expérience et il a été fait appel au micro-organisme qu'est l'Arthrobacter globiformis. Un bouillon nutritif Difco à 0,8% et un agar bactérien Difco présentant les concentrations de 0,5, 0,8, 1,2, 1,5 et 2,0% ont servi de milieu. 0,5 ml d'un bouillon de culture de 48 heures est ajouté à 20 ml d'un milieu à 48° C, puis versé dans des boîtes de Pétri. Le résultat est obtenu en faisant la moyenne de 16 mesures (voir tableau 2).

TABLEAU 2.

Influence de la concentration en gélose sur la taille des zones inhibitrices

Concentration de gélose	Moyenne des zones inhibitrices en mm
0,8	28
1,2	26
1,5	22
2,0	18

La gélose à 0,5% ne convenait pas car le milieu ne se solidifiait pas.

Comme le tableau 2 l'indique, une réduction de la concentration de gélose augmente la taille des zones inhibitrices car les grains pénètrent plus profondément dans le milieu et la surface en contact est donc plus importante.

Il est possible d'utiliser cette différence dans les analyses où l'on recherche une plus grande sensibilité en raison de doses ou de vitesse de diffusion réduites.

Environ 800 micro-organismes isolés du sol ont été cultivés dans cette série et testés avec les fongicides utilisés dans l'expérience. Les résultats nous ont permis d'arriver à enregistrer la sensibilité de l'ensemble des 14 préparations grâce à 4 micro-organismes.

Il s'agit des micro-organismes suivants:

Arthrobacter globiformis: Tillantine S et T, Neo-Voronit, Granosane, Vitamanèbe, Dithane, Manèbe.

Sporobolomyces roseus: Bejsin, Tecto 40 et 60, Derosal, Panoctine.

Rhodotorula sp.: Vitavax.

Saccharomyces cerevisiae (isolé c-5): Imazalil.

CONCLUSION

Les résultats montrent qu'il est possible de mettre en évidence des fongicides systémiques sur les céréales et de vérifier l'application des préparations sur grains isolés en utilisant une méthode microbiologique rapide.

BIBLIOGRAPHIE

HEATLEY, N.G. (1944) A Method for the Assay of Penicillin. Biochemical Journal 38, 61-65.

KOCH, H.; SPIELES, M. (1984) Eine Methode zur Bestimmung der Beizmittelmasse an Einzelkorn. 44. Deutsche Pflanzenschutztagung, Giessen, p. 137.

KOVÁCS, G. (1963) Biologiske metoders anvendelse til påvisning af fungiciders tilstedeværelse og bestemmelse af deres kvantitative forhold på sædefrø. Ugeskrift for Landmænd 108, 598-602.

KOVÁCS, G. (1967) Den biologiske metodes anvendelse til påvisning af fungicider på sædekorn. Nyere erfaringer. Tidsskrift for Planteavl 71, 392-395.

RIETZ, S.; KOHSIEK, H. (1984) Methode zum Nachweis der Verteilung von Beizmitteln auf Einzelkörnern. 44. Deutsche Pflanzenschutztagung, Giessen, p. 135.

ABSTRACT

BIOLOGICAL METHODS REVEALING SYSTEMIC FUNGICIDES ON GRAIN

The use of a gel-diffusion method as well as the use of appropriate sensitive bacteria and yeasts enabled us to reveal the presence of systemic fungicides on cereals. This method is also suitable for testing the application of given preparations on isolated grains taken from seed samples.

ESSAIS DE STIMULATION DE LA TOLERANCE DU PALMIER A HUILE A LA FUSARIOSE VASCULAIRE PAR APPLICATION D'ELICITEURS .

B. TAQUET et J.L. RENARD
INSTITUT DE RECHERCHES SUR LES HUILES ET OLEAGINEUX (I.RH.O.)
A. VERNENGHI, S. DIABATE, P.V. SUBBA RAO, R. PELLETIER, A.RAVISE
OFFICE DE LA RECHERCHE SCIENTIFIQUE ET TECHNIQUE OUTRE-MER (O.R.S.T.O.M.) Bondy, France.

RESUME

Les réactions de défense du Palmier à huile contre la fusariose vasculaire sont stimulées de façon identique par la prémunition à l'aide d'une souche avirulente de *Fusarium oxys-porum* et par l'application d'éliciteurs fongiques.Les mécanis-mes physiologiques impliqués paraissent similaires à ceux provoqués par un fongicide,le phosétyl d'aluminium,dans d'autres interactions hôte - parasite .

INTRODUCTION - OBJECTIFS

La fusariose du palmier à huile sévit dans toute la zone éléicole d'Afrique,elle concerne environ 600.000 Ha de palme-raies.C'est un facteur limitant en replantation (Renard et Quillec I983) où certains croisements présentent 25% d'arbres infectés en 8 ans.A l'I.R.H.O.,la sélection de matériel végé-tal à partir de géniteurs Dura X Pisifera = Tenera est asso-ciée à une lutte intégrée pluridisciplinaire (Renard *et al.* I972 et I980) utilisant le caractère polygénique et addition-nel de la tolérance (Meunier *et al.* I979) .

Nos recherches sont étayées par des résultats convergents:

- La tolérance est stimulée par prémunition à l'aide de souches avirulentes de Fusarium oxysporum (Taquet *et al.*I983)
- L'application d'éliciteurs fongiques accroit les réactions de défense comme la prémunition;
- dans les 2 cas,la protection contre le parasite est correlée à l'accumulation de plusieurs facteurs de résistance (TAQUET I985) comme dans le cas de l'action du phosétyl AL (Vo Thi Hai et al. I979).

C'est pourquoi,nous étudions la possibilité de conférer, pendant une période limitée après la plantation,un complément de protection contre la fusariose.

MATERIEL ET TECHNIQUES

Les recherches portent sur 24 lignées et sur 8 clones avec des plants âgés de 4 à 24 mois.Les infections expérimen-tales sont réalisées avec des broyats de souche pathogène de *Fusarium oxysporum* f. sp. *elaeidis*.Les essais de modulation de la réaction de défense par l'acide arachidonique (l'un des éliciteurs du *Phythophtora infestans*) ou des hexose-amines (proches d'éliciteurs de *Fusarium* sp.)sont effectués à diffé-rentes concentrations et à différentes périodicités.

Leur effet sur les réactions de l'hôte est comparé à celui de l'application d'un inhibiteur compétitif de la phénylalanine ammonia lyase, l'acide α oxyamino-acétique (AOA).

Après 8 à I2 semaines d'incubation, les tissus des racines sont broyés dans l'éthanol à froid, les extraits utilisés pour doser les composés phénoliques et pour des analyses chromato--graphiques sur plaques (CCM) ou en chromatographie liquide à haute performance (CLHP) sur colonne de silice. La toxicité des extraits totaux, suivant les traitements subis par les plants, pour la germination de spores du parasite est étudiée à des concentrations variant de 30 mg à 200 mg d'équivalent de tissus frais.

RESULTATS

Les lignées les plus tolérantes accumulent dans les tissus des racines inoculées d'importantes quantités de composés phénoliques : I5 substances manifestent in vitro une nette toxicité pour le parasite. Elles correspondent à des dérivés de l'acide benzoïque, principalement le p hydroxybenzoate d'éthyle (provenant de la transestérification d'un glucoside), et d'acides cinnamiques.

Lorsque par prémunition à l'aide d'une souche avirulente de F. oxysporum, la tolérance d'une lignée passe de 75% à95% de plants sains, les teneurs en composés phénoliques augmentent d'environ 20%. Des variations quantitatives en substances phénoliques sont décelées suivant l'aptitude prémunisante de souches avirulentes de F. oxysporum provenant du sol ou isolées de tissus de palmier à huile (fig. I) .

L'application d'acide arachidonique ou d'hexose-amines provoque des résultats analogues à ceux de la prémunition.

Une méthode analytique simple en CLHP permet d'évaluer la modulation de synthèse des facteurs de résistance dont la contribution à 4 pics est établie expérimentalement. Les figures I et 2 indiquent les similitudes de réactions de défense pro--voquées par la prémunition et par l'application d'acide ara--chidonique. L'application d'AOA provoque une nette diminution des synthèses (fig. 2). Ces résultats tendent à indiquer qu'il s'agit d'une modulation active des biosynthèses.

La figure 3 indique pour 2 lignées l'amplitude de la modulation de toxicité des extraits de tissus pour des spores du parasite, en comparaison avec un extrait de lignée tolérante

Les études en cours tendent à établir pendant quelle période après l'infection l'acide arachidonique peut avoir une action stimulant les réactions de défense et les condi--tions d'application les plus efficaces.

PERSPECTIVES

La stimulation des réactions de défense du palmier à huile par l'acide arachidonique présente des analogies avec celle provoquée par le phoséthyl Al pour le couple Tomate - Phytophthora capsici (Vo Thi Hai et al. I979). Dans les 2 cas sont décelées des stimulations différentielles de synthèse de composés phénoliques (Taquet loc. cit., Vernenghi I985).

Nous envisageons d'utiliser cette propriété pour accroî--tre la tolérance de jeunes plants de palmier à huile lors de leur plantation dans des sols de palmeraies fortement

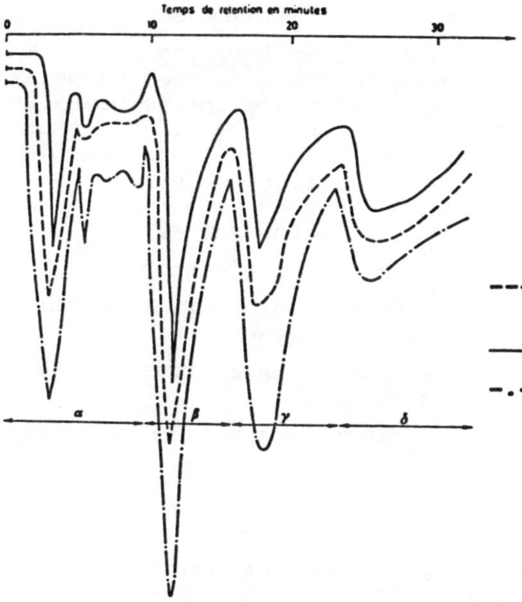

Fig.I :

--- plants inoculés par le parasite,
___ plants inoculés par une souche avirulente,
-.- plants prémunis par la souche avirulente avant l'inoculation du parasite

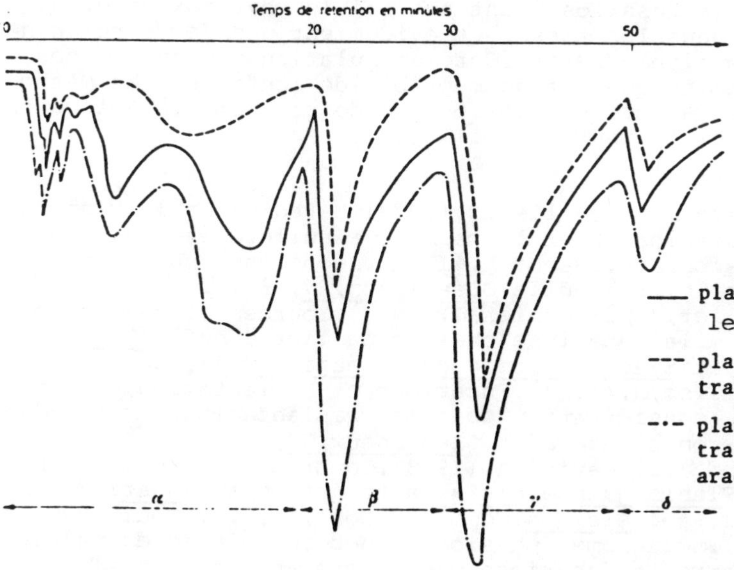

Fig.2 :

___ **plants inoculés par** le parasite
--- **plants inoculés et traités par l'AOA**
-·- **plants inoculés et traités par l'acide arachidonique**

figures I et 2: chromatographie comparative en CLHP d'extraits bruts de tissus de racines de palmier à huile.
- colonne de silice (5 µm) 25 cm X 6 mm, détection en ultra violet à 280 nm. L'éluant est un mélange d'hexane -acétate d'éthyle-méthanol 90% dans les proportions:

α = 50 :50 :5, β : 20 : 100 : 15, γ = 20 : 100 : 60, δ = 20 : 100 : 300

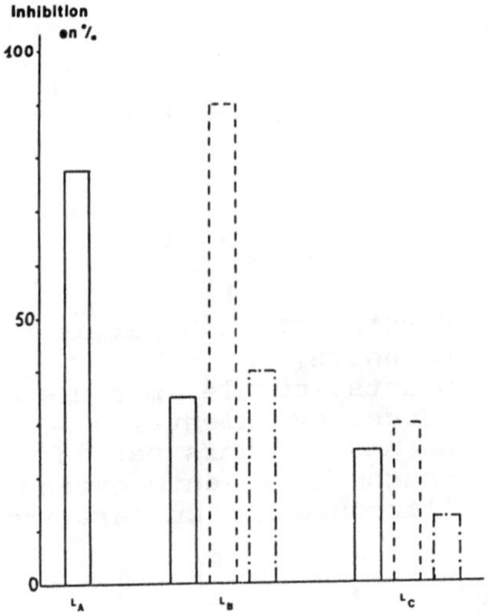

figure 3

Inhibition in vitro de la germination de spores du parasite par des extraits bruts de tissus (≠≠ de 30 mg de tissus par ml de milieu nutritif liquide) de 3 lignées de niveaux différents de tolérance:
L_A = très tolérante,
L_B et L_C = tolérantes.
--- inoculées et traitées par l'acide arachidonique,
-.-. inoculées et traitées par l'AOA,
____ inoculées par le parasite

infectés par le parasite.L'acide arachidonique pourrait être remplacé par un autre éliciteur ou "fongicide".Les propriétés attendues d'une substance capable d'accroître temporairement la tolérance à la fusariose sont une faible phytotoxicité,une bonne systémie dans les tissus et évidemment une forte rémanen--ce sinon une action curative.Cete stimulation temporaire des réactions physiologique est susceptible de renforcer les métho--des de lutte déjà éprouvées:sélection de croisements tolérants et action sur les facteurs du milieu.

BIBLIOGRAPHIE

Meunier,J.;Renard,J.L.;Quillec,G.(I979).Hérédité de la résistan-ce à la fusariose chez le palmier à huile.Oléag.,34,555.

Renard,J.L.;Gascon,J.P.,Bachy,A.(I972).Recherches sur la fusa--riose du palmier à huile.Oléagineux,27, 58I .

Renard,J.L.;Noiret,J.M.;Meunier,J.(I980).Sources et gammes de résistance à la fusariose chez le palmier à huile Elaeis guineensis et Elaeis melanococca.Oléagineux,35, 387 .

Renard,J.L.;Quillec,G.(I983).Fusariose et replantation,éléments à prendre à considération pour les replantations de palmier à huile en zones fusariées.Oléagineux,38, 42I .

Taquet,B.;Renard,J.L.;Ravisé,A.(I983).Contribution de la prému--nition d'Elaeis guineensis à la tolérance au Fusarium oxysporum f. sp. elaidis.Comm.25° Coll. S.F.P.,Toulouse.

Taquet,B.(I985).Mécanismes physiologiques de défense du palmier à huile contre la fusariose vasculaire.Application àla recherche de nouveaux moyens de lutte.Thèse doct.spé.ParisVI

Vernenghi,A.(I985).Réactions de défense du Lycopersicum esculentum à des infections cryptogamiques:mise en évidence de phytoalexines.Thèse doct. spé. Paris VI .

Vo Thi Hai;Bompeix,G.;Ravisé,A.(I979).Rôle du tris-O-éthyl phosphonate d'aluminium dans la stimulation des réactions de défense des tissus de tomate contre le Phytophthora capsici.C.R. Acad. Sc.,288, II7I .

VARIATIONS DE LA TENEUR EN SUCRES SOLUBLES DANS LES FEUILLES DE PIMENT CAPSICUM ANNUUM INFECTEES PAR PHYTOPHTHORA CAPSICI ET TRAITEES AU PREALABLE PAR LE PHOSETHYL D'ALUMINIUM

R. LORIENT

Laboratoire de Physiologie et Pathologie Végétales, Université d'Avignon Faculté des Sciences, 33, rue Louis Pasteur, 84000 Avignon.

M. BOUNIAS

Laboratoire de Biochimie, I.N.R.A., Montfavet, Avignon.

RESUME

Les variations des teneurs en glucose, fructose et saccharose ont été analysées dans des feuilles de piment de variétés sensible et résistante infectées par Phytophthora capsici, et traitées au préalable par le phoséthyl d'aluminium. Chez la variété sensible, il apparaît qu'un traitement par le phoséthyl d'aluminium suivi d'une contamination entraîne des modifications significatives des teneurs en glucides solubles, celles-ci deviennent alors comparables à celle de la variété résistante. Ces composés glucidiques pourraient être retenus comme un des paramètres caractérisant la résistance des plantes à une maladie fongique.

INTRODUCTION

Les mécanismes qui contribuent à établir la résistance des plantes à un agent pathogène sont variés. La plante est la siège, au cours de l'infection, de nombreuses modifications biochimiques et physiologiques très complexes qui aboutissent dans certains cas à une expression de résistance significative. L'implication des sucres dans la résistance des plantes aux infections n'est pas encore bien connue.

Toutefois, les travaux de Hohl & Stossel (1976), sur la biosynthèse de callose et de cellulose par les cellules hôtes, montrent que ces composés interviennent dans l'épaississement de la paroi et constituent une barrière mécanique pour les hyphes du champignon. Par ailleurs, un certain nombre de sucres et glycopeptides sont connus pour être des inducteurs de résistance (Keen 1975, Albersheim & Valent 1978, Yoshikawa 1978, Smith 1980). D'autre part, des composés phénoliques libres et leurs dérivés glycosylés peuvent être synthétisés par la cellule hôte et avoir une action de type phytoalexines (Stoessl 1982). De plus une augmentation de la teneur en sucres solubles est à l'origine de la formation des précurseurs des composés phénoliques et des phytoalexines (Uritani & Asaki 1980).

Compte tenu de ces résultats, nous avons étudié dans le cadre de l'interaction hôte-parasite : Capsicum annuum - Phytophthora capsici, les variations des teneurs en sucres solubles dans les tissus foliaires des variétés sensibles (Yolo wonder) et résistantes (Phyo 636), soumises à une infection ou traitées, au préalable, par l'apport d'un produit de synthèse : le phoséthyl d'aluminium. En effet, cette matière active systémique stimulerait, par voies chimiques, les réactions de défense de la plante vis-à-vis d'une infection fongique (Bompeix & al 1980, Durand & Sallé 1981).

MATERIELS ET METHODES

Notre matériel végétal : Capsicum annuum, comporte deux variétés respectivement sensible (Yolo Wonder) et résistante (Phyo 636) à un champignon pathogène Phytophthora capsici. Nos expériences sont réalisées sur des plants âgés de deux mois.

Mode d'application du fongicide

Les plantes sont traitées par trois arrosages racinaires au rythme d'un tous les trois jours (Clerjeau & Beyries 1977). La concentration est de 0,4 g par plante et par application. Ce type de traitement, chez la variété sensible, limite significativement la dimension des nécroses. L'inoculation a lieu 24 heures après le dernier traitement.

Inoculation

Elle est réalisée par dépôt sur la face supérieure des feuilles d'une pastille de P. capsici (souche 15 A), cultivée en milieu gélosé.3 jours après inoculation, les échantillons sont prélevés à l'extérieur de la zone nécrosée et soumis au protocole d'extraction des glucides.

Analyse quantitative

L'extraction des glucides à partir de fragments foliaires et leur analyse quantitative en chromatographie, en couche mince, ont été réalisées suivant les techniques de Bounias (1983).

RESULTATS

Différentes fractions glucidiques ont été identifiées à partir de l'analyse chromatographique des extraits de feuilles de piment. L'analyse quantitative a été réalisée sur trois fractions glucidiques majeures : saccharose, glucose, fructose.

Les résultats sont présentés dans les tableaux suivants. Les moyennes $\bar{X}$ et les écarts types ($S\bar{X}$) sont exprimés en nanomoles par mg de poids frais et donnés pour quatre mesures.

TABLEAU I

Concentration en saccharose, glucose et fructose dans les feuilles des variétés sensibles et résistantes de C. Annuum, traitées par le phoséthyl d'aluminium.

Glucides		Echantillon sensible		Echantillon résistant	
		Témoin	Traité	Témoin	Traité
Saccharose	$\bar{X}$	0,27	0,31	0,27	0,41
	$(S\bar{X})$	(0,10)	(0,24)	(0,14)	(0,25)
Glucose	$\bar{X}$	1,75	2,49	2,52	3,56
	$(S\bar{X})$	(0,51)	(0,53)	(0,07)	(1,02)
	$\bar{X}$	2,24	2,57	3,38	4,38
	$(S\bar{X})$	(1,33)	(1,53)	(0,84)	(1,77)

On peut constater que le traitement par le phoséthyl d'aluminium ne modifie pas de manière significative les concentrations en saccharose, glucose et fructose dans les feuilles de piment de variété sensible ou résistante.

TABLEAU 2

Concentration en saccharose, glucose et fructose, après inoculation, dans les feuilles de piment témoin et traité par le phoséthyl d'aluminium.

Glucides		Echantillon sensible			Echantillon résistant		
		Témoin	Contaminé	Traité Contaminé	Témoin	Contaminé	Traité Contaminé
Saccharose	$\overline{X}$	0,27	0,24	0,56	0,27	0,40	0,72
	$(S\overline{X})$		(0,10)	(0,02)		(0,15)	(0,38)
Glucose	$\overline{X}$	1,75	2,10	3,85	2,52	3,68	3,66
	$(S\overline{X})$		(0,66)	(1,74)		(0,35)	(1,11)
Fructose	$\overline{X}$	2,24	0,76	4,72	3,38	4,35	4,46
	$(S\overline{X})$		(0,23)	(1,38)		(0,62)	(2,47)

A la suite de l'infection , chez les plantes non traitées, les concentrations en saccharose, glucose et fructose augmentent chez la variété résistante et sont plus élevées que chez la variété sensible où on observe une diminution en fructose.

Dans les extraits foliaires issus de piments inoculés, on peut noter, chez la variété sensible traitée, que les teneurs en saccharose, glucose et surtout fructose augmentent par rapport aux échantillons non traités. Le traitement par le phoséthyl d'aluminium ne modifie pas les teneurs en glucides des plantes résistantes contaminées.

DISCUSSION

Les résultats rapportés précédemment montrent que la réserve glucidique soluble des piments de variété sensible et résistante peut être affectée par la contamination.

Chez les plantes résistantes, les concentrations des sucres étudiés s'intensifient. Chez la variété sensible, la teneur en glucose augmente de 20 % mais celle du fructose diminue d'environ 66 %. Ceci pourrait être en relation avec la nutrition carbonnée du pathogène. Chez cette même variété contaminée, le traitement par le phoséthyl d'aluminium entraîne une augmentation considérable de la teneur en glucose et en fructose plus particulièrement, ce qui inverse totalement les effets de la contamination.

Il apparaît ainsi qu'un traitement par le phoséthyl d'aluminium de la variété sensible, suivi d'une inoculation, modifie significativement les teneurs en glucides solubles. Ces concentrations deviennent alors tout à fait comparables à celle de la variété résistante également traitée et contaminée.

Ces composés glucidiques pourraient donc être retenus comme un des paramètres dans la caractérisation de la résistance dont les mécanismes fondamentaux sont encore méconnus. Il constitueraient une des composantes du système dynamique multiple proposé par Bell (1981) et dont dépend la résistance.

Il serait maintenant intéressant d'étudier les photoassimilats et leur migration dans le cas de l'interaction compatible, observée chez la variété sensible, afin de les comparer aux conditions défavorables pour le parasite, d'une part après traitement au phoséthyl d'aluminium et d'autre part dans le cas de la résistance variétale.

VARIATIONS IN SOLUBLE CARBOHYDRATE CONTENT IN CAPSICUM LEAVES (CAPSICUM ANNUUM) TREATED WITH FOSETYL-AL THEN SUBSEQUENTLY INFECTED WITH PHYTOPHTHORA CAPSICI.

Variations in glucose, fructose and sucrose content were analysed in capsicum leaves of sensitive and resistant cultivars infected with Phytophthora capsici. The plants had previously been treated with fosetyl-Al. In the sensitive cultivar, fosetyl-Al treatment followed by inoculation caused significant modifications in soluble carbohydrate content which became similar to those found in the resistant cultivar. These carbohydrate compounds could be used as one of the parameters characterizing plant resistance fo fungal disease.

REFERENCES BIBLIOGRAPHIQUES

Albersheim, P.; Valent, B. (1978) Host pathogen interactions in plants. Plants when exposed to oligosaccharides of fungal origin, defend themselves by accumulating antibiotics. Journal of Cell Biology (78), 627-643.

Bompeix, G. ; Ravisé, A. ; Raynal, G. ; Fettouche, F. ; Durand, M.C. (1980) Modalités de l'obtention des nécroses bloquantes sur les feuilles détachées de Tomate par l'action du tris-O-éthyl phosphonate d'aluminium (Phoséthyl d'aluminium), hypothèses sur son mode d'action in vivo. Annales de Phytopathologie, 12, 337-351.

Bounias, M. (1983) Analyse biochimique quantitative par nanochromatographie en couche mince. Masson, 26-33.

Bell, A.A. (1981) Biochemical mechanisms of disease resistance. Annual Review of Plant Physiology, 32, 21-81.

Clerjeau, M. ; Beyries,A. (1977) Etude comparée de l'action préventive et du pouvoir systémique de quelques fongicides nouveaux (Phosphites, Prothiocarbe, Pyroxychlore) sur poivron vis-à-vis de Phytophthora capsici Léon. Phytiatrie - Phytopharmacie,26, 73-84.

Durant, M.C., Salle,G.(1981) Effet du tris-O-éthyl phosphonate d'aluminium sur le couple Lycopersicum esculentum Mill - Phytophthora capsici Léon. Etude cytologique et cytochimique. Agronomie 1(9), 723-732.

Hohl, H.R. ; Stossel, P (1976) Host parasite interfaces in a resistant and a susceptible cultivar of Solarum tuberosum inoculated with Phytophthora infestans : tuber tissue. Canadian Journal of Botany, 54(9),900-912.

Keen, N.T. (1975) Specific elicitors of plant phytoalexin production : determinants of race specificity in pathogens. Science, 187, 75-76.

Smith, I.M. (1980) Phytoalexines. Annales de Phytopathologie, 12,321-328.

Stoessl, A. (1982) Biosynthesis of phytoalexins. In:Phytoalexins, 133-180. Blackie, London, Glasgow.

Uritani, I. ; Asaki, T. (1980) Respiration and related metabolic activity in wounded and infected tissues. In : The Biochemistry of Plants,2, Academic Press, 463-483.

Yoshikawa, M. (1978) Diverse modes of action of biotic and abiotic phytoalexin elicitors. Nature, 275, 546-547.

CINETIQUE DE DISPARITION ET DEGRADATION DU PHOSETHYL-AL DANS LE SOL EN CONDITIONS CONTROLEES

Marie-Andrée PIEDALLU, P. JAMET

I.N.R.A., Station de phytopharmacie, 78000 Versailles, France

RESUME

L'étude de la cinétique de disparition du ^{14}C et du ^{32}P Phoséthyl-Al a permis de montrer le rôle important de la température et de la nature du sol. Les demi-vies ainsi estimées sont d'autant plus courtes que le sol est riche en matière organique et la température élevée. La dégradation du Phoséthyl-Al conduit à la formation des phosphites et à la libération de CO_2. L'éthanol et/ou ses produits d'oxydation sont les intermédiaires présumés.

INTRODUCTION

Le Phoséthyl-Al (tris-O-éthylphosphonate d'aluminium) est un fongicide introduit en France en 1978 par Rhône-Poulenc Phytosanitaire (Bertrand et al, 1977).

Dans le cadre des recherches sur l'impact des pesticides dans l'environnement, divers essais ont été mis en oeuvre afin d'étudier le comportement de ces molécules dans le sol. Après les tests de percolation (Jamet et Piedallu, 1977), nous avons entrepris l'étude de la cinétique de disparition du Phoséthyl-Al dans le sol ainsi que l'analyse des produits de dégradation (Jamet et Piedallu, 1978). Ces derniers travaux ont été réalisés :

- à deux températures : 12°C et 20°C
- sur 3 types de sols
- à l'aide de deux molécules radioactives synthétisées au Centre Radiochimique d'Amersham (Clow, 1976)

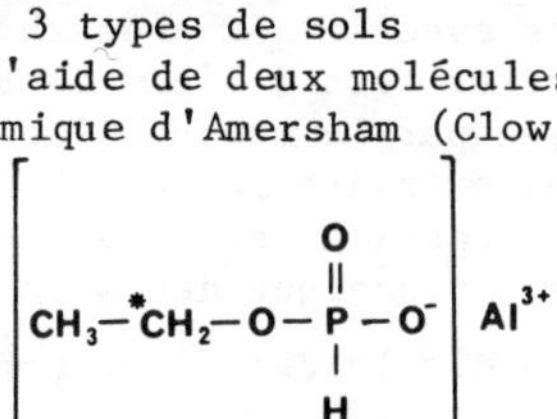

^{14}C phoséthyl-Al

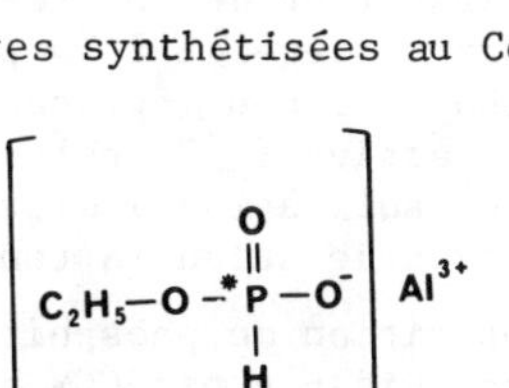

^{32}P phoséthyl-Al

MATERIEL ET METHODES

Les caractéristiques des sols traités sont regroupées dans le tableau 2. Le dispositif expérimental et la méthodologie de mesure et d'analyse des produits de dégradation ont été décrits dans le rapport technique (Jamet et Piedallu, 1978).

RESULTATS ET CONCLUSIONS

Cinétique de disparition

L'ensemble des résultats est regroupé dans les tableaux 1 à 6. Les courbes de disparition et de dégradation peuvent être correctement décrites selon une cinétique du premier ordre : $Q = Q_o e^{-kt}$. La concentration Q(t) est exprimée en pourcentage de radioactivité mesurée par rapport à la quantité totale introduite. L'estimation des constantes de vitesse et des concentrations a été effectuée à l'aide du programme HAUSS59 (programme de régression non linéaire implanté sur un microordinateur) (Jolivet, 1984).

Evolution de la fraction radioactive volatile

On constate (figure 1) que le Phoséthyl-Al disparaît rapidement quel que soit le type de sol. La concentration est exprimée en fonction de la radioactivité volatile : 100 -% CO_2 dégagé. Le modèle mathématique permet d'estimer un TD_{50} : temps nécessaire à la disparition de la moitié du produit initialement introduit dans le sol. Il devient alors évident que seule la température joue un rôle important puisqu'à 12°C le TD_{50} est en moyenne de 3,75 jours alors qu'à 20°C il n'est plus que de 2 jours.

Cette estimation globale de la disparition du Phoséthyl-Al intègre à la fois les fractions de radioactivité extractible et résiduelle. Le TD_{50} est une surestimation de la demi-vie du produit et il ne doit pas être assimilé à celle-ci.

Evolution de la fraction radioactive extractible par l'eau

La fraction de radioactivité (^{14}C) extractible par l'eau décroît très rapidement jusqu'à devenir négligeable à partir du 4ème jour (figure 1). Les estimations des constantes de vitesse et par suite des demi-vies font ressortir le rôle de deux paramètres que sont la température et la nature du sol. Ainsi, les demi-vies estimées sont d'autant plus courtes que le sol est riche en matière organique et la température élevée : (45 heures pour le sol 2.3 à 12° et 8 heures pour le sol 2.2 à 20°C).

Dégradation

L'analyse des extraits aqueux par chromatographie sur couches minces ainsi qu'un certain nombre de tests et d'observations ont permis de conclure à :

- la libération de CO_2 (essais réalisés avec le ^{14}C phoséthyl-Al) caractérisée par : piégeage à la phénéthylamine et test à l'eau de baryte. La trace de carbonates non déplacés a été décelée par la mesure d'une certaine fraction radioactive (^{14}C) retrouvée dans des extraits acides (HCl1N) après épuisement des sols à l'eau distillée. Cette fraction est considérée comme résiduelle et varie selon la teneur en matière organique des sols.

- l'apparition de phosphites décelables dès le 2ème jour après le traitement est en évidence par CCM avec :
  . révelation chimique (Getz, 1963) (complexe phosphomolybdique)
  . autoradiographie (essais réalisés avec ^{32}P phoséthyl-Al)

- la présence du phoséthyl-Al qui disparaît rapidement jusqu'à devenir non détectable à partir du 4ème jour. Il est identifié par autoradiographie (essais réalisés avec le ^{14}C et le ^{32}P phoséthyl-Al).

Par ailleurs, l'analyse mathématique de la courbe d'extraction d'un sol traité au ^{32}P phoséthyl-Al (figure 2) confirme la présence simultanée de deux composés, dont l'un présente une vitesse de désorption beaucoup plus faible (le phosphite).

Ainsi, la dégradation rapide du phoséthyl-Al conduit à la formation de phosphites et au dégagement de CO_2. Ceci implique qu'en une première étape, il y a eu saponification de l'éthylphosphonate. L'éthanol ainsi libéré est un substrat énergétique pour les microorganismes (d'où la présence de CO_2). Ni l'éthanol, ni les composés intermédiaires d'oxydation n'ont pu être mis en évidence avec certitude, mais lors de la concentration des extraits aqueux (à J+1) on a pu observer qu'une fraction volatile radioactive (^{14}C) se retrouvait dans le piège froid de l'évaporateur. Par ailleurs, l'éthanol et/ou ses produits d'oxydation peuvent également servir de source de carbone à l'ensemble de la microflore. Cette seconde possibilité expliquerait la présence d'une radioactivité résiduelle non-extractible, ni par l'eau ni par HCl1N (mesurée par combustion) et quasiment constante à partir du 4ème ou du 8ème jour après ce traitement (25 à 30 %) ; elle représenterait donc l'incorporation de ^{14}C au matériel vivant.

REFERENCES BIBLIOGRAPHIQUES

Bertrand, A. ; Ducruet, J. ; Debourge, J.C. et Horrière, D. (1977) Etude des propriétés d'une nouvelle famille de fongicides : les mono-éthyl phosphites métalliques, caractéristiques physico-chimiques et propriétés biologiques. Phytiatrie-Phytopharmacie, 26, 3-18

Clow, K.W. (1976) Scientific report (RES/2553) from the research laboratories of May St Baker Ltd (Dagenham, Essex, RM10 7XS - Angleterre)

Getz, M.E. (1963) The determination of organophosphate pesticides and their residues by paper chromatography. In residue Reviews, vol.2

Jamet, P. ; Piedallu, Marie-Andrée Rapports confidentiels réalisés pour la Société Rhône-Poulenc :
(a) 1977 : Tests de percolation du ^{14}C et ^{32}P éthylphosphite d'aluminium
(b) 1978 : Dégradation de l'éthylphosphite d'aluminium dans le sol.
Laboratoire de Phytopharmacie, Versailles

Jolivet, E. (1983) Introduction aux Modèles Mathématiques en Biologie. Masson, Paris.

Tableau 1 à 6 : Résultats de la modélisation des cinétiques de disparition et de dégradation du phoséthyl-Al dans les sols :

CD : coefficient de détermination
Qo : concentration initiale en %
T1/2 : demi-vie
TD_{50} : temps de demi-disparition

CD	Q_0	K	$T_{1/2}$	TD_{50}
0,8711	105,9	0,185	-	3,75
0,9139	106,9	0,414	1,67	-

1-Sol de Versailles (12°C)

CD	Q_0	K	$T_{1/2}$	TD_{50}
0,9467	101,5	0,316	-	2,19
0,9673	101,7	0,952	0,73	-

2-Sol de Versailles (20°C)

CD	Q_0	K	$T_{1/2}$	TD_{50}
0,8772	107,0	0,189	-	3,67
0,9793	102,0	0,494	1,40	-

3-Sol allemand 2.2 (12°C)

CD	Q_0	K	$T_{1/2}$	TD_{50}
0,9604	96,7	0,377	-	1,84
0,9994	100,0	2,156	0,32	-

4-Sol allemand 2.2 (20°C)

CD	Q_0	K	$T_{1/2}$	TD_{50}
0,8796	106,6	0,182	-	3,81
0,8818	104,7	0,366	1,89	-

5-Sol allemand 2.3 (12°C)

CD	Q_0	K	$T_{1/2}$	TD_{50}
0,9174	104,3	0,350	-	1,98
0,9144	102,3	0,900	0,77	-

6-Sol allemand 2.3 (20°C)

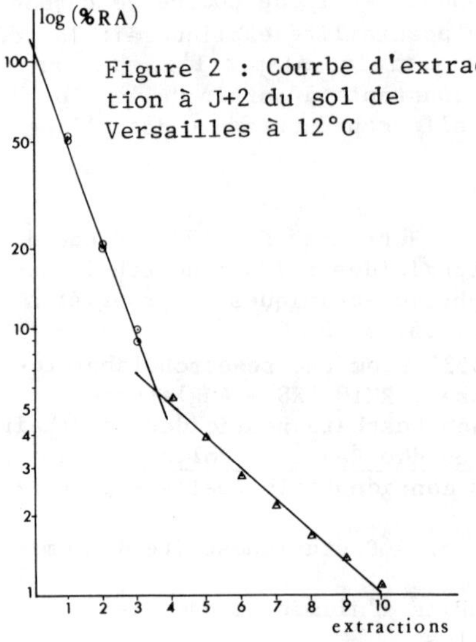

Figure 2 : Courbe d'extraction à J+2 du sol de Versailles à 12°C

CARACTERISTIQUES \ SOLS		SOL DE VERSAILLES (1)	SOLS ALLEMANDS (2)	
			2.2.	2.3.
CAPACITÉ D'ÉCHANGE mV/100 g		10,0	13,2	5,0
pH		6,4	6,9	6,1
MATIÈRE ORGANIQUE %		1,94	4,71	1,72
GRANULOMETRIE ‰	2	205	66	92
	2 À 20	211	100	124
	20 À 200	552	284	376
	200	27	550	408

(1) D'APRÈS LE LABORATOIRE D'ANALYSES DE SOLS (INRA) ARRAS.
(2) D'APRÈS L'INSTITUT DE RECHERCHES AGRONOMIQUES DE SPIRE (RFA)

Tableau 2 : principales caractéristiques des sols

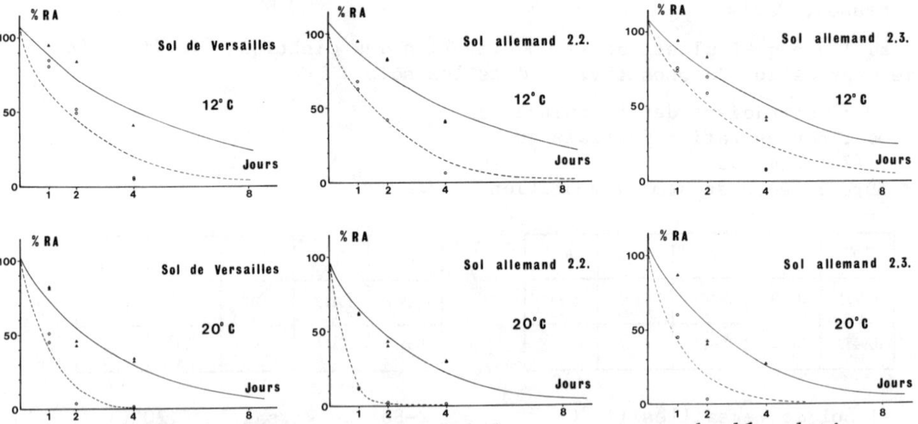

Figure 1 : Courbes de disparition globale (△—△—△) et de dégradation (o--o--o) du phoséthyl-Al dans les sols

LOSS AND DEGRADATION KINETICS OF FOSETYL-AL IN SOIL
UNDER CONTROLLED CONDITIONS

Study of the loss kinetics of ^{14}C and ^{32}P fosetyl-Al enabled us to show the importance of soil type and temperature. Half-lives estimated in this way were shortest when the soil was rich in organic matter and when the temperature was highest. Degradation of fosetyl-Al leads to phosphite formation and CO_2 release. Ethanol and/or its oxidation products are presumed intermediates.

D.
Resistance to fungicides
La resistance aux fongicides

ETUDE DE LA RESISTANCE CROISEE AU METALAXYL ET AU CYPROFURAME CHEZ Plasmopara viticola : EVIDENCE DE PLUSIEURS MACANISMES DE RESISTANCE INDEPENDANTS

M. CLERJEAU, H. IRHIR, C. MOREAU, B. PIGANEAU

INRA, Centre de Recherches de Bordeaux 33140 PONT DE LA MAYE (France)

T. STAUB, G. DIRIWACHTER

CIBA GEIGY AG, CH 4002 BASEL (Suisse)

RESUME

L'existence de plusieurs types de souches de P. viticola résistantes à l'égard du metalaxyl et du cyprofurame suggère une complexité et une une diversité des mécanismes de résistance aux phenylamides.

INTRODUCTION

Le développement de souches de Plasmopara viticola résistantes au métalaxyl, depuis 1981, dans divers pays viticoles tels que la France, la Suisse, l'Afrique du Sud, l'Uruguay (Staub et Sozzi, 1981 ; Clerjeau, 1984) nous ont conduit à étudier les principales propriétés de ces souches. Les premiers résultats ont permis de conclure, comme chez les autres espèces d'Oomycètes concernées par ce phénomène à une résistance croisée entre phenylamides (Clerjeau et al., 1982).

Dans le cadre de ce travail, deux observations ont toutefois retenu notre attention : la grande variabilité du comportement des souches à l'égard des phenylamides et l'action singulière du cyprofurame à l'égard des souches résistantes. L'étude de la CI 50 du métalaxyl et du cyprofurame sur une gamme de 28 souches de P. viticola qui est présentée ici a pour objet d'illustrer ces phénomènes et de permettre du discussion sur les caractères de résistance aux phenylamides.

MATERIEL ET METHODES

Fongicides

Le métalaxyl (25 p. cent de m.a.) et le cyprofurame (20 p. Cent de m.a.) ont été utilisés en suspension aqueuse aux concentrations croissantes de 0,01 0,1 - 0,2 - 0,3 - 0,4 - 0,5 - 1 - 10 - 50 - 100 - 500 - 1000 µg/ml.

Appréciation de la CI 50 des fongicides

Les tests d'appréciation de la CI 50 ont été réalisés en boîtes de Pétri sur des disques de feuilles de vigne maintenus en survie, placés au contact de suspensions fongicides. Trente inoculations par concentration de fongicide ont été pratiquées.

La CI 50 a été calculée graphiquement à partir des notes moyennes de sporulation obtenues à chaque concentration après 7 à 8 jours d'incubation en enceinte climatique à la température de 24° C. Pour cela, chaque tache sporifère a été affectée d'une note comprise entre 0 et 4.

Souchesde P. viticola.

28 populations d'origine variée (France, Suisse, Uruguay) ont été utilisées. 12 d'entre elles étaient considérées comme sensibles au métalaxyl en raison de leur inaptitude à sporuler sur des disques foliaires placés en pré-

sence de 5 µg/ml de métalaxyl, ce qui était le cas de toutes les souches de P. viticola avant l'utilisation commerciale du fongicides. 3 des souches étudiées (104, 170, 195) étant issues de 7 repiquages manosporocystes successifs peuvent être considérées comme homocaryotiques (Li et al., 1985). Les souches résistantes étudiées ont souvent subi plusieurs repiquages préalables sur disques de feuilles, en présence de métalaxyl (C = 5 µg/ml).

RESULTATS

Avec la plupart des souches, les expériences ont été renouvelées 2 à 4 fois. Les résultats présentés ont été choisis pour leur représentativité du comportement moyen de chaque souche.

L'ensemble des valeurs des CI 50 obtenues avec les deux fongicides à l'égard des 28 souches et la distribution de fréquence des souches par classes de sensibilité sont rapportés dans le tableau 1 et la figure 1 respectivement. Ces résultats attirent les observations suivantes :

a) Efficacité comparée du métalaxyl et du cyprofurame à l'égard des souches sensibles (S).

Métalaxyl : la CI 50, comprise selon les souches entre 0,005 et 0,36 µg/ml, apparaît extrêmement variable. Ainsi, vis-à-vis de la souche 476, elle est 70 fois plus élevée que celle qui s'applique à la souche 170. Il est à noter par ailleurs que les 2 souches homocaryotiques utilisées se sont avérées les plus sensibles. Ceci a été confirmé depuis lors avec d'autres clones homocaryotiques (CI 50 voisine de 0,005 µg/ml).

Cyprofurame : la CI 50 s'échelonne selon les souches entre 0,05 et 0,55 µg/ml c'est-à-dire des valeurs notablement plus élevées et plus homogènes que celles obtenues avec le métalaxyl.

b) Efficacité comparée du métalaxyl et du cyprofurame à l'égard des souches résistantes (R). Facteurs de résistance (FR).

Métalaxyl : toutes les souches considérées comme résistantes constituent une population bien distincte des souches S (fig. 1). Leur CI 50 et leur niveau de résistance sont néanmoins très variables. Deux grands groupes de souches R se dégagent. Le premier est constitué de souches que l'on qualifiera de moyennement résistantes (CI 50 inférieure à 100 µg/ml et plus souvent à 50 µg/ml ; FR compris entre 100 et 1000) ; le second, de souches très résistantes (CI 50 > 400 µg/ml ; FR > 6000). L'existence de souches intermédiaires comme URU 1 montre bien en fait la difficulté de fixer des limites rigides à un système de classement des souches R.

Cyprofurame : toutes les souches résistantes au métalaxyl présentent une moindre sensibilité au cyprofurame. Il y a donc résistance croisée du P. viticola à l'égard des 2 fongicides mais le niveau de résistance des souches beaucoup plus faible à l'égard du cyprofurame que vis-à-vis du métalaxyl doit être souligné. Comme dans le cas précédent, 2 types de souches peuvent être distingués : le premier regroupe des souches peu résistantes (CI 50 < 5 µg/ml; FR voisin de 10) et le second, des souches (plus rares moyennement à très résistantes (CI 50 > 45 µg/ml ; FR > 160). La souche 230 présente un comportement intermédiaire.

Il est important de noter que le rang de classement des souches R par ordre de sensibilité aux 2 fongicides n'est pas le même. Ainsi, parmi les souches

TABLEAU 1

Etude de la CI 50 du métalaxyl et du cyprofurame sur disques de feuilles de Vigne à l'égard de 28 souches de P. viticola. Calcul du facteur de résistance FR = CI 50 souches R/CI 50 moyenne souches S.

	SOUCHES	CI 50 (µg/ml) Métalaxyl	CI 50 (µg/ml) Cyprofurame	FR Métalaxyl	FR Cyprofurame
Sensibles	170 ✕	0,005	0,15		
	195 ✕	0,005	0,17		
	F36	< 0,01	0,05		
	ZA38	< 0,01	0,3		
	ZA12	< 0,01	0,1		
	F40	0,02	0,55		
	ZA19	0,02	0,42		
	ZA40	0,03	0,17		
	7	0,07	0,50		
	0	0,12	0,48		
	CH57	0,16	0,24		
	476	0,36	0,28		
Résistantes	ZA3	5,8	240	85	860
	333	20	55	290	190
	F38	20	55	290	190
	103	20	3,5	230	12
	104	25	3	370	10
	460	35	3	510	10
	306	50	4	730	14
	230	65	17	960	60
	U 1	65	4	960	14
	URU1	140	1,4	2050	5
	CH1	430	2	6300	7
	316	500	3,5	7350	12
	GR2	570	4	8380	14
	150	570	3,5	8380	12
	110	600	4	8820	14
	15	> 1000	45	> 14000	160

✕ clone homocaryotique

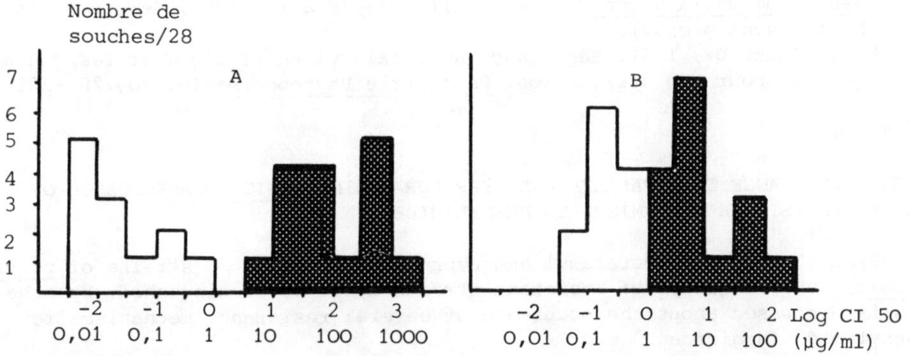

Fig.1: Distribution de fréquence des souches étudiées selon leur sensibilité au métalaxyl (A) et au cyprofurame (B).
(souches résistantes au métalaxyl).

les moins résistantes au métalaxyl se trouvent des souches peu résistantes au cyprofurame (ex. : 103, 104, 306, 460) ou très résistantes à ce fongicide (ex. : 2A, 3, F38, 333). Inversement, parmi les souches les plus résistantes au métalaxyl, on remarque les souches les moins résistantes (ex. : CH1, GR2, 310, 316, 350) et les plus résistantes au cyprofurame (ex. : 25).

CONCLUSION

Toutes les souches résistantes au metalaxyl étant également résistantes au cyprofurame on doit en déduire l'existence d'un mécanisme de résistance commun à ces deux fongicides chez P. viticola. Toutefois, l'existence de plusieurs types de souches (souches moyennement ou très résistantes au métalaxyl, souches peu ou moyennement résistantes au cyprofurame) et le fait que les plus résistantes à l'un des deux fongicides ne soient pas nécessairement les plus résistantes à l'autre montre la complexité des mécanismes de résistance aux phénylamides. On peut, en effet, supposer qu'au mécanisme commun qui confère une résistance croisée sont associés des mécanismes connexes. Ces mécanismes dont l'action semble spécifique à l'égard des diverses molécules phénylamides pourraient en fait conditionner le niveau ou facteur de résistance des souches.

BIBLIOGRAPHIE

Clerjeau M., Irhir H., Piganeau B., Simone J., 1982. Principales propriétés des souches de Mildiou de la Vigne (Plasmopara viticola) résistantes aux fongicides de la famille des anilides. IIe Colloque International sur la multiplication de la Vigne, Bordeaux, France, 21 sept. 1982,86-89.

Clerjeau M., 1984. Evolution de la lutte contre le Mildiou de la Vigne : conséquences de l'utilisation des produits systémiques. Le Progrès Agricole et Viticole, 101, 22, 525-537.

Davidse L.C., Hofman A.E., Velthilis B.C.M., 1983. Specific interference of metalaxyl with endogeneous RNA polymerase activity in isolated nucleic from Phytophthora megasperma f. sp. medicaginis. Exp. Mycol., 7, 344-361.

Fisher D.J., Hayes Ann L., 1984. Studies of mechanisms of metalaxyl fungitoxicity and resistance to metalaxyl. Crop Protection 3 (2), 177-185.

Li H., Clerjeau M., Doazan J.P., 1985. L'hétérocaryose chez Plasmopara viticola : mise en évidence, conséquences agronomiques sur la sélection de variétés de Vigne résistantes au Mildiou. 4e Symposium Intern. de Génétique de la Vigne Verona (Italie) 13-18 avril 1985, Sergio Bolla Edit. (sous presse).

Staub T., Sozzi D., 1981. Résistance au métalaxyl en pratique et les conséquences pour son utilisation. Phytiatrie Phytopharmacie, 30, 283-291.

ABSTRACT

CROSS RESISTANCE TO METALAXYL AND CYPROFURAM IN P. VITICOLA: EVIDENCE OF SEVERAL RESISTANCE MECHANISMS TO PHENYLAMIDES.

From the study of metalaxyl and cyprofuram ED 50 on 28 strains of p. viticola, several groups of resistant strains could be distingushed. Hypothesis is discussed about the occurence of several resistance mechanisms to phenylamide fungicides.

EFFICACY OF CYMOXANIL IN CONTROLLING METALAXYL-RESISTANT ISOLATES OF PHYTOPHTHORA INFESTANS AND PSEUDOPERONOSPORA CUBENSIS

Y. COHEN, H. EYAL

Bar-Ilan University, Ramat-Gan, Israel

Y. SHEINBOIM

Milchan Bros., Ltd., Ramat-Gan, Israel

ABSTRACT

A single foliar spray with cymoxanil (50 WP) at 500 mg a.i./L effectively controlled late blight in potatoes and downy mildew in cucumbers caused by metalaxyl-resistant isolates of *Phytophthora infestans* and *Pseudoperonspora cubensis*, respectively. Both diseases were suppressed in plants treated with 1000 mg a.i. cymoxanil/L at 2 days before or after inoculation. It is suggested that cymoxanil may be used in growing areas in which resistant isolates of these two pathogens prevail.

INTRODUCTION

The build up of fungal subpopulations resistant to site-specific fungicides is a well-known phenomenon. Loss of efficacy of metalaxyl was reported in Israel due to the appearance of *P. infestans* and *P. cubensis* isolates resistant to the chemical. This paper provides evidence on the efficacy of cymoxanil in controlling such isolates.

MATERIALS AND METHODS

The highly susceptible cultivars, Alpha of potato (*Solanum tuberosum*) and Elen of cucumber (*Cucumis sativa*) were used. Potatoes were grown in either 2L pots in the greenhouse or in soil in 2 plastic houses (5x10 m) for 6 weeks. Cucumbers were grown in 0.5L pots and used when cotyledons reached 3 cm length.

The 50% formulation of cymoxanil (Curzate 50 WP, DPX 3217, 2-cyano-N-[(ethylamino) carbonyl]-2-(methoxyamino) acetamide by E.I. du Pont de Nemours was used. Plants were sprayed once with a fungicide suspension to initial run-off at various intervals before or after inoculation. For inoculation, plants were sprayed with sporangial suspension (about 10^4 sporangia/ml). Potted inoculated plants were kept in dew chambers at 18C for 20 hr and then tranferred into growth cabinets at 20C (12 hr light/day) for 7-10 days. In plastic houses, relative humidity was constantly high (90-100%) and temperature ranged between 12-35C.

In potatoes, disease severity was visually assessed on a 0-5 scale (0 = no disease, 5 = plants fully blighted) at 7-12 days after inoculation. In cucumbers, disease severity was visually assessed on a 0-4 scale, and cotyledons were harvested subsequent to 48 hr of dew period to determine fungal sporulation with the aid of a hemocytometer.

RESULTS

A single foliar spray with cymoxanil at the recommended dose of 100-125 mg a.i./L (Klopping & Delp 1980, Douchet et al 1977) resulted in an insufficient control of late blight in potted potatoes and downy mildew in potted cucumbers regardless of whether plants were inoculated with MS (metalxyl-sensitive) or MR (metalaxyl-resistant) isolates. Efficient control of both MS and MR isolates of the two pathogens was achieved at doses of 500 mg a.i. cymoxanil/L or above.

The preventive and curative fungicidal activity of cymoxanil (500-2000 mg a.i./L) in controlling an MR isolate of *P. cubensis* is presented in Table 1. Both activities lasted longer with increasing fungicide concentration. Similar results were obtained with an MS isolate and another 8 MR isolates.

TABLE 1

Fungicidal activity of cymoxanil against a metalaxyl-resistant isolate of *Pseudoperonospora cubensis* in cucumbers in growth chambers

Time of fungicide application, days from inoculation	Cymoxanil concentration, mg a.i./L					
	500		1000		2000	
	symptoms	sporulation	symptoms	sporulation	symptoms	sporulation
nil	4	272 ± 72	-	-	-	-
-4	3	91 ± 113	3	166 ± 140	0.5	8 ± 8
-2	1	117 ± 49	1	55 ± 51	0.5	9 ± 11
-1	0.5	4 ± 5	0.5	0	0	0
0	0.5	0	0	0	0	0
+1	1	7 ± 13	0.5	0	0.5	0
+3	1	31 ± 44	1	7 ± 13	1	0

Plants treated with 1000 mg a.i. metalaxyl/L produced symptoms of 4 with 145 ± 67 x 10^3 sporangia/cotyledon. Symptoms were assessed in 30-40 plants/treatment as one replicate. Sporulation was determined in 5 cotyledons/treatment; numbers represent sporangia/cotyledon in thousands.

Performance of cymoxanil against late blight in potatoes induced in plastic houses by MS and MR isolates is presented in Table 2. Both isolates were efficiently controlled by the fungicide at 1000 mg a.i./L even if applied at 2 days before or after inoculation. Mancozeb, in this experiment, had a lower preventative activity compared to cymoxanil.

Cymoxanil had an inhibitory effect on sporulation of P. cubensis when applied at 7 days after inoculation. Sporangial yields in cotyledons floated on solutions containing cymoxanil at 0, 500, 1000 and 2000 mg a.i./L were 260, 205, 90 and 82 x 10^3 sporangia/cotyledon, respectively.

TABLE 2

Fungicidal activity of cymoxanil and mancozeb against metalaxyl-sensitive (MS) and -resistant (MR) isolates of Phytophthora infestans in potatoes in plastic houses

Time of fungicide application, days from inoculation	Control untreated		Mancozeb 1680 mg a.i./L		Cymoxanil 1000 mg a.i./L	
	MS	MR	MS	MR	MS	MR
-2	4.0	-	1.0	0.3	0.2	0.5
-1	4.0	-	1.0	0	0.3	0.3
0	4.5	3	0.5	0.3	0.8	0.2
+1	4.0	-	3.0	2.0	0.5	0.1
+2	4.5	3	3.0	3.0	0.5	0.1

Plants sown Dec. 15, 1984, inoculated Feb. 12, 1985 and assessed Feb. 19, 1985 (MS) and Feb. 24, 1985 (MR). MS and MR isolates applied in separate plastic houses at 10^4 and 10^3 sporangia/ml, respectively. The MS and MR isolates were controlled in leaf discs floated on 0.1 and 100 mg a.i. metalaxyl/L, respectively. Four plants/treatment.

DISCUSSION

Our data show that cymoxanil controlled both MS and MR isolates of P. cubensis and P. infestans at doses of 500 mg a.i./L or above. Other systemic fungicides, such as cyprofuram, oxadixyl, fosetyl-Al and propamocarb were found ineffective in controlling MR isolates of these pathogens (Cohen & Samoucha 1984).

The data are in accordance with those of Pappas (1982) and suggest that cymoxanil may be used to combat oomycete diseases in areas where MR isolates prevail.

REFERENCES

Cohen, Y.; Samoucha, Y. (1984) Cross resistance to four systemic fungicides in metalaxyl-resistant strains of Phytophthora infestans and Pseudoperonospora cubensis. Plant Disease 68, 137-139.

Douchet, J.P.; Absi, M.; Hay, S.J.B.; Muntan, L.; Villani, A. (1977) European results with DPX 3217 a new fungicide for the control of grape downy mildew and potato late blight. Proceedings 1977 British Crop Protection Conference - Pests and Diseases, 535-540.

Pappas, A,C, (1982) Metalaxyl resistance and control of cucumber downy mildew with oomycete-fungicides. Annales de L'Institute Phytopathologique Benaki (N.S.), 13 : 194-212.

Klopping, H.L.; Delp, C.J. (1980) 2-Cyano-N-[(ethylamino) carbonyl]-2-(methoxyimino) acetamide, a new fungicide. Journal of Agricultural Chemistry 28, 467-468.

EFFICACITE DU CYMOXANIL DANS LA LUTTE CONTRE DES ISOLATS DE PHYTOPHTHORA INFESTANS ET DE PSEUDOPERONSPORA CUBENSIS RESISTANTS AU METALAXYL

Une pulvérisation foliaire unique de cymoxanil (50 WP) à raison de 500 mg a.i./l s'est révélée efficace contre le mildiou de la pomme de terre et le mildiou du concombre, causés respectivement par des isolats de *Phytophthora infestans* et de *Pseudoperonospora cubensis* résistants au métalaxyl. Un traitement de 100 mg m.a. cymoxanil/l, 2 jours avant ou après l'inoculation, suffit à éliminer ces deux maladies. On suggère d'utiliser le cymoxanil dans les régions de culture où ces isolats résistants dominent.

RESISTANCE TO PHENYLAMIDE FUNGICIDES IN LETTUCE AND BRASSICA DOWNY MILDEW

I. R. CRUTE, JUDITH M. NORWOOD AND PAMELA L. GORDON

National Vegetable Research Station, Wellesbourne, Warwick, England

ABSTRACT

Failure to control Peronospora parasitica (brassica downy mildew) and Bremia lactucae (lettuce downy mildew) due to a high level of resistance to metalaxyl (and other related phenylamide fungicides) was first confirmed in 1983. Initially, the distribution of resistant isolates was geographically localised but over a twelve month period they became more widely distributed. It seems likely that the later outbreaks of resistance originated from the initial source. In B. lactucae, resistance was associated with a single virulence phenotype (race) and sexual compatibility type. Control can thus still be achieved using cultivars carrying appropriately effective genes for specific resistance. Phenylamide resistance/sensitivity in B. lactucae is controlled genetically by a single locus exhibiting incomplete dominance; heterozygous isolates express an intermediate response to fungicide.

INTRODUCTION

Phenylamide fungicides (including acylalanines, acylamino-butyrolactones and acylamino-oxazolidinones), particularly metalaxyl, have proved outstandingly effective in the control of downy mildew diseases in recent years (Schwinn 1981, Bruin & Edgington 1983). However, the subsequent development of resistance to these fungicides in several pathogens has presented problems (Davidse 1982). This paper reports the occurrence of and subsequent experiences with resistance to phenylamide fungicides in two important downy mildew diseases of vegetables in the United Kingdom; Peronospora parasitica on Brassica oleracea and Bremia lactucae on Lactuca sativa.

BRASSICA DOWNY MILDEW

This study concerns Peronospora parasitica from Brassica oleracea (includes cauliflower, cabbage, Brussels sprout, broccoli and kale) which is specific to this host species and is not cross-infective in the field to other Brassica species. Downy mildew is a problem on horticultural brassicas, particularly cauliflower at the propagation stage and recently introduced production techniques involving modules have aggravated the situation.

Resistance assay

An assay for resistance/sensitivity to metalaxyl was devised using cauliflower seedlings (cv. Lawyna). Nutrient solution (25 ml) amended with metalaxyl (Ridomil 25 w.p.) at a range of concentrations up to 100 $\mu g\ ml^{-1}$ was contained in 7 cm diameter glass crystallising dishes and absorbed into an equal volume of vermiculite. Seed was sown into the dishes (30-40 per dish) and placed in a temperature controlled growth room (15°C, 12 h photoperiod, 100 $\mu Em^{-2}s^{-1}$). To avoid problems with vapour activity, each dish was contained within a plastic 'treacle pot'. Seedlings having reached the cotyledon stage 7-10 days after sowing were inoculated with a conidial suspension of the fungus. Incubation continued under the conditions described above and seedlings were recorded for the presence or absence of sporulation 5-10 days after inoculation. A standard metalaxyl-sensitive isolate which was completely inhibited at 0.01 μgml^{-1} was included in all tests. A modification of the method using cauliflower seed treated with metalaxyl (Ridomil 25 w.p.) at a rate of 1 g a.i. per kg clearly discriminated between resistant and sensitive isolates. Bioassay of the plant material (Wynn & Crute 1983) revealed 15-20 µg 'metalaxyl equivalents' per g fresh weight in seedlings during the course of the test. Resistant isolates sporulated profusely on seedlings grown from treated and untreated seed while sensitive isolates only sporulated on the latter.

Results and Discussion

Isolates of the fungus, resistant to metalaxyl, were first obtained in June 1983 from plant propagators in the Boston area of Lincolnshire who had employed the chemical regularly during a five year period as a post-sowing drench treatment.

These isolates sporulated freely on cauliflower seedlings treated with 100 μgml^{-1} a.i. of either metalaxyl, furalaxyl or ofurace. Normally sensitive isolates were completely controlled by 0.01 μgml^{-1} a.i. of metalaxyl and furalaxyl and 1.00 μgml^{-1} a.i. ofurace. Both phenylamide resistant and sensitive isolates were equally sensitive to the unrelated fungicide propamocarb (completely controlled at 1000 $\mu g\ ml^{-1}$ a.i.).

Phenylamide resistant isolates were obtained from several field crops in the same region in 1983 and in collaboration with the Agricultural Development and Advisory Service, a survey of the problem in brassica production areas was commenced in 1984. Over a twelve month period, 115 samples from 81 sites were tested for sensitivity to metalaxyl. In East Anglia (Lincolnshire, Cambridgeshire and Norfolk), 84% of isolates proved to be resistant. The majority of isolates from other regions were sensitive but resistant isolates were recovered from Lancashire and Cheshire (in the north-west), Worcestershire (in the Midlands) and south-east Scotland. In the latter case a link with transplants bought from Lincolnshire was established.

The rapid spread throughout East Anglia and further dissemination over larger distances highlights the problem likely to arise as a consequence of a few specialist plant raisers distributing infected material. Hitherto, the distribution of fungicide resistant strains of pathogens in this way has not been fully appreciated.

LETTUCE DOWNY MILDEW

B. lactucae on lettuce has been successfully controlled using metalaxyl following its commercial introduction in 1978. Initially a pure formulation (Ridomil 25 w.p.) was utilised but since 1980 only a mixed formulation with mancozeb (Fubol 58 w.p.) has been available. However, residual stocks of the pure formulation continued to be used on lettuce crops until failure to control the disease was experienced in 1983 in an area near Preston, Lancashire.

Resistance assay

Similar procedures to those described for P. parasitica were used to test isolates of B. lactucae for resistance/sensitivity. A seed treatment at the rate of 10 g a.i. per kg lettuce seed (cv. Cobham Green) readily discriminated between resistant and sensitive isolates. It was demonstrated that the concentration of 'metalaxyl equivalents' in cotyledon tissue was consistently approximately 70% of that applied in the nutrient system (Wynn & Crute 1981, 1983).

Tests for sexual compatibility type and virulence phenotype were conducted using previously reported methods (Michelmore & Crute 1982, Michelmore & Ingram 1980).

Results and Discussion

During 1983 and 1984, 88 isolates were tested for metalaxyl resistance/sensitivity. Of these, 51 came from Lancashire with 88% proving resistant. Resistant isolates sporulated profusely on lettuce seedlings grown in the presence of up to 100 $\mu g\ ml^{-1}$ metalaxyl, furalaxyl, ofurace and cyprofuram (although the latter was markedly phytotoxic at this concentration). Sensitive isolates were controlled by 0.1 $\mu g\ ml^{-1}$ metalaxyl, 1.0 $\mu g\ ml^{-1}$ ofurace and cyprofuram and 10.0 $\mu g\ ml^{-1}$ furalaxyl. Both phenylamide-resistant and sensitive isolates were equally sensitive to the unrelated fungicides propamocarb and fosetyl-Al being controlled in both cases by 1000 $\mu g\ ml^{-1}$ a.i. The 37 isolates from regions other than Lancashire were sensitive except for two received at the end of 1984, one of which came from Lincolnshire and the other from Warwickshire. Spread from a single source was suspected since all phenylamide-resistant isolates tested proved to be of the same sexual compatibility type (B2) and identical virulence phenotype (equivalent to Dutch race NL10) (virulent on R-factors 1-10 but avirulent on R11 and R16).

The fact that resistance factor R11 is effective against the phenylamide-resistant strain has allowed an integrated control strategy to be adopted (Crute 1984). Several commercially useful cultivars carrying R11 are available and when these are used in conjunction with metalaxyl, control can be achieved until such time as recombination occurs between virulence for R11 and phenylamide resistance in the pathogen.

Using methods previously described for performing crosses between *B. lactucae* isolates and recovering sexual progeny (Norwood & Crute 1983; Norwood *et al*. 1983), the inheritance of metalaxyl resistance was investigated. Isolates of intermediate phenotype were recovered in the F_1 generation of crosses between resistant and sensitive isolates. These intermediate isolates sporulated in the presence of up to 100 $\mu g\ ml^{-1}$ metalaxyl as did fully resistant isolates but it took twice as long after inoculation for sporulation to occur compared to resistant isolates (i.e. 10-14 days compared to 5-7 days). It was assumed that these intermediate progeny were heterozygous at the metalaxyl resistant locus. Segregations obtained in F_1 and BC_1 generations were consistent with the hypothesis that metalaxyl resistance is controlled at a single locus which exhibits incomplete dominance. However there were indications that the original resistant isolate could be heterokaryotic for metalaxyl resistance, although this conclusion awaits verification.

ACKNOWLEDGMENTS

We are grateful to all the officers of the Agricultural Development and Advisory Service in England and Wales who collaborated in the sampling of diseased crops.

REFERENCES

Bruin, G. C. A.; Edgington, L. V. (1983) The chemical control of diseases caused by zoosporic fungi - many-sided problem. In: Zoosporic Plant Pathogens, S. T. Buczacki (Ed.), Academic Press, London pp. 193-232.

Crute, I.R. (1984) The integrated use of genetic and chemical methods for control of lettuce downy mildew (Bremia lactucae Regel). Crop Protection 3, 223-241.

Davidse, L. C. (1982) Acylalanines: resistance in downy mildews, Pythium and Phytophthora spp. In: Fungicide Resistance in Crop Protection, J. Dekker and S. G. Georgopoulos (Eds), Pudoc, Wageningen, pp. 118-127.

Michelmore, R. W.; Crute, I. R. (1982) A method for determining the virulence phenotype of isolates of Bremia lactucae. Transactions of the British Mycological Society 79, 542-546.

Michelmore, R. W.; Ingram, D. S. (1980) Heterothallism in Bremia lactucae. Transactions of the British Mycological Society 75, 47-56.

Norwood, J. M.; Crute, I. R. (1983) Infection of lettuce by oospores of Bremia lactucae. Transactions of the British Mycological Society 81, 144-147.

Norwood, J. M.; Michelmore, R. W.; Crute, I. R.; Ingram, D. S. (1983) The inheritance of specific virulence in Bremia lactucae (downy mildew) to match resistance factors 1, 2, 4, 6 and 11 in Lactuca sativa (lettuce). Plant Pathology 32, 177-186.

Schwinn, F. J. (1981) Chemical control of downy mildews. In: The Downy Mildews, D. M. Spencer (Ed.), Academic Press, London, pp. 305-320.

Wynn, E. C.; Crute, I. R. (1981). Uptake, translocation and degradation of metalaxyl in lettuce. Proceedings 1981 British Crop Protection Conference 137-145.

Wynn, E. C.; Crute, I. R. (1983) Bioassay of metalaxyl in plant tissue. Annals of Applied Biology 102, 117-121.

RESISTANCE DU MILDIOU DE LA LAITUE ET DU CHOU AUX PHENYLAMIDES

Pour la première fois en 1983, on a confirmé que les échecs dans le traitement contre Peronospora parasitica (mildiou du chou) et Bremia lactucae (mildiou de la laitue) étaient dus à un haut niveau de résistance au métalaxyl (et autres fongicides de la famille des phénylamides). Au début la distribution géographique des isolats résistants est restée ponctuelle mais en 12 mois ils se sont répandus sur une zone beaucoup plus large. Il semble que les recrudescences de résistance décrites ultérieurement aient eu pour origine la source initiale. Dans le cas de B. lactucae, la résistance est associée à un seul phénotype de virulence (race) et de compatibilité sexuelle. La lutte peut donc encore être menée en utilisant des cultivars porteurs de gènes efficaces, adaptés à un type spécifique de résistance. La résistance et la sensibilité de B. lactucae aux phénylamides sont controlées génétiquement par un seul locus montrant une dominance incomplète; les isolats hétérozygotes montrent une résistance intermédiaire aux fongicides.

MIXTURES OF FUNGICIDES WITH SYNERGISTIC INTERACTIONS FOR PROTECTION AGAINST PHENYLAMIDE RESISTANCE IN PHYTOPHTHORA

C. Grabski and U. Gisi

Agrobiological Research Station, SANDOZ Ltd., CH-4108 Witterswil, Switzerland

ABSTRACT

Three fungicides with different modes of action (oxadixyl, mancozeb and cymoxanil) and mixtures thereof were tested against four strains of Phytophthora infestans in vitro. The strains differed in their sensitivity to oxadixyl but not to mancozeb or cymoxanil. All mixtures of the fungicides were highly effective against phenylamide sensitive and resistant strains. Mixtures containing cymoxanil performed best and showed equally good ratios of synergism against both sensitive and resistant strains. The results indicate advantages of fungicide mixtures not only in terms of broadening the spectrum but also in raising the activity against sensitive and resistant strains of target fungi.

INTRODUCTION

In order to delay the development of resistance to fungicides in the field, the use of mixtures of fungicides with different modes of action may minimize the selection pressure for resistant strains. In anti-resistance strategies, mixtures, often used to broaden the spectrum of activity, represent a valid alternative to alternation of fungicides. Moreover, there may be synergistic interactions of the single components in the mixture. Synergistic interactions of fungicides were thoroughly reported by Gisi et al. (1983, 1985). In this study synergistic interactions of fungicides when tested in mixtures against phenylamide sensitive and resistant strains of Phytophthora infestans in vitro are demonstrated.

MATERIAL AND METHODS

The three fungicides oxadixyl (A) (phenylamide), mancozeb (B) (dithiocarbamate) and cymoxanil (C) and the four mixtures oxadixyl:mancozeb = 1:7 (AB), oxadixyl:cymoxanil = 1:0.4 (AC), mancozeb:cymoxanil = 7:0.4 (BC), and oxadixyl:mancozeb:cymoxanil = 1:7:0.4 (ABC) were prepared as aqueous suspensions. Both the single fungicides and the mixtures were equally concentrated. Four different concentrations of each fungicide suspension were incorporated in clarified liquid rye-decoction-agar at approximately 60°C. Three agar plates per concentration were inoculated with discs of seven day-old P. infestans cultures and incubated aferwards at 20°C in the dark for 5 days. Radial growth of mycelium was measured and converted to percent inhibition according to Abbott. Dose-responses of four experiments were used to calculate EC_{90} values (concentration in mg a.i. per litre resulting in 90 % growth inhibition); synergism was estimated according to Wadley (1967).

RESULTS

Oxadixyl, mancozeb, cymoxanil and mixtures thereof inhibited mycelial growth of *P. infestans* strains on agar plates. The dose-response curves showed different characteristics depending on the fungicide as well as on the strain (fig. 1). The dose response of oxadixyl against the phenylamide resistant strain 5 and the sensitive strain 223 was very weak and very effective, respectively. All mixtures performed much better than the single components with equally good levels of activity against all strains (tab. 1), except the oxadixyl/mancozeb mixture which was somewhat weaker on the resistant strain. There were additive or synergistic interactions in all mixtures with equal or even higher interaction levels against resistant compared to sensitive strains, except the mixture oxadixyl/mancozeb, where there was only addition in the case of the fully resistant strains (tab. 2).

DISCUSSION

All fungicide mixtures containing cymoxanil were effective against *P. infestans* and showed synergistic interactions independently of strain specific differences. Thus, cymoxanil may be the component mainly responsible for activity against phenylamide resistant strains. Experiments with mixtures of oxadixyl and cymoxanil *in vivo* support this theory. Using the same ratios of components (A:C = 1:0.4) we found synergistic interactions when tested against both phenylamide sensitive and resistant strains of *P. infestans* on tomato. The level of synergism was 3.2 for sensitive and 3.4 for resistant strains (Gisi et al., unpublished data). A two- to four-fold higher level of synergism was found recently using the same mixtures against phenylamide resistant strains of *Plasmopara spp.* on grapes when compared to sensitive strains (Gisi *et al*., unpublished data). These results and the results from our earlier findings (Gisi *et al*. 1983) with mixtures of oxadixyl and mancozeb tested on different strains of *P. infestans* on tomato give experimental support for the recently described mathematical models (Levy & Strizyk 1984). Since the *in vitro* results presented in this study do not show significant differences in synergism ratios between sensitive and resistant strains, more investigations with different mixtures and pathogens under greenhouse- and field-conditions are required to better understand the basic mechanism of synergism. Our results clearly show that, even against "fully" resistant strains, oxadixyl does contribute to the overall performance, but only when used in a mixture. Therefore, there is good evidence for a significant protection against resistance build-up by using appropriate mixtures of fungicides with different modes of action and with synergistic interactions. They minimize selection pressure and are fairly independent of specific pathogen responses.

TABLE 1:

Activity of fungicides applied singly and in mixture against *P. infestans* strains[a)] *in vitro*, expressed as EC_{90} (mg a.i./litre)

compounds	activity (EC_{90}) against *P. infestans* strains[b)]			
	223	1033	5	13
oxadixyl (A)	32±3.4	9000	> 10000	> 10000
mancozeb (B)	60±7.9	74±53.1	42±16.1	48±28.2
cymoxanil (C)	3±1.0	2± 0.7	2± 0.2	2± 0.6
A:B = 1:7	22±5.0	32±12.7	66±39.2	78±40.6
A:C = 1:0.4	7±0.5	6± 0.5	3± 0.2	6± 0.4
B:C = 7:0.4	13±2.8	18± 2.5	11± 3.7	13± 1.3
A:B:C = 1:7:0.4	15±7.0	14± 4.3	13± 3.1	12± 2.2

a) strain 223 = sensitive, strain 1033 = intermediate resistant, strain 5 and 13 = totally resistant against phenylamides
b) means with standard deviation of four experiments

TABLE 2:

Level of interaction (R) of fungicide mixtures tested against *P. infestans* strains *in vitro*, calculated according to Wadley (1967)

compounds[a)]	level of interaction[b)] against *P. infestans* strains			
	223	1033	5	13
A:B = 1:7	2.4	2.7	0.7[c)]	0.7[c)]
A:C = 1:0.4	1.2	1.2	2.3[c)]	1.8[c)]
B:C = 7:0.4	2.3	2.3	1.8	1.8
A:B:C = 1:7:0.4	2.0	2.0	1.8	2.0

a) A = oxadixyl B = mancozeb C = cymoxanil
b) $R \geq 1.5$ = synergism, $1.5 > R > 0.5$ = addition and $R \leq 0.5$ = antagonism
c) Significant differences between values of different strains are given only, if more than 0.5

REFERENCES

Gisi, U.; Harr, J.; Sandmeier, R.; Wiedmer, H. (1983) A new systemic oxazolidinone fungicide (SAN 371 F) against diseases caused by peronosporales. Mededelingen Faculteit Landbouwwetenschappen Rijksuniversiteit Gent, 48, 541-550.

Gisi, U.; Binder, H.; Rimbach, E. (1985) Synergistic interactions of fungicides with different modes of action. Transactions of the British Mycological Society, 85, (in press).

Levy, Y.; Strizyk, S. (1984) Une modélisation du développement de souches résistantes au fongicides systémiques compte-tenu du mode d'application, de l'adaptabilité génétique du champignon et de la synergie entre fongicides. Bulletin OEPP/EPPO Bulletin, 15 (3) (in press).

Wadley, F.M. (1967) Experimental statistics in entomology. Graduate School Press, USDA, Washington, 133 pp.

D4

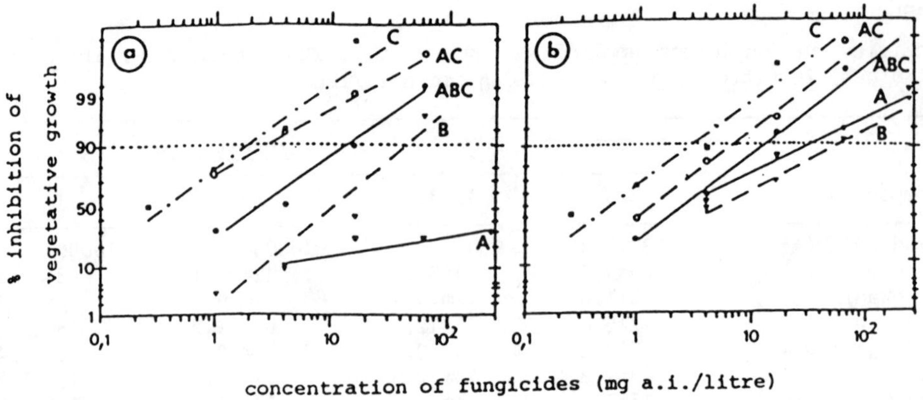

Figure 1:
Dose responses of different <u>Phytophthora infestans</u> strains; strain 5 = resistant (graph a), strain 223 = sensitive (graph b) against phenylamide fungicides. Mycelial growth inhibition of oxadixyl (A,▽), mancozeb (B,▼), cymoxanil (C,■)and the mixtures A:C = 1:0.4 (AC, ○) and A:B:C = 1:7:0.4 (ABC, ●), tested on rye-decoction-agar.

UTILISATION DE FONGICIDES À INTERACTIONS SYNERGIQUES DANS LA PRÉVENTION DE LA RÉSISTANCE AUX PHÉNYLAMIDES CHEZ PHYTOPHTHORA

Trois fongicides aux modes d'action différents (oxadixyl, mancozèbe et cymoxanil), ainsi que leurs mélanges ont été testés, <u>in vitro</u>, sur quatre souches de <u>Phytophthora infestans.</u> Les souches différaient uniquement par leur sensibilité à l'oxadixyl. Tous les mélanges de fongicides se sont révélés très efficaces contre les souches, sensibles et résistantes. Les mélanges contenant du cymoxanil étaient les plus performants et montrèrent des rapports de synergie aussi bons sur les souches sensibles que sur les souches résistantes. Les résultats mettent l'accent sur les avantages des mélanges de fongicides: non seulement l'on obtient un spectre d'activité élargi, mais en plus on accroît le niveau d'activité contre les souches sensibles et les souches résistantes des champignons visés.

PRESENT SITUATION OF RESISTANCE TO FUNGICIDES IN ITALIAN VINEYARDS

M.L. GULLINO, A. GARIBALDI

Istituto di Patologia vegetale, Università di Torino, Torino, Italy

ABSTRACT

The results of monitoring programmes carried out in vineyards localized in Northern Italy in order to detect the presence of strains of Plasmopara viticola resistant to acylalanines and of Botrytis cinerea resistant to benzimidazoles and dicarboximides are discussed. While resistance to acylalanines in P.viticola was not detected in the monitored vineyards during 1983 and 1984, in the case of B.cinerea benzimidazole resistant strains are present in almost all the tested vineyards. A high percentage (varying between 20 and 40) of bunches carried benzimidazole-resistant conidia. In the case of dicarboximides, resistant strains were detected in 36, 27, 49, 21% of the tested vineyards during the period 1981-1984 only on a very low percentage of bunches, varying between 0.13 and 0.40%.

INTRODUCTION

The choice and use of fungicides for the control of grapevine diseases has become complicated by the appearance of strains of some pathogens (Botrytis cinerea, Plasmopara viticola) resistant to compounds recently introduced on the market (Garibaldi & Gullino 1984). This paper presents the results of a monitoring programme carried out in vineyards located in Northern Italy in order to detect the presence of resistance to benzimidazoles and dicarboximides in B.cinerea and to acylalanines in P. viticola.

MATERIALS AND METHODS

Monitoring of resistance in P. viticola

The monitoring for resistance to acylalanines was carried out during 1983 and 1984 in 20 vineyards where these fungicides had been used previously. The methods used are those described by Schwinn and Sozzi (1982).

Grape plants, in an experimental and isolated vineyard, were also sprayed with metalaxil at the recommended rates and inoculated with zoospores suspensions prepared from infected leaves sampled in different vineyards.

Monitoring of resistance in B. cinerea

Monitoring for resistance to benzimidazoles and dicarboximides started in 1981 and continued through 1984 in vineyards treated previously with dicarboximides. The methods used have been already described (Gullino & Garibaldi 1984).

Work partially carried out with a grant from Ministero Pubblica Istruzione (40%).

RESULTS

Resistance to acylalanines in P.viticola was not detected in the tested vineyards during 1983 and 1984: the inoculated pathogen did not grow on leaf disks treated with metalaxyl, neither on grape plants sprayed with the fungicide and artificially inoculated.

In the case of B.cinerea, resistance to benzimidazoles has been detected in almost all the vineyards monitored; 40, 35 and 21% of the tested bunches carried a large percentage of resistant conidia during 1981, 1982 and 1983, respectively (Table 1).

In the case of dicarboximides, resistant strains were detected in 36, 27, 49 and 21% of the tested vineyards during the period 1981-1984. By considering the total amount of bunches tested, only 0.13, 0.22, 0.40 and 0.26% of them carried dicarboximide-resistant conidia during 1981, 1982, 1983 and 1984 (Table 1).It must be underlined that, in the case of this group of fungicides, only a low percentage (<10%) of the conidia present on the bunches on which resistance was detected is resistant. Only strains showing a low--medium level of resistance were isolated. This fact explain why dicarboximides continue to perform very well in the field in Piedmont (Northern Italy), as also shown by the results obtained in experimental trials (Table 2).

DISCUSSION

The present status of fungicide resistance in Italian vineyards appears quite reassuring. In fact no resistance to acylalanines in P.viticola has been detected: this phenomenon can be easily explained by the fact that in our country this group of compounds started to be used only in 1981. At this time companies and officials were ready to give to the growers many recommendations derived from the experience acquired in other countries. For this reason, in Italy, acylalanines are used always in mixture with protectant fungicides (i.e. copper derivatives, folpet, mancozeb) in a limited number (2-3) of sprays per year and the growers are advised to avoid their use as curative compounds and in nurseries.

In the case of gray mould, benzimidazole-resistant strains of B.cinerea are present in almost all the tested vineyards: the incidence of resistance, although quite high, is lower in comparison to that observed in other countries where a higher percentage of the bunches carries benzimidazole-resistant conidia (Leroux & Gredt 1981). Benzimidazoles are still sprayed 1-2 times a year in Italy by some grape growers, mainly in alternation with other fungicides because they are still partially active against B.cinerea on grape (Garibaldi et al. 1982).

The situation of resistance to dicarboximides on grape in Italy is certainly not dramatic if compared to that reported in France (Leroux & Besselat 1984) and Germany (Lorenz D.H., personal communication). While in these

TABLE 1

Resistance to fungicides in B.cinerea: results of a monitoring programme carried out during 1981-1984

	YEAR			
	1981	1982	1983	1984
Number of vineyards monitored (*)	11	33	45	57
Percentage of bunches carrying benzimidazole-resistant conidia	40.00	35.00	21.00	n.t.
Percentage of bunches carrying dicarboximide-resistant conidia	0.13	0.22	0.40	0.26

(*) A number of bunches varying between 30 and 100 was tested in each vineyard.

n.t. = not tested

TABLE 2

Effectiveness of dicarboximides against grey mould of grapes during 1981, 1983, 1984 (cv. 'Moscato d'Asti')

Fungicide	Time of application(*)	% Efficacy 1981	1983	1984
Vinclozolin (0.75 Kg/ha a.i.)	ABCD	--	94.3	--
Vinclozolin (0.75 Kg/ha a.i.)	BCD	99.78	95.6	98.9
Vinclozolin	BC	98.72	--	95.5

(*) A: end of flowering; B: touching of berries: C: changing of colour, D: 25 days before harvesting countries a high percentage of the population of the pathogen is resistant, in Italy resistant strains occur at a very low frequency and the great majority of B.cinerea population is still sensitive to these fungicides. This favorable situation might be explained by the reduced use of these compounds in Italy in comparison to other areas (i.e. the region of Champagne, in France) where dicarboximides have been sprayed 5-6 times per season.

REFERENCES

Garibaldi, A.; Gullino M.L.; Morando, A. (1982) Ulteriori ricerche su programmi alternativi di lotta chimica contro la muffa grigia della vite. Notiziario sulle Malattie delle Piante suppl. vol. 103 (III s., 30), 159-164.

Garibaldi, A.; Gullino, M.L. (1984) Problemi posti alla difesa del vigneto dalla resistenza dei patogeni ad alcuni fungicidi. Atti dell'Accademia di Agricoltura di Torino (in press).

Gullino M.L., Garibaldi, A. (1984) Resistance of Botrytis cinerea Pers. to benzimidazoles and dicarboximides: present situation on grape in Italy. EPPO Bulletin (in press).

Leroux, P.; Besselat, B. (1984) Pourriture grise: la résistance aux fongicides de Botrytis cinerea. Phytoma 359, 25-31.

Leroux, P.; Gredt, M. (1981) Méthode de détection de la résistance de Botrytis cinerea Pers. aux fongicides à partir d'échantillons preélevés dans la vignoble. Phytiatrie-Phytopharmacie 30, 57-68.

Schwinn, F.; Sozzi, D. (1982) Method for fungicides resistance in downy mildew of grape vines. F.A.O. Plant Protection Bulletin 30, 67-68.

SITUATION ACTUELLE DE LA RESISTANCE AUX FONGICIDES DANS LES VIGNOBLES ITALIENS

On décrit les résultats des programmes d'études entrepris dans des vignobles situés dans le nord de l'Italie afin de détecter la présence de souches de Plasmopara viticola résistantes aux phénylamides et de Botrytis cinerea résistantes aux benzimidazoles et aux dicarboximides. Alors que la résistance de P. viticola aux phénylamides n'a jamais été décrite dans les vignobles étudiés entre 1983 et 1984, des souches de B. cinerea résistantes aux benzimidazoles sont présentes dans presque tous les vignobles étudiés. Un fort pourcentage (variant de 20 à 40) de grappes portait des conidies résistantes aux benzimidazoles. Dans le cas des dicarboximides, des souches résistantes ont été détéctées dans 36%, 27%, 49% et 21% des vignobles testés pendant la période 1981-1984, mais seulement sur un très faible pourcentage des grappes, variant de 0,13 à 0,40%

SENSITIVITY OF BENZIMIDAZOLE-RESISTANT *VENTURIA NASHICOLA* TO *N*-PHENYLCARBAMATES *IN VITRO* AND ITS INHERITANCE

H. ISHII, H. YANASE

Fruit Tree Research Station, Yatabe, Tsukuba, Ibaraki 305, Japan

J. DEKKER

Department of Phytopathology, Agricultural University, Wageningen, The Netherlands

ABSTRACT

In *Venturia nashicola*, isolates with high resistance to carbendazim showed a negatively correlated cross-resistance *in vitro* to both methyl *N*-(3,5-dichlorophenyl)carbamate (MDPC) and isopropyl *N*-(3,4-diethoxyphenyl)carbamate. The effect of these *N*-phenylcarbamates on the intermediately resistant and weakly resistant isolates was as low as that on the sensitive isolates. Inheritance of the sensitivity to MDPC was demonstrated. Ascospore analysis suggested that the sensitivity to MDPC is due to the allelic mutation in a single gene.

INTRODUCTION

Scab (*Venturia nashicola*) is a major disease of Japanese pear. At present, strains of *V. nashicola* resistant to benzimidazole fungicides are widely distributed in Japan. The authors have previously reported that the resistant strains persisted at high frequency for at least five years after removal of the selection pressure (Ishii *et al*. 1985). To cope with fungicide resistance, the use of chemicals to which the resistant strains show a negatively correlated cross-resistance seems to be a promising measure in the future (De Waard 1984). Kato *et al*. (1984 & 1985) found that benzimidazole-resistant strains of *Botrytis cinerea*, *V. nashicola* and some others displayed a negatively correlated cross-resistance to some *N*-phenylcarbamates such as methyl *N*-(3,5-dichlorophenyl)carbamate (MDPC) and isopropyl *N*-(3,4-diethoxyphenyl)carbamate.

In order to obtain information about the mechanism of resistance, the *in vitro* sensitivity of benzimidazole-resistant *V. nashicola* to *N*-phenylcarbamates and inheritance of the sensitivity was examined. A part of this work was done at Department of Phytopathology, Agricultural University, Wageningen under permission from Plant Protection Service of The Netherlands.

MATERIALS AND METHODS

Isolation of the fungus, sensitivity tests of isolates to the chemicals and cross experiments were carried out as described before (Ishii *et al*. 1984). Carbendazim was kindly supplied by Du Pont Japan Ltd., Tokyo. MDPC and isopropyl *N*-(3,4-diethoxyphenyl)carbamate were synthesized by the methods of Kato *et al*. (1982 & 1983).

RESULTS

Sensitivity to N-phenylcarbamates

The frequency distribution of sensitivity to carbendazim, MDPC and isopropyl *N*-(3,4-diethoxyphenyl)carbamate is shown in Fig. 1. Based on the difference in sensitivity to carbendazim, isolates are divided into four groups as follows: highly resistant, MIC > 100 ppm; intermediately resistant, 100 ppm ≧ MIC > 10 ppm; weakly resistant, 10 ppm ≧ MIC > 1 ppm; sensitive, 1 ppm ≧ MIC. Mycelial growth of highly carbendazim-resistant isolates was more strongly inhibited by MDPC than that of intermediately resistant, weakly resistant and sensitive isolates. Similar results were also obtained in experiment with isopropyl *N*-(3,4-diethoxyphenyl)carbamate. There was a high correlation in the sensitivity to both MDPC and isopropyl *N*-(3,4-diethoxyphenyl)carbamate.

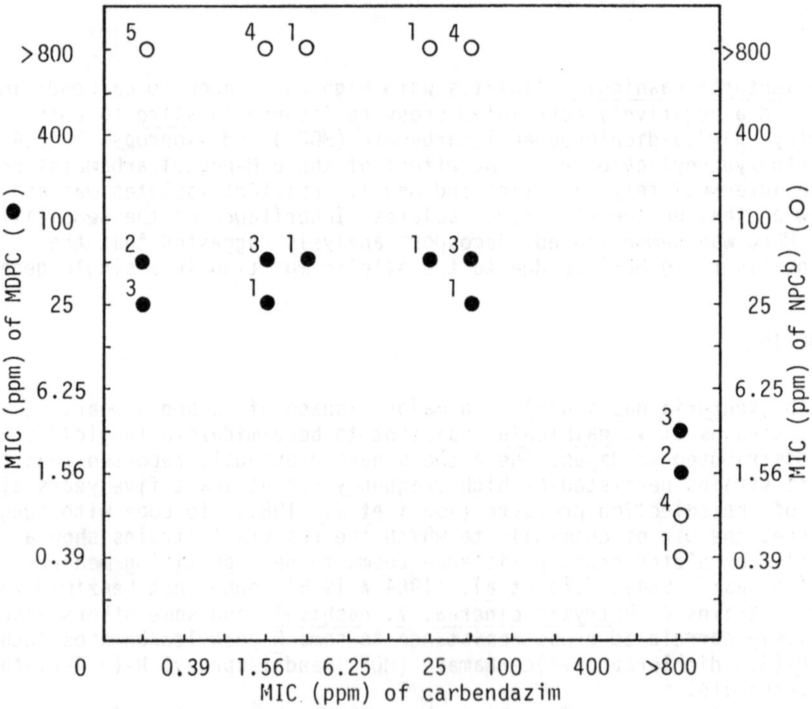

Fig. 1. Sensitivity distribution of *Venturia nashicola* to carbendazim, MDPC and NPC[a])

a) Number of isolates.

b) isopropyl *N*-(3,4-diethoxyphenyl)carbamate.

Inheritance of the sensitivity to N-phenylcarbamates

Isolates used for the crosses each differed in their sensitivity to MDPC as follows: resistant, grew at 10 ppm; sensitive, grew at 1 ppm, but did not at 10 ppm. The parental MDPC-sensitive isolates were highly resistant to carbendazim. On the other hand, the parental MDPC-resistant isolates were sensitive to carbendazim. As Table 1 shows, the sensitivity to MDPC was clearly heritable. A segregation ratio 1:1 was obtained from the cross between MDPC-resistant isolate and the sensitive one. In an allelism test, no sensitive progeny appeared from the cross between two resistant isolates, and no resistant progeny resulted from the cross between two sensitive isolates.

TABLE 1

Random ascospore analysis of crosses between MDPC-sensitive (S) and resistant (R) isolates of *Venturia nashicola*

Cross	Number of progenies S	Number of progenies R	Chi-square values (1:1)[a]
S X R (JS-135) (JS-115)	47	53	0.36
S X S (JS-111) (JS-140)	100	0	
R X R (CS - 1) (CS -11)	0	100	

[a] Expected value at *P*=0.05 is 3.84.

DISCUSSION

At present, benzimidazoles are generally considered to inhibit microtubule assembly, leading to interference with a great number of processes in which microtubules are involved, like nuclear and cellular division (Davidse 1982). With regard to the biological activity of *N*-phenylcarbamates, several reports were presented. As White mentioned (1981), the growth of slime mould *Dictyostelium discoideum* was prevented by the anti-mitotic herbicide isopropyl *N*-(3-chlorophenyl)carbamate (CIPC). In *B. cinerea*, mitosis was arrested by MDPC in a benzimidazole-resistant isolate, but not in the sensitive one (Suzuki *et al*. 1984). In this way, resemblance was noticed in the mode of action between benzimidazoles and *N*-phenylcarbamates. Therefore, the authors examined the *in vitro* sensitivity of benzimidazole-resistant *V. nashicola* to *N*-phenylcarbamates. As a result, the isolates with high resistance to benzimidazoles showed a negatively correlated cross-resistance to both MDPC and isopropyl *N*-(3,4-diethoxyphenyl)carbamate. However, the effect of these *N*-phenylcarbamate compounds on the intermediately resistant and weakly resistant isolates was as low as that on the sensitive isolates. The change in the site of action of benzimidazoles, responsible for high resistance might be somewhat different from that for intermediate or weak resistance.

In *V. nashicola*, three different levels of resistance to benzimidazoles each appeared to be controlled by one of the multiple alleles at the same locus (Ishii *et al*. 1984). The data in Table 1 clearly demonstrated inheritance of the sensitivity to MDPC. Progeny segregation of the cross between a MDPC-sensitive isolate and a resistant one coincided with a 1:1 ratio, indicating that the sensitivity to MDPC is under control of a major gene. Results from the other crosses suggested that the sensitivity to MDPC is due to the allelic mutation in a single gene. In order to elucidate the genetic basis of the negatively correlated cross-resistance between benzimidazoles and *N*-phenylcarbamates, further studies will be carried out.
Contribution No.: Fruit Tree Res. Stn., A-179.

REFERENCES

Davidse, L. C. (1982) Benzimidazole compounds: selectivity and resistance. In: Fungicide resistance in crop protection J. Dekker and S. G. Georgopoulos (Eds), Centre for Agricultural Publishing and Documentation, Wageningen, pp. 60-70.

De Waard, M. A. (1984) Negatively correlated cross-resistance and synergism as strategies in coping with fungicide resistance. Proceedings of 1984 British Crop Protection Conference - Pests and Diseases 2, 573-584.

Ishii, H.; Yanase, H.; Dekker, J. (1984) Resistance of *Venturia nashicola* to benzimidazole fungicides. Mededelingen van de Faculteit Landbouwwetenschappen Rijksuniversiteit Gent 49/2a, 163-172.

Ishii, H.; Udagawa, H.; Yanase, H.; Yamaguchi, A. (1985) Resistance of *Venturia nashicola* to thiophanate-methyl and benomyl: build-up and decline of resistance in the field. Plant Pathology 34, In press.

Kato, T.; Takahashi, J.; Kamoshita, K. (1982) Japan Kokai Tokkyo Koho (A)57-80309.

Kato, T.; Suzuki. K.; Takahashi, J. Kamoshita, K. (1984) Negatively correlated cross-resistance between benzimidazole fungicides and methyl *N*-(3,5-dichlorophenyl)carbamate. Journal of Pesticide Science 9, 489-495.

Kato, T.; Nakamura, S.; Yamamoto, S.; Takahashi, J.; Noguchi, Y.; Kamoshita, K. (1985) Negatively correlated cross-resistance of benzimidazole-resistant isolates to S-165. (1) antifungal activity and control effect to benzimidazole-resistant isolates. Abstracts of the 10th annual meeting of the Pesticide Science Society of Japan, 108.

Noguchi, Y.; Kato, T.; Takahashi, J.; Ishiguri, Y.; Yamamoto, S; Kamoshita, K. (1983) Japan Kokai Tokkyo Koho (A) 58-74652.

Suzuki, K.; Kato, T.; Takahashi, J.; Kamoshita, K. (1984) Mode of action of methyl *N*-(3,5-dichlorophenyl)carbamate in the benzimidazole-resistant isolates of *Botrytis cinerea*. Journal of Pesticide Science 9, 497-501.

White, E.; Scandella, D.; Katz, E. R. (1981) Inhibition by CIPC of mitosis and development in *Dictyostelium discoideum* and the isolation of CIPC-resistant mutants. Developmental Genetics 2, 99-111.

ISHII, YANASE & DEKKER

SENSIBILITE DE *VENTURIA NASHICOLA*, RESISTANT AUX BENZIMIDAZOLES, A DES TRAITEMENTS AUX *N*-PHENYLCARBAMATES *IN VITRO* ET SON HEREDITE

Les isolats de *Venturia nashicola* à haute résistance au carbendazime montrent une résistance croisée à corrélation négative *in vitro* envers le méthyl *N*-(3,5-dichlorophényl)carbamate (MDPC) et l'isopropyl *N*-(3,4-diéthoxyphényl)carbamate. L'effet de ces *N*-phénylcarbamates sur les isolats à résistances intermédiaire et faible est aussi peu important que sur les isolats sensibles. L'hérédité de la sensibilité au MDPC est démontrée. L'analyse des ascospores suggère que la sensibilité au MDPC est due à une mutation allélique sur un gène unique.

INFLUENCE DIFFERENTIELLE DE LA TEMPERATURE SUR LA GERMINATION DES SPOROCYSTES ET LA SPOROLATION DES SOUCHES DE *Plasmopara viticola* SENSIBLES ET RESISTANTES AUX PHENYLAMIDES.

Barbara PIGANEAU

Produits SANDOZ, BORDEAUX.

M. CLERJEAU

INRA - Centre de Recherches de Bordeaux - Station de Pathologie végétale - 33140 PONT DE LA MAYE.

ABSTRACT

Temperature is a differential factor for the development of metalaxyl resistant (R) and sensitive (S) strains : sporocyst germination, sporulation and competitiveness of S strains are higher than of R ones in warm conditions. On the opposite, R strains are stimulated by cold conditions. These results are discussed according two aspects : the expected evolution of R strains in vineyards and treatments strategies.

INTRODUCTION

Depuis l'apparition en 1981, dans le vignoble français, de populations de *Plasmopara viticola* résistantes aux anilides ou phenylamides (Clerjeau et Simone 1982), une surveillance du développement de ces souches dans le vignoble a été entreprise. Celle-ci a permis de montrer une tendance à la régression des souches résistantes, à partir de 1983 dans les régions méditerranéennes puis en 1984 dans le Sud-Ouest et le Val de Loire (Moreau et al. 1984). Il est apparu important de connaître les facteurs responsables du phénomène afin de mieux évaluer les risques liés à l'utilisation des produits. Pour cela, une étude comparée de l'action de quelques paramètres climatiques sur la biologie des souches résistantes (R) et sensibles (S) a été réalisée. Le travail présenté constitue une étude de l'influence de la température sur la germination des sporocystes, le taux de sporulation et la compétitivité de plusieurs souches R et S. Le facteur thermique a retenu notre attention à la suite du constat que les souches R sont rares dans les régions à climatologie chaude et que l'inoculation de ces souches, au vignoble, sous brumisation, est particulièrement difficile lors des périodes estivales à température élevée.

MATERIEL ET METHODES

Matériel fongique

9 populations S et 10 populations R provenant de diverses régions viticoles françaises ont été utilisées séparément ainsi que 10 clones (5 R et 5 S) homocaryotiques issus de ces populations par plusieurs repiquages monoconidiens successifs. L'intérêt de ces clones, génétiquement homogènes, est d'améliorer la reproductibilité des résultats (Li et al., 1985).

Etude de la germination des sporocystes.

Les sporocystes de chaque souche ont été mis en suspension dans de l' eau permutée portée au préalable, en étuves, aux différentes températures étudiées. Les suspensions, placées en tubes de 5 ml, à la concentration de 50 000 sporocystes par ml, ont été replacées en enceintes thermostatées durant 2 heures avant d'être colorées par une goutte de bleu coton. 100 sporanges de chaque suspension ont été observées au microscope pour déterminer le pourcentage de germination.

Etude de la sporulation des souches.

Pour l'étude de la sporulation ou de la compétitivité des souches, les sporocystes ont été inoculés sur des disques de feuilles maintenus en survie en chambres humides (Clerjeau et Simone, 1982) à raison de 1000 sporocystes par disque, en suspension dans 20 µl d'eau permutée. 10 disques par souche et par température ont été utilisés. Les sporulations ont été notées entre 0 et 10 après 7 à 14 jours d'incubation selon les conditions thermiques. Dans le cas d'inoculations mixtes de souches R et S, la fréquence des souches R après sporulation a été appréciée par une méthode déjà décrite (Clerjeau et al. 1984).

RESULTATS

Influence comparée de la température sur la germination de sporocystes R et S.

L'analyse des résultats obtenus, résumés dans la figure 1, montre que le pourcentage de germination des sporocystes aux températures optimales (voisines de 20° C) est comparable chez les deux types de souches.

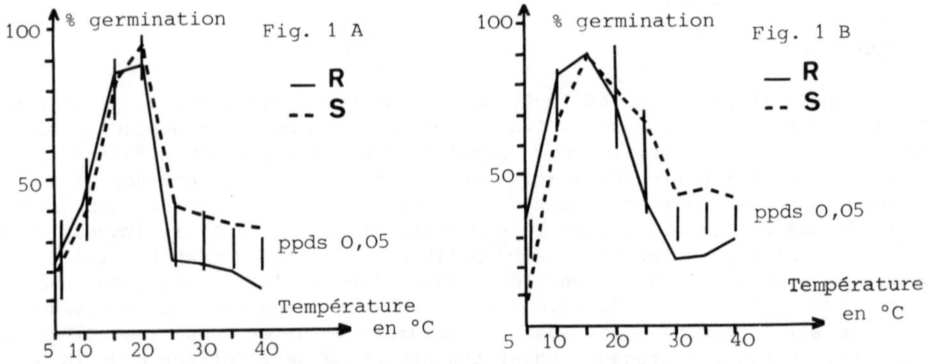

Figure 1 : Pourcentages moyens de germination des sporocystes en fonction de la température, chez 10 populations R et 9 populations S (Fig.1A) ainsi que chez 5 clones S et 5 clones R (Fig. 1B).

En revanche, les sporocystes des populations S germent mieux aux températures supérieures à 25° C (différences significatives à 35° C, hautement significatives à 40° C). Le même type de comportement est observé chez les clones (différences significatives dès 30° C). Inversement, à la température de 5°C la germination des clones R est très significativement supérieure.

Influence comparée de la température sur la sporulation moyenne de 5 clones R et 5 clones S.

La contamination de disques de feuilles placés dans différentes conditions de températures constantes ou alternées a permis de révéler des exigences thermiques différentes chez les souches R et S (Tableau 1). Ces différences s'expriment dans les gammes de températures peu favorables à la sporulation.

Ainsi, les températures basses (15° C constants ; alternance 10°C - 22°C) permettent une sporulation significativement plus abondante des clones R. Inversement, les températures élevées (alternance 30° C - 22° C) sont plus favorables à la sporulation des souches S. L'absence de différence significative entre clones R et S en conditions de température constante 30°C, s'explique probablement par la grande hétérogénéité des réponses entre disques à cette température limite pour la sporulation.

TABLEAU 1

Influence de la température sur le taux de sporulation moyen de 5 clones R et 5 clones S (moyenne des taux de sporulation/10).

	Températures constantes				Températures alternées			
	15°C	20°C	25°C	30°C	10°C-2J 22°C-7J	15°C-7J 22°C-2J	15°C-2J 22°C-7J	30°C-2J 22°C-7J
Nbre de répétitions dans le temps	3	2	2	1	2	1	1	4
Clones R	1,8	4,3	4,1	0,3	2,1	3,7	4,4	1,4
Clones S	0,8	3,8	3,9	0,24	0,25	3,3	4,1	2,2
Test de student	**	NS	NS	NS	*	NS	NS	*
Interprétation des résultats	R > S		R = S		R > S	R = S		S > R

** Hautement significatif (seuil 1 p. cent) * Significatif (seuil 5 p. cent)
NS Non significatif

<u>Influence comparée de la température sur la compétitivité de 2 clones R et de 2 clones S.</u>

A partir de 2 clones R ou S choisis pour leur niveau d'agressivité différent (1 clone très sporulant et 1 clone peu sporulant pour chaque type de souche), des suspensions mixtes R + S de sporocystes ont été réalisées de façon à ce que pour chacune des 4 combinaisons possibles, la fréquence des clones R soit égale à 10 p. cent. Chaque couple de souches à subi plusieurs repiquages successifs sur disques de feuilles dans 2 conditions de température (20°C constants ; 30°C durant 2 jours puis 22°C durant 6 jours). L'évolution du taux de souches R dans les mélanges a été suivie au fur et à mesure des cycles de multiplication. Les résultats obtenus, résumés dans la figure 2 montrent que :

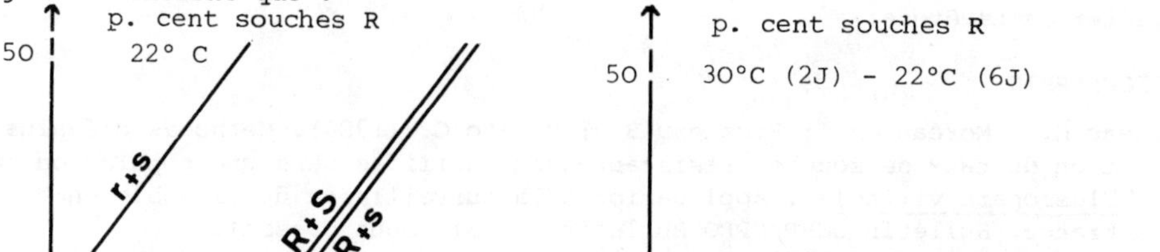

Figure 2 : Evolution dans le temps de la fréquence de souches résistantes inoculées en mélange avec des souches sensibles dans la proportion de 10 p. 100 dans 2 conditions de température (R ou S = souches très sporulantes ; r ou s = souches peu sporulantes).

- à 20°C constants, la fréquence des souches R s'élève progressivement à l'exclusion du cas où se trouvent confrontées 1 souche R peu agressive et 1 souche S très agressive,
- lorsque la température de 30°C s'exerce durant 2 jours au cours d'un cycle de 8 jours (6 jours à 22°c), les souches R ne peuvent plus être détectées parmi les spores produites, dès le troisième repiquage, y compris quand ces souches sont plus agressives que les souches S.

CONCLUSION

Les résultats présentés peuvent permettre, au moins partiellement, d'expliquer l'évolution des souches R dans le vignoble, au cours de ces dernières années en France. Compte tenu du fait que les températures élevées (supérieures à 30°C) semblent plus propices au développement des souches S (germination, sporulation, compétitivité) qu'à celui des souches R, on doit pouvoir considérer que les régions sont d'autant moins exposées au risque de sélection de souches R que leur climat est chaud. La cartographie de la résistance en France confirme cette hypothèse mais sans en apporter de preuve car dans les régions du Sud-Est, les plus chaudes, moins exposées au Mildiou, les traitements à base d'anilides ont été moins nombreux donc moins sélectifs à l'égard des populations R.

L'action différentielle des températures élevées sur les souches R et S justifie a posteriori, les recommandations officielles de ne pas utiliser les anilides sur la Vigne au-delà du stade nouaison. Cette stratégie offre en effet, la possibilité au climat, lors des chaudes périodes des mois de juillet et août, d'exercer une contre-sélection des souches R dans les populations. L'impact de cette contre-sélection doit cependant être variable selon les conditions climatiques particulières de l'année, la pression de maladie ou la fréquence initiale des souches R.

L'effet du rôle favorable des basses températures sur le développement des souches résistantes qui a été mis en évidence est plus difficile à apprécier. On doit pouvoir considérer qu'au printemps cette action du climat vient s'ajouter au rôle sélectif des traitements à base d'anilides.

Il convient par ailleurs de ne pas exclure que d'autres facteurs du milieu (lumière, sécheresse, etc.) puissent conditionner des différences d'aptitudes entre souches R et S. Des essais au vignobles sont engagés pour compléter cette étude.

BIBLIOGRAPHIE

Clerjeau M. ; Moreau Ch. ; Piganeau B. ; Malato G. (1984). Méthodes d'évaluation du taux de souches résistantes aux anilides dans une population de Plasmopara viticola : application à la surveillance du vignoble en France. Bulletin OEPP/EPRO Bulletin 15 (3) (sous presse).

Clerjeau M. ; Simone J. (1982). Apparition en France de souches de Mildiou (Plasmopara viticola) résistantes et sensibles aux fongicides de la famille des anilides. Progrès Agricole et Viticole... 59-61.

Li H. ; Clerjeau M. ; Doazan J.P. (1985). L'hétérocaryose chez Plasmopara viticola : mise en évidence, conséquences agronomiques sur la sélection de variétés de vignes résistantes au Mildiou. 4ème Symp. Intern. de Génétique de la Vigne. Vérona (Italie), 13-18 avril 1985.

Moreau Ch. ; Clerjeau M. ; Malato G. (1984). La résistance du Mildiou aux anilides lors de la campagne 1983. Phytoma. 357, 25-29.

RESISTANCE OF PLASMOPARA VITICOLA TO CYPROFURAM AND METALAXYL

H. ROOS

Institut für Pflanzenkrankheiten der Universität, Nußallee 9, 5300 Bonn 1, BRD

H. BUCHENAUER

Institut für Pflanzenkrankheiten und Pflanzenschutz, Herrenhäuser Str. 2, 3000 Hannover 21, BRD

ABSTRACT

The development of resistance of one metalaxyl-resistant P. viticola isolate (origin: Garônne-district, France) was examined in transfer tests. After seven fungicide free transfers, this isolate showed an increased sensitivity to cyprofuram and metalaxyl. Under the selection pressure of metalaxyl there was a higher resistance development than in the presence of cyprofuram. In the absence of a selection pressure the competitive ability of the resistant isolate was much lower than that of the metalaxyl-sensitive isolate. While cyprofuram distinctly effected sporangia germination of P. viticola at low concentrations, metalaxyl was ineffective. The possibility of a second mode of action of cyprofuram is discussed.

INTRODUCTION

Cyprofuram is a most promising fungicide for the control of Oomycetes. Based on the structural relationship of the acylalanine-derivative metalaxyl and the positive correlated cross resistance between cyprofuram and metalaxyl (Roos + Buchenauer, 1984) it is assumed, that this fungicide primarily influences the RNA-polymerase-activity.

The ability of P. viticola to develop resistance to cyprofuram was investigated in laboratory tests. Under field conditions no indications of resistance development to this fungicide had been detected so far.

MATERIALS AND METHODS

Transfer tests

Cuttings of the grape cultivar "Müller-Thurgau" were grown in a greenhouse. The leaves were removed from the plants one hour before treatment and carefully washed. The leaves were placed upside down in petri dishes (90 mm diam.). The fungicide treatment was performed by floating the leaves on an aqueous solution of sublethal fungicide concentrations. The fungicide solution was poured off and after the abaxial side of the leaves had dried, they were inoculated with a zoospore suspension (ca. 600,000 zoospores/ml; 2 ml/leaf), derived from the metalaxyl-resistant P. viticola isolate (origin: Garônne-district, France). The leaves were incubated at 20 - 25 °C and illuminated for 16 h. Three days after sporulation had started sporangia were washed off and used as inoculum (600,000 zoospores/ml) for the next transfer. After seven transfers the influence of the different application schemes was retested.

Competitive ability

Suspensions of zoospores of the metalaxyl-resistant and the metalaxyl-sensitive isolate of P. viticola were mixed in the relation 50 : 50 and the changes in their ratio retested after three passages.

Sporangia germination

Sporangia of a metalaxyl-sensitive P. viticola isolate were suspended in demineralised water and adjusted to 120,000 sporangia/ml. The fungicides were added and the release rate was determined after 150 min incubation at 20 °C. Only sporangia that released all zoospores were evaluated.

RESULTS

Transfer tests

After seven transfers on fungicide free medium the metalaxyl-resistant P. viticola isolate showed a high sensitivity to cyprofuram and metalaxyl (Fig. 1; AS 1). A similar effect was obtained after alternating applications of cyprofuram and water (AS 2). After repeated metalaxyl application (AS 5) the isolate showed a diminished sensitivity especially to metalaxyl.

Under the permanent selection pressure of cyprofuram (AS 3) the sensitivity to both active ingredients was clearly reduced compared with the application scheme of the control (AS 1). The selection pressure of metalaxyl (repeated, AS 5) and cyprofuram/metalaxyl (alternating, AS 6) produced the highest degree of resistance.

Competition ability

This test indicated that the metalaxyl-resistant P. viticola isolate had a considerably lower competitive ability compared with the metalaxyl-sensitive isolate. After three transfers to fungicide free medium the proportion of resistant strains in the mixture of isolates was reduced such that in the control test the population could be controlled almost completely with cyprofuram and metalaxyl.

In the test scheme AS 2 and AS 3 fungicide concentrations were applied that inhibited the mycelium production of the sensitive isolate, while that of the resistant isolate was not influenced. After three transfers on cyprofuram and metalaxyl amended medium, contrary to the low activity of metalaxyl, cyprofuram showed surprisingly high effectiveness.

Release of zoospores

10 ppm cyprofuram inhibited the sporangia germination in vitro by 21%; at 100 ppm the release of zoospores was inhibited by 93% (table 1). There was no significant difference in the release rate after treatment with 10 and 100 ppm metalaxyl. 500 ppm metalaxyl were necessary to inhibit the germination rate of P. viticola by 83%. In table 1 the effect of cyprofuram and metalaxyl on sporangia germination is compared with that of fosetyl-Al, which has a considerably higher effectiveness.

DISCUSSION

In tests with a metalaxyl-resistant isolate of P. viticola, isolated from the field, it could be demonstrated, that the resistance was not stable in the absence of acylalanines. Bosshard and Schüepp obtained similar results in 1983; they observed a resensitisation of a metalaxyl-resistant strain of P. viticola under field conditions, which was derived from laboratory conditions. Therefore it can be supposed, that the metalaxyl-resistant strains within an isolate are less competitive than the sensitive ones.

Experiments on the competitive ability of the resistant strains compared with the sensitive ones confirmed this hypothesis: after just three acylalanine free transfers the proportion of the resistant strains proved to be reduced such, that low concentrations of cyprofuram and metalaxyl effectively controlled disease incidence.

The selection pressure of metalaxyl did not select cyprofuram-resistant

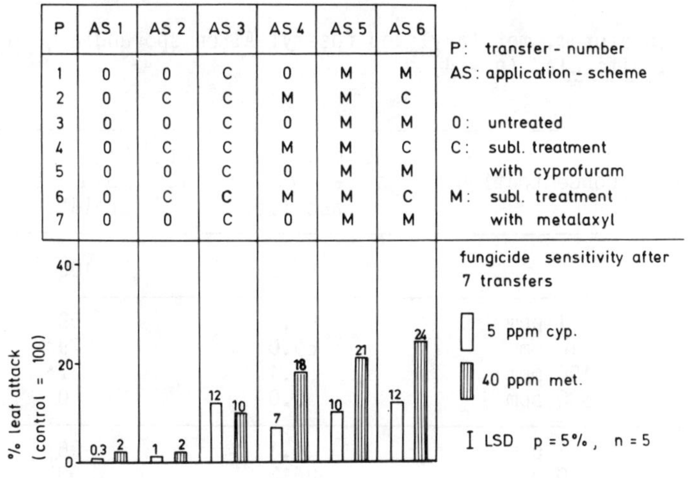

Fig. 1. Sensitivity of one metalaxyl-resistant P. viticola isolate after seven transfers on medium with varying fungicide applications

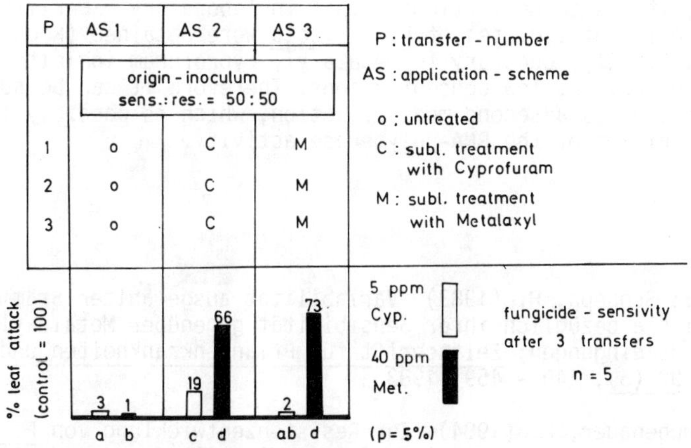

Fig. 2. Competitive ability of one metalaxyl-resistant P. viticola isolate compared to a sensitive isolate

table 1

Effect of cyprofuram, metalaxyl and fosetyl-Al on sporangia germination of P. viticola (n = 4)

fungicide	concentration	germination rate (%) 150 min after fungicide application absolute	relative
control		87.8	100
cyprofuram	1 ppm	86.9	99
	10 ppm	69.0	79*
	100 ppm	6.1	7*
	500 ppm	0.0	0
metalaxyl	1 ppm	84.1	96
	10 ppm	86.2	98
	100 ppm	81.0	93
	500 ppm	14.6	17*
fosetyl-Al	4 ppm	50.8	58*
	40 ppm	0.0	0
	400 ppm	0.0	0
	2000 ppm	0.0	0

strains in the competitive ability test, although there was positive correlated cross resistance between these two active ingredients. Furthermore, it has to be mentioned, that in laboratory experiments no cyprofuram-resistant isolates of P. viticola were obtained (Roos + Buchenauer, 1984). Finally, contrary to metalaxyl, cyprofuram inhibited the germination of sporangia at low concentrations. Therefore it can be supposed, that cyprofuram possesses a second mode of action, which is possibly less specific than the inhibition of the RNA-polymerase-activity.

REFERENCES

Bosshard, E.; Schüepp, H. (1983) Variabilität ausgewählter Stämme von P. viticola bezüglich ihrer Sensibilität gegenüber Metalaxyl unter Freilandbedingungen; Zeitschrift für Pflanzenkrankheiten und Pflanzenschutz 90 (5), 449 - 459, 1983

Roos, H.; Buchenauer, H. (1984) Zur Resistenzentwicklung von P. cactorum und P. viticola gegenüber Cyprofuram; Mitteilungen aus der Biologischen Bundesanstalt für Land- und Forstwirtschaft, Berlin-Dahlem, Heft 223, 210 f, 1984

LA RESISTANCE AU CYPROFURAM ET AU METALAXYL PAR PLASMOPARA VITICOLA

Le développement de la résistance dans le cas d'un isolat de P. viticola résistant au métalaxyl (origine: région de la Garonne) est examiné par des tests de transfert. Après sept transferts sans fongicide, cet isolat montre une sensibilité accrue au cyprofuram et au métalaxyl. Sous la pression de sélection de métalaxyl, on observe un développement de la résistance plus accentué qu'en présence de cyprofuram. En l'absence de pression de sélection, les aptitudes compétitives de l'isolat résistant sont inférieures à celles de l'isolat sensible au métalaxyl. Alors que le cyprofuram affecte nettement la germination de P. viticola aux basses concentrations, le métalaxyl reste inefficace. L'existence possible d'un second mode d'action du cyprofuram est discutée.

PROBLEMS IN PREDICTING THE DEVELOPMENT OF FUNGICIDE RESISTANCE (with specific reference to the dicarboximide group of fungicides)

R.W. SUMMERS
Plant Breeding Institute, Trumpington, Cambridge CB2 2LQ, England

ABSTRACT

The genetic basis and population dynamics of dicarboximide-resistance have been investigated. Genetic analyses of resistant mutants of Neurospora crassa demonstrated that resistance was bestowed by a single gene whose effect could be modified by a number of unknown genes. Surveys of Botrytis cinerea populations demonstrated that isolates with low levels of resistance and good fitness predominated in resistant populations. Predictions concerning the subsequent development of resistance are very difficult because of the complex interactions which exist between resistance genes, modifier genes and the environment. Models which incorporate values for resistance and fitness as fixed values cannot successfully describe the dynamics of dicarboximide resistant isolates, because the characters of resistance and fitness are under selection and therefore not constant.

INTRODUCTION

To ascertain the impact a fungicide will have on a pathogen population it is desirable to determine the variation in sensitivity that exists to the fungicide in the population, the phenotypes of resistant mutants and the biochemical and genetic basis of resistance. It has been suggested that once such data on resistance has been generated, mathematical models can be used to describe the population dynamics of fungicide-resistant mutants (Zadoks, 1982). Several mathematical models which describe the development of resistance in pathogen populations are available (see Skylakakis, 1982, for a review). The models have been useful in assisting the development of strategies of fungicide use which may delay resistance development (Wolfe, 1981,1982). However, they have been less successful at predicting the development of resistance to specific fungicides in pathogen populations. Studies of dicarboximide resistance, using the saprophytic Ascomycete, Neurospora crassa, and the non-obligate parasitic Ascomycete, Botrytis cinerea, as model organisms, highlight the problems which prevent accurate predictions of fungicide resistance development.

MATERIALS AND METHODS

Genetics of dicarboximide resistance

The genetic basis of dicarboximide resistance was investigated using Neurospora crassa. Mutants resistant to the dicarboximide fungicide iprodione at a concentration of 10 μg iprodione ml^{-1} medium (Rovral, 50% w.p.), were derived from a wildtype strain of Neurospora (74-OR23-1A) by U.V. mutagenesis, (see Grindle, 1984 for details). Standard Neurospora techniques (Davis and de Serres, 1970) were used for gene mapping. Mutants were compared to the wildtype for differences in growth rate and fungicide resistance (as described by Grindle, 1984).

Population surveys

Botrytis cinerea (the causal agent of grey mould) populations present in commercial glasshouses, which had different histories of dicarboximide use, were surveyed for the presence of iprodione resistant mutants. Twenty-five to 50 isolates were obtained in each glasshouse from diseased plant material and tested for difference in growth rate, sporulation and fungicide resistance.

Media

Fungal isolates were grown on synthetic minimal medium, MM and enriched medium, CM. Isolates were tested for fungicide resistance on MM containing iprodione (50% Rovral w.p.) Media constituents have been described in detail elsewhere (Grindle, 1984).

In vitro analysis of isolates

Isolates were incubated at 25°C and compared for differences in growth rate on MM, CM and MM supplemented with 0.5 M NaCl and for differences in sporulation on MM. Fungicide resistance was determined as ED_{50} and ED_{95} values (i.e. µg iprodione ml^{-1} MM that reduced radial growth by 50% and 95%).

RESULTS AND DISCUSSION

Genetic studies

After U.V. irradiation a mutation rate for iprodione-sensitivity to iprodione-resistance of 1.125 x 10^5 viable conidia was achieved. Ten mutants, which represented the range of phenotypes obtained, were analysed. Resistance was found to be due to mutation in a single gene. In 8 mutants the resistance gene was found to be allelic with a previously decribed locus, os-1 (Mays, 1969). Table 1 shows the growth rate and fungicide resistance of the 10 mutants.

TABLE 1

Growth rate on synthetic media (increase in colony diam mm 24 hr^{-1}) and resistance to dicarboximide fungicides (ED_{50} µg fungicide ml^{-1} MM) of 10 iprodione resistant mutants and the wildtype 74-OR23-1A of Neurospora

Isolate	Medium			Fungicide	
	MM	CM	MM+0.5M NaCl	Iprodione	Vinclozolin
92	26	21	0	55	90
147*	78	65	0	20	25
60*	78	81	2	90	87
187*	75	74	2	96	110
168*	87	96	4	60	76
189	78	68	10	67	68
224*	87	79	15	12	30
97*	64	61	21	16	7
66*	75	69	30	60	65
183*	78	80	51	10	10
74-OR23-1A	99	110	81	2	1.5

* allelic with os-1

Fungicide resistance appears to be associated with osmotic sensitivity and usually decreased when osmotic sensitivity was reduced. Mutants with resistance genes allelic with os-1 showed considerable variation in their phenotypes. When these mutants were backcrossed to the wildtype, the phenotypic variation was reduced. After four backcrosses, resistant progeny were usually phenotypically similar to os-1 (see Mays, 1969) and were highly resistant (ED_{50} > 50 µg ml^{-1}). This suggests that a number of unknown genes can modify the effect of os-1 alleles, leading to changes in osmotic sensitivity and fungicide resistance.

The survey of Botrytis cinerea populations is summarised in Table 2.

TABLE 2

Proportion of Botrytis isolates resistant to iprodione at a concentration of 5 µg ml^{-1} MM and the proportion of isolates whose ED_{95} values were greater than 10 µg iprodione ml^{-1} MM. Isolates were obtained from glasshouse crops which had received a number of dicarboximide sprays

Number of glasshouse crops surveyed	Number of sprays applied per year	% isolates resistant 5 µg iprodione ml^{-1}	% isolates ED_{95} > 10 µg iprodione ml^{-1}
4	1	0	0
3	5-6	55	8
3	10-15	100	14

The greater the number of sprays applied the larger the proportion of iprodione resistant isolates. Isolates with low levels of resistance were most common in resistant populations. Subsequent in vitro tests demonstrated that these isolates were similar to sensitive isolates in their osmotic sensitivity, growth rate and sporulation. Isolates with higher levels of resistance were rare, even in glasshouses where intensive spray regimes had been employed. These isolates were more osmotically sensitive and had reduced growth rates and sporulation when compared to sensitive isolates in vitro. It is probable that even in the absence of competition, directly after spraying, highly resistant isolates would be unable to cause significant infection because of their reduced fitness. These isolates therefore remained at a low level even in glasshouses which received 10-15 dicarboximide sprays per year. Due to the poor systemicity of the dicarboximides it is likely that even after spraying there will be areas of the crop which receive a low dose of fungicide. Isolates with low levels of resistance could survive in these areas until the overall concentration of fungicide had fallen.

The data obtained from these studies provide the parameters required to use the available models to describe the dynamics of dicarboximide-resistance. The models assume that the values for fitness and fungicide resistance are constant. If these assumptions were correct, such models would be able to give information about the relative progress of the sensitive and resistant pathogen populations in the presence and absence of a dicarboximide fungicide. The studies have demonstrated however that fitness and fungicide resistance are dynamic characters. Most important, selection within the resistant population for increased fitness will take place continuously, and may depend on modifier genes whose effects are difficult to predict. Modelling cannot hope to describe such selection, which can only be followed by the careful surveying of pathogen populations.

ACKNOWLEDGEMENTS

The work was carried out whilst I held a SERC-CASE postgraduate studentship at the University of Sheffield and the Research Station of May and Baker Ltd., Ongar, Essex. I am indebted to Dr. M. Grindle and Mr. R.T. Mercer for their advice and encouragement.

REFERENCES

Davis, R.H.; de Serres, F.J. (1970) Genetic and microbiological research techniques for Neurospora crassa. Methods in Enzymology 17, 79-142.

Grindle, M. (1984) Isolation and characterization of vinclozolin resistant mutants of Neurospora crassa. Transactions of the British Mycological Society 82(4), 635-643.

Mays, L.L. (1969) Isolation, characterzation and genetic analysis of osmotic mutants of Neurospora crassa. Genetics 63, 781-794.

Skylakakis, G. (1982) The development and use of models describing outbreaks of resistance to fungicides. Crop Protection 1(3), 249-262.

Wolfe, M.S. (1981) Integrated use of fungicides and host resistance for stable disease control. Philosophical Transactions of the Royal Society, London. B295, 175-184.

Wolfe, M.S. (1982) Dynamics of the pathogen population in relation to fungicide resistance. In "Fungicide resistance in crop protection". Editors J. Dekker and S.G. Georgopoulos, 139-148.

Zadoks, J.C. (1982) Can we use models describing the population dynamics of fungicide-resistant strains? In Fungicide resistance in crop protection". Editors J. Dekker and S.G. Georgopoulos, 149-160.

PROBLEMES DE PREVISION DU DEVELOPPEMENT DE LA RESISTANCE AUX FONGICIDES (CAS DES IMIDES CYCLIQUES)

Une étude a été faite de la base génétique de la résistance aux imides cycliques, ainsi que de la dynamique des populations de souches résistantes. L'analyse génétique de la résistance chez des mutants de Neurospora crassa a prouvé que celle-ci est sous contrôle mongénique, modifié toutefois par l'effet d'autre gènes. L'étude des populations de Botrytis cinerea a mis en évidence une prédominance, dans les populations résistantes, de souches faiblement résistantes mais bien adaptées. L'évolution au sein de telles populations est difficile a prévoir, compte tenu des interactions complex qui existent entre les gènes de résistance, les gènes modificateurs, et l'environnement. Il ne suffit pas, dans une modélisation, d'incorporer des valeurs fixes pour la résistance et l'adaptabilité des souches résistantes aux imides cycliques puisque ces caractères, étant eux-mêmes soumis à une sélection génétique, sont par conséquent variables.

MONITORING RESPONSES OF PATHOGEN POPULATIONS

M.S. WOLFE
Plant Breeding Institute, Trumpington, Cambridge CB2 2LQ, England

ABSTRACT

Continuous and large-scale monitoring of pathogen populations is essential for providing the information necessary for management of fungicides and host resistance in agriculture. A range of monitoring techniques has been established for this purpose with barley powdery mildew in the UK. They have shown the increase in pathogen insensitivity to triazole generally in the country associated with their increased usage. Where such usage has been relaxed, such as in Scotland in 1983-84, there was a tendency for the population to revert towards greater sensitivity. However, the pathogen population in Scotland now shows some response to other fungicides being used in that area.
Evidence is also accumulating to show the range of interactions that can occur between fungicide insensitivity and host pathogenicity characters. These may be largely the result of linkage disequilibria in the population rather than of direct interactions between the characters involved.

INTRODUCTION

Pathogens such as Erysiphe graminis f. sp. hordei, causing powdery mildew of barley, respond rapidly to the widespread use of resistant varieties and fungicides. Control of such responses depends to a large extent on appropriate management of varieties and fungicides in agriculture. However, to determine the best forms of management, it is necessary to know the range of pathogen variation corresponding to each variety or fungicide, and the population biology of the organism, which can dictate the scale and rate of response.

An effective way of providing the necessary information is by continuous large-scale monitoring of the pathogen population. This approach has been evolving at the Plant Breeding Institute during the last quarter century; this paper describes some of the current techniques, the results obtained, and pointers towards improved management.

MATERIALS AND METHODS

Static nurseries

Static nurseries are used mainly to obtain basic information about the biology of the pathogen during the course of the year. Since July, 1983, healthy barley seedlings have been exposed each week on the roof of a high building in the centre of Cambridge. The roof height is approximately 30 m and the building is at least 3 km from the nearest barley crop.

The seedlings are in three groups: one set of 60 seedlings of the mildew susceptible variety, Golden Promise, one set of the same variety grown from seed treated with different doses of triadimenol, and one set of differential varieties, covering all of the major resistance genes currently in common use in Europe. However, only the set of untreated seedlings of Golden Promise has been exposed regularly for the whole period.

After exposure for one week, the seedlings are incubated for a further week under constant conditions (15 h artificial illumination per day, 14 C constant temperature). At the end of this period, infection is assessed by counting the number of viable sporulating colonies on each leaf. This process of incubation and assessment is common to the other methods.

Mobile sampling: the WIST trap

Mobile sampling is used mainly to observe the geographical distribution of variation in the pathogen population and the time course of responses to resistant varieties and fungicides. Since 1981, the air spora has been sampled by means of a wind impaction spore trap mounted on a car roof (Wolfe et al., 1981). In this method the test seedlings are exposed only for brief periods during which the car travels approximately 50 km. The WIST has been used on a repeated 200 km circuit near Cambridge, and on transects from Cambridge to the north of Scotland and other parts of England.

Local surveys: stick sampling

The pathogen population in specific fields or plots is sampled by the mobile nursery method, which has been up-dated by using the stick sampler (Wolfe et al., 1983). The test seedlings are exposed in a wire cage which is dragged through the crop, to dislodge spores. Only a single visit to a site is required, unlike the earlier technique which required one visit to expose the nursery, and a second, several days later, to retrieve it.

Field trials

The field trials were all carried out at the Plant Breeding Institute using standard plots (1.5 m x 3.5 m), each of which was surrounded on all four sides by a guard plot of the same dimensions containing a different species or a completely resistant barley variety.

RESULTS AND DISCUSSION

Static nurseries

From the temporal distribution of colony counts on the untreated seedlings of Golden Promise, there appear to be six phases of change in the pathogen population during the year: i. a population crash in August following harvest of the barley crop; the pathogen then survives largely on volunteer plants, ii. exponential increase during early autumn on emerging winter barley crops, iii. late autumn decline as the average temperature falls, iv. winter survival, v. exponential increase in the spring, both on winter and spring barley crops, vi. maximum epidemic levels in the early summer as each crop reaches its carrying capacity for the disease.

Each phase is important in relation to overall pathogen fitness and each may favour different genotypes. As a consequence, different pathogenicity and fungicide insensitivity characters may be favoured at different stages independently of the resistant varieties and fungicides in use.

Individual pathogenicity and insensitivity characters within the overall population show different profiles of distribution over time. For example, in the spring and summer of 1984, the frequency of pathogenicity for Triumph reached a maximum before that of insensitivity for triadimenol. Indeed, the peak for the latter character was established later than that for the population as a whole. This may be because the early protection of treated fields delayed the pathogen in reaching the disease carrying capacity of those crops, but also increased the potential size of that capacity. If this is so, then the delay in reaching maximum spore production on treated crops could be an advantage for survival of fungicide insensitive genotypes during the abrupt population crash in August.

The epidemic increased faster in the autumn compared with in the spring, which was unexpected. The difference may be due to higher average temperatures in the early autumn, but may also be due to any contribution to population increase from germinating cleistothecia. There are no data available on this key question.

Mobile sampling

Over the past four years, WIST sampling revealed the increase in insensitivity of the pathogen to the triazole fungicides and in pathogenicity to Triumph and related varieties; these changes are described in more detail elsewhere (Wolfe et al., 1984, 1985).

Insensitivity to triazoles increased first in Scotland because of the intensive use of these fungicides, shortly after their introduction, on the large area of susceptible Golden Promise. During the last two years, however, insensitivity has continued to increase in eastern England, but has declined to some extent in Scotland. The difference may be because of the greater diversity of fungicides now used in Scotland, and the increased use of triazoles in England due to the increased susceptibility of Triumph, which was the most widely grown variety in England in the early 1980's.

The diversity of fungicide use in Scotland may also explain the WIST data for 1984 which indicated that the pathogen populations in the north of Scotland were less sensitive both to ethirimol and to tridemorph than the populations in England.

Pathogen variation in response to fenpropimorph is difficult to detect because of variability in the tests. The observed differences in response to tridemorph may reflect variation in response to fenpropimorph, partly because of the relationship between the two fungicides and partly because fenpropimorph is more widely used in Scotland than in England.

Local surveys

The general surveys which were mostly based on analyses of bulk isolates, each represent population samples. Such isolates provide an indication of population structure for little effort, but lack precision in determining interactions among pathogenicity and insensitivity characters. Local surveys, based on the analysis of single colony isolates, have provided valuable confirmation of interactions indicated by the main surveys. For example, earlier surveys showed the positive association between insensitivity to triazoles and pathogenicity for the Mla6 resistance gene. This probably represented a linkage disequilibrium due to the spread of triazole insensitivity from Scotland to England.

More recently, in an intensive survey of a crop of Maris Otter in Suffolk, there was evidence of a negative association between triazole insensitivity and pathogenicity for Triumph (Mla7 plus MlAb). This confirmed the pattern observed in the static survey. It seems unlikely that this relationship will persist since there is likely to be intensive fungicide use on crops of Triumph in 1985, which will select for combined insensitivity and pathogenicity. The Suffolk survey also revealed higher levels of triazole insensitivity than had previously been recorded.

Field trials

Data on infection and yield in field trials were consistent with the increase of triazole insensitivity from 1981 to 1984, and with the observed positive association between insensitivity and pathogenicity for varieties with Mla6 resistance. The reduction in yield loss from triazole treatment decreased markedly from 1982 to 1984, even with the variety Triumph. During this period, the reduction in loss with ethirimol treatment was constant.

In other trials (Wolfe and Barrett, in press, Wolfe and Riggs, 1983), it was found that mixtures of barley varieties with different resistance genes in which only one of the varieties was seed-treated with a fungicide, were as heavy yielding and as little diseased as the mean of the same varieties, all treated, and grown as pure stands. It is considered that this mixture system can provide a highly reliable yield for the farmer, at low cost, and may increase the durability of both the varieties and the fungicides involved.

FUTURE NEEDS

It is important to maintain the present monitoring in order to understand better the population biology of the pathogen in its response to new varieties and fungicides. The application of this knowledge would be more widely useful if the monitoring could be extended to a European basis.

It is also necessary to determine the contribution of cleistothecia in different years and areas to the spread of pathogen variation.

As more fungicides and their combinations become widely used, it will be necessary to monitor for interactions in the pathogen populations, not only in powdery mildew, but in other major organisms exposed directly or incidentally to the compounds.

REFERENCES

Wolfe, M.S.; Barrett, J.A. (1985) Response of plant pathogens and fungicides. Proceedings of the National Academy of Sciences (in press).

Wolfe, M.S.; Riggs, T.J. (1983) Fungicide integrated into host mixtures for disease control. Proceedings of the 10th International Congress of Plant Protection 834.

Wolfe, M.S.; Minchin, P.N.; Slater, S.E. (1981) Annual Report of the Plant Breeding Institute 1980. 92-95.

Wolfe, M.S.; Minchin, P.N.; Slater, S.E. (1983) Annual Report of the Plant Breeding Institute 1982. 92-96.

Wolfe, M.S.; Minchin, P.N.; Slater, S.E. (1985) Annual Report of the Plant Breeding Institute 1984 (in press).

OBSERVATIONS DES RESPONSES DE POPULATIONS DE PATHOGENES

L'observation continue et à grande échelle de populations de pathogènes est essentielle pour l'obtention de l'information nécessaire à la gestion des fongicides et des phénomènes de résistance des plantes-hôtes en agriculture. Une série de techniques d'observation a été établie dans ce but pour l'oïdium de l'orge au Royaume-Uni. Ces techniques ont montré l'augmentation de l'insensibilité aux triazoles généralement associée à une augmentation de leur utilisation dans ce pays. Dans les zones ou l'utilisation a diminué, comme en Ecosse de 1983 à 1984, on a observé une tendance de la population à revenir vers une plus grande sensibilité. Toutefois, le population pathogène en Ecosse montre maintenant une réponse à d'autres fongicides utilisés dans cette zone. D'autre part, les preuves s'accumulent pour montrer la gamme d'interactions pouvant exister entre l'insensibilité aux fongicides et les caractères de pathogénicité vis-à-vis de l'hôte. Ceci pourrait être dû, en grande partie, à des déséquilibres de linkage dans les populations plutôt qu'à des interactions directes entre les caractères mis en jeu.

E.
Fungicide use on cereals
Utilisation de fongicides sur cultures cerealieres

EFFICACITE DU TRIADIMENOL SUR LE PIETIN ECHAUDAGE ET SUR D'AUTRES MALADIES DU PIED DES CEREALES.

N. CAVELIER *, Ph. LUCAS

Station de Pathologie Végétale S.R.I.V.*, I.N.R.A. 35650 - Le Rheu, France

RESUME

Il n'existe pas actuellement de méthode de lutte chimique efficace contre le piétin échaudage. La seule façon de limiter le développement du parasite est la pratique des rotations. Néanmoins, des résultats positifs ont été obtenus en I983 par Bockus avec le triadiménol en réduisant les infections d'automne. Nous obtenons des résultats similaires au champ, une technique particulière d'enrobage (pralinage) prolongeant l'effet du traitement jusqu'à un stade avancé de la plante. L'incidence des différents traitements a été appréciée sur le développement de la plante sur son état sanitaire et sur les rendements. Le piétin verse s'est également montré sensible au traitement.

INTRODUCTION

L'utilisation de fongicides contre le piétin échaudage dû à *Gaeumannomyces graminis* var. *tritici* a déjà été envisagée mais elle se trouve confrontée à un certain nombre de problèmes : les traitements habituels de semences ou des sols n'atteignent pas tout l'inoculum présent, les produits ne sont pas suffisamment persistants pour protéger la plante pendant toute sa période de croissance, certaines molécules efficaces *in vitro* ou en conditions contrôlées (Benzimidazoles) ont une action décevante en plein champ due vraisemblablement à leur adsorption rapide au niveau du sol. En I983, toutefois, Bockus montre que le traitement de semences de blé avec du triadiménol réduit les attaques d'automne et entraîne un gain de rendement. Nous avons repris ce type d'essai en comparant des traitements de semences par poudrage classique et par une formulation dite "pralinage" suivant la méthode Fraselle et Schiffer (I982). Cette méthode permet d'utiliser des doses plus importantes de matière active libérée progressivement et assurant une protection à plus long terme.

MATERIEL ET METHODE

a) Dispositif expérimental

Des traitements de semences au triadiménol et au carbendazime sont comparés en poudrage classique et en pralinage. L'essai est un bloc de Fisher classique répété 4 fois. Afin d'assurer l'homogénéité du développement de la maladie, le sol est infesté au moment du semis (20/I0/83) à raison de 20 g d'inoculum par parcelle élémentaire de I2 m^2. La variété choisie est "Rescler". Les modalités et doses suivantes ont été utilisées :

- Triadiménol : poudrage 30 g m.a./q, pralinage I00 g m.a./q, pralinage 400 g m.a./q.

- Carbendazime : poudrage IOO g m.a./q, pralinage IOO g m.a./q, pralinage 400 g m.a./q.

- Témoin non traité

b) Observations

Nous avons évalué l'effet des formulations sur : la germination des semences, le développement de la plante au champ : formation des talles de lère, 2ème et 3ème feuille, l'état sanitaire des racines évalué en indice de maladie (piétin échaudage) (Lucas & Cavelier I985), le pourcentage de tiges atteintes et de sections nécrosées (piétin verse et rhizoctone).

RESULTATS

a) Test de germination

Les résultats ne montrent pas de différences significatives entre traitements ni avec le lot témoin non traité.

b) Effet sur le développement de la plante

Une notation faite le 31 janvier nous donne les pourcentages de plantes présentant une talle de lère, 2ème ou 3ème feuille (Tab. 1). On peut constater que la formation des talles de lère et de 2ème feuille est fortement réduite chez les plantes traitées en "pralinage" avec le triadiménol. On n'observe plus ce phénomène à partir de la talle de 3ème feuille, en formation au moment de la notation.

Traitement	Pourcentage de plantes ayant formé 1 talle de		
	1è feuille	2è feuille	3è feuille
Triadiménol			
poudrage 30 g m.a./q	51,27 cd	77,74 c	25,60
pralinage 30 g m.a./q	30,33 b	60,46 b	34,40
pralinage 100 g m.a./q	17,93 a	47,92 a	35,11
Carbendazime			
poudrage 100 g m.a./q	66,11 d	86,05 cd	26,41
pralinage 100 g m.a./q	60,74 cd	90,00 d	32,82
pralinage 400 g m.a./q	60,80 cd	84,80 cd	30,18
Témoin non traité	64,32 d	90,00 d	27,19

TABLEAU I

Effets des différents traitements sur la formation des premières talles (les valeurs Arcsin % suivies de lettres différentes sont significativement différentes à p = 0.05)

c) Etat sanitaire des plantes (tableau 2)

Les trois traitements au triadiménol assurent une réduction de la maladie observable même fin juin en ce qui concerne les enrobages par pralinage. Les meilleurs résultats sont obtenus avec la dose la plus élevée (100 g m.a./q).

On constate également une action non négligeable du triadiménol, quelle que soit la formulation et du carbendazime en pralinage sur la fréquence du piétin verse, par contre, aucun effet n'a été observé sur le rhizoctone.

Traitements	Piétin échaudage (indice maladie p.100)			Piétin verse Fréquence p.100		Piétin verse Section nécros. p.100	Rhizoctone Fréquence p.100		Rhizoctone Section nécros. p.100
	31.01	20.05	29.06	20.04	20.05	20.06	20.04	20.05	20.06
Triadiménol									
Poudrage 30 g m.a./q	11.5^{x}	20.7^{x}	37.8	16	34.5^{x}	27.6	10	14	15.7
Pralinage 30 g m.a./q	9.5^{x}	20.6^{x}	32.6^{x}	11	37^{x}	21.8	10	12.5	18.4
Pralinage100 g m.a./q	6^{x}	15.7^{x}	26.9^{x}	2.5	11^{x}	18.1^{x}	4	14.5	17.0
Carbendazime									
Poudrage 100 g m.a./q	10.5^{x}	23.6		23	51		20	14	
Pralinage 100 g m.a./q	15	20.2^{x}		31	38^{x}		11	31	
Pralinage 400 g m.a./q	11^{x}	21.0^{x}		18	27^{x}		10	25	
Témoin non traité	16.5	26.1	44.9	33	57	25.4	17	21	19.1

TABLEAU 2

Effet de différents traitements sur 3 maladies du pied (les valeurs Arcsin % suivies d'un x sont significativement différentes de la valeur du témoin à p = 0.05)

d) Rendements (tableau 3)

L'effet du triadiménol en "pralinage" à 100 g de matière active par quintal de semences observé sur l'état sanitaire des racines se confirme au niveau du rendement malgré l'effet dépressif observé au début du tallage.

Type d'enrobage	rd kg/m^2	Type d'enrobage	rd kg/m^2
Triadiménol		Carbendazime	
poudrage 30 g m.a./q	0,44 b	poudrage 100 g m.a./q	0,41 b
pralinage 30 g m.a./q	0,43 b	pralinage 100 g m.a./q	0,43 b
pralinage 100g m.a./q	0,47 a	pralinage 400 g m.a./q	0,38 c
Témoin non traité	0,38 c		

TABLEAU 3

Rendements parcellaires obtenus après différents traitements sur semences de blé variété "Rescler" (les valeurs suivies de lettres différentes sont significativement différentes à p = 0.05)

CONCLUSION

Certaines formulations de triadiménol en particulier le "pralinage" peuvent apporter une protection partielle plusieurs mois après le semis même sous une forte pression d'inoculum de G. graminis. Le triadiménol a, in vitro, une bonne efficacité (meilleure que le carbendazime), les résultats avec les enrobages classiques sont irréguliers (Lucas & Cavelier I985). Ces travaux seront poursuivis afin de mieux préciser l'efficacité de ce fongicide mais aussi la phytotoxicité observée en début de végétation avec les doses les plus fortes.

Compte tenu des possibilités actuelles de lutte contre le piétin échaudage et de l'effet observé du triadiménol sur le piétin verse, une protection même partielle peut avoir son intérêt utilisée avec des méthodes complémentaires.

REMERCIEMENTS

Les auteurs remercient le Pr. Fraselle de l'Université de Gembloux pour la réalisation des enrobages par pralinage.

REFERENCES BIBLIOGRAPHIQUES

Bockus, W.W. (I983) Effects of fall infection by G. graminis var. tritici and triadimenol seed treatment on severity of take all in winter wheat. Phytopathology 73, 540-543.

Fraselle, J. ; Schiffer, B. (I982) L'enrobage des semences en tant que vecteur phytosanitaire pour une protection à long terme. Mededelingen van de Faculteit Landbouwwetenschappen Rijksuniversiteit Gent. 47, 665-673.

Lucas Ph. ; Cavelier N. (I985) Résultats préliminaires concernant l'efficacité du triadiménol sur le piétin échaudage et sur d'autres maladies du pied des Céréales. ANPP. Premières journées d'études sur les maladies des plantes. I, I25-I33.

SUMMARY

EFFECTIVENESS OF TRIADIMENOL ON TAKE-ALL AND OTHER FOOT DISEASES OF CEREALS

There is, at the present time, no effective control method for take-all (Gaeumannomyces graminis). The only way to contain parasite development is to practise crop rotation. Nevertheless, positive results were obtained on I983 by Bockus using triadimenol for reducing autumn infections. We have obtained similar results in the field : a special seed-dressing method ("pralinage") was used to prolong the treatment effect until an advanced stage of plant development. The effects of different treatments on plant development were determined by observation of health status and yield. Eyespot was also sensitive to this treatment.

BARLEY LEAF STRIPE - MERCURY RESISTANCE

MARJORIE R.M. CLARK

Plant Pathology Department, West of Scotland Agricultural College, Auchincruive, Ayr.

ABSTRACT

Leaf stripe (*Pyrenophora graminea*) was poorly controlled by a seed dressing containing PMA (2% Hg) in crops of barley cv. Mazurka derived from a common source of home-saved seed. Whilst all 35 isolates from the affected seed and crops grew on agar containing 2 ppm Hg and some at 20 ppm, other isolates from untreated seed of cv. Athos were inhibited by 2 ppm Hg. On agar containing triazoles, all isolates showed little growth above 0.2 ppm except on 2 ppm triadimenol without imazalil. In contrast to mercury, however, all triazoles prevented emergence of *P. graminea* from treated seed.

INTRODUCTION

Severe leaf stripe (*Pyrenophora graminea*) occurred in SW Scotland in 1984 on several crops of barley cv. Mazurka grown from one home-saved seed source and treated with a dry phenyl mercury acetate (PMA) seed dressing containing 2% mercury. As both treated and untreated seed readily yielded *P. graminea* on potato dextrose agar the possibility of mercury resistance was investigated.

Mercury resistance is well known in oat leaf stripe (*P. avenae*) (Noble et al, 1966) and differential resistance to organomercurials has been reported in barley net blotch (*P. teres*) (Locke et al, 1981). Lack of control of leaf stripe by triadimenol in winter barley may indicate the presence of strains resistant to this fungicide (Locke, 1983).

METHODS

P. graminea isolates from seed, treated and untreated, and plants from the original outbreaks and, elsewhere, from an affected Golden Promise plant, and from untreated seed were tested on potato dextrose agar (PDA) containing the following seed dressings: a) the original PMA (1984 and 85), b) a further batch, c) a liquid formulation (all containing 2% Hg), d) a dry product containing 25% triadimenol, e) a similar product containing also imazalil and f) a liquid containing 3% flutriafol (all 1985). Each product was incorporated at 0, 0.2, 2, 20 and (1985) 100 ppm of the main ingredient listed above (active against leaf stripe). Tween (0.001%, previously proved not to affect growth) was added to each chemical to facilitate mixing, and generally also to the control plates. Each treatment was replicated 3 times. Colonies were measured after 7 (1984) or 10 days.

For pathogenicity tests, 10 mm sections of leaf tips from 10 day old Mazurka barley from untreated seed were inoculated with 8 mm discs of isolates, and incubated for 6 days in the laboratory (ambient temp. 18-25°C) with or without a cold treatment of 0°C for 8 days following inoculation. The sections were then assessed for severity of browning (intensity x extent) out of a possible score of 5.

RESULTS

P. graminea was obtained from 100% of untreated and from 40-80% of treated seed from the affected farm. Mercury treatment in the laboratory of the same untreated seed at the correct commercial dose gave a similar result. However, triadimenol, with or without imazalil, or the flutriafol compound completely prevented emergence of *P. graminea*.

In the first agar test (1984) all the isolates grew at 0 and 0.2 ppm Hg. All those from the original outbreak grew at 2 ppm and some (generally those from treated seed and its progeny) grew at 20 ppm. These isolates, along with those from the affected Golden Promise plant showed slight reductions at 0.2 ppm, more marked reductions at 2 ppm, and where it occurred at all, very little growth at 20 ppm. In contrast, three isolates from the untreated seed of cv. Athos failed to grow at 2 ppm Hg. However, they grew faster on unamended PDA than any of the resistant ones ($p = <0.001$) and were fluffier.

In the second test, 1985, some isolates used in 1984 were grown on agar containing a) the original PMA product (1984), b) a further batch (1985) and c) a liquid formulation also containing 2% Hg. With all three mercury products, all these isolates again grew at 0 and 0.2 ppm but only the resistant ones grew at 2 and 20 ppm, and none at 100 ppm. Though not always statistically significant, there was a consistent tendency for the isolates from the untreated Mazurka seed and from the progeny of the treated Mazurka seed to grow less on the plates containing mercury than isolates from the treated Mazurka seed itself, or the affected Golden Promise plant.

To determine whether mercury-resistant strains were sensitive to triazole seed dressings, the isolates were grown on agar containing d) triadimenol, e) triadimenol plus imazalil, and f) flutriafol. All three triazoles completely suppressed growth at the 100 and 20 ppm doses. Although all isolates grew on all three triazoles at 0 and 0.2 ppm, they grew less on flutriafol or triadimenol plus imazalil than on triadimenol alone. At 2 ppm also, their growth was almost inhibited by flutriafol or triadimenol plus imazalil. In contrast, at the same concentration, triadimenol without imazalil permitted up to 40% of control growth, but the mercury sensitive isolates grew significantly less than the resistant ones ($p = <0.001$). Even so, triadimenol alone afforded less suppression of growth of the mercury sensitive isolates than did mercury. (See Fig. 1)

Leaf inoculation showed a wide range of pathogenicity amongst the isolates but indicated no clear relation between pathogenicity and behaviour towards mercury. When a cold period followed inoculation, however, the mercury resistant strains caused more damage than the sensitive ones ($p = <0.05$) even though variations in pathogenicity were again apparent between strains in each group.

DISCUSSION

The present investigation has demonstrated, for the first time, the occurrence of mercury resistance in isolates of *P. graminea* from the barley cultivars, Mazurka and Golden Promise.

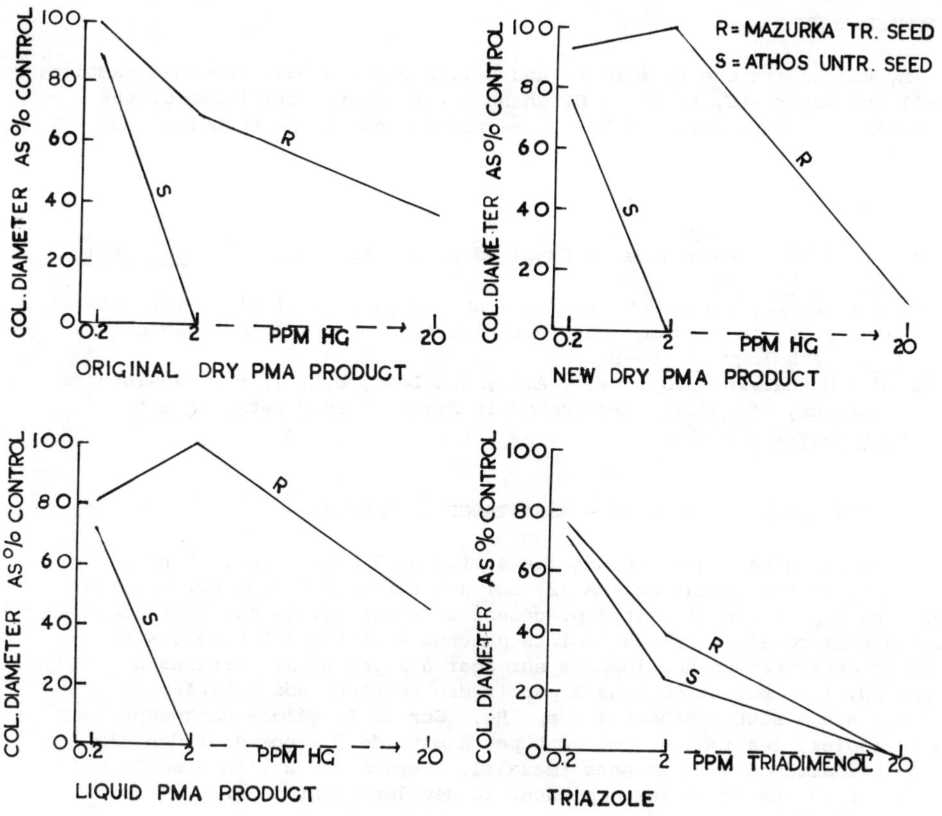

Fig. 1. Performance of mercury resistant (R) and sensitive (S) isolates on agar containing mercury or triadimenol (after 10 days).

The damaging outbreaks on Mazurka all arose from a single source of seed raised without official inspection of the crops over two previous generations of multiplication. During this time the mercury seed treatment had presumably been challenged by mercury-resistant strains of *P. graminea* which will have been preferentially selected and progressively increased. In most cases, resistant strains from the treated Mazurka seed showed more growth on agar with 20 ppm mercury than those from the untreated Mazurka. By contrast, in the untreated Athos seed where no fungicide selection pressure had occurred, mercury sensitive strains may have grown faster and so predominated, though there was no indication that they were more damaging than the mercury resistant ones. Indeed, the latter proved more damaging when low temperature followed inoculation. Though the mercury resistant strains were sensitive to triazole fungicides, there was a suggestion that they grew more at 2 ppm triadimenol without imazalil than mercury sensitive strains, possibly indicating a shift in sensitivity.

ACKNOWLEDGEMENTS

My thanks are due to farmers and colleagues who have provided samples, to SAI and Bayer PLC, to Dr. A.G. Channon for helpful criticism of the manuscript and especially to Mrs L. Raynor for excellent technical assistance.

REFERENCES

Locke, T. (1983) Resistance to Fungicides in Farm Crops. Agricultural Progress 58, 1-10.

Locke, T.; Thorpe, I.G.; Carter, M.A.; and Gray, C.E. (1981) Differential sensitivity to organomercury formulations in *Pyrenophora teres*. Plant Pathology 30, 89-93.

Noble, M.; MacGarvie, Q.D.; Hams, A.F.; and Leaf, E.L. (1966) Resistance to mercury of *Pyrenophora avenae* in Scottish seed oats. Plant Pathology 15, 23-28.

PYRENOPHORA GRAMINEA SUR ORGE - RÉSISTANCE AU MERCURE

Dans la lutte contre la maladie striée de l'orge (*Pyrenophora graminea*), un traitement au PMA (2% Hg) des semences d'orge cv. Mazurka (obtenues à partir de récoltes précédentes) s'est révélé peu efficace. Alors que la totalité des 35 isolats obtenus à partir des semences et cultures atteintes se développent sur agar à 2 ppm Hg et certains à 20 ppm Hg, les isolats obtenus à partir des semences non traitées du cultivar Athos sont inhibées à 2 ppm Hg. Sur de la gélose contenant des triazoles, les isolats poussent peu à plus de 0.2 ppm sauf dans le cas de triadiménol à 2 ppm sans imazalil. Cependant, a l'inverse du mercure, tous les triazoles empechent le développement de *P. graminea* à partir de graines traitées.

CULTIVAR/FUNGICIDE INTERACTIONS IN THE RESISTANCE OF WHEAT TO SEPTORIA NODORUM

D. GARETH JONES, N.D. PAVELEY, M.A. GLOVER

Department of Agricultural Botany, University College of Wales, Aberystwyth, Dyfed, Wales, U.K.

ABSTRACT

Cultivar/fungicide interactions in wheat partial resistance components to S. nodorum were investigated using a detached leaf technique and in the field. The fungicides used were prochloraz, propiconazole and captafol (detached leaves) and prochloraz only (field). Significant interactions were found for infection frequency and sporulation. Interactions were also apparent for latent period but the data could not be statistically analysed. The selection of fungicides for use with specific cultivars and with different cultivar mixtures is discussed.

INTRODUCTION

Resistance in wheat to Septoria nodorum is of a race non-specific or 'horizontal' type which, although reasonably durable, relies on several individual partial resistance components. If all the components are acting together, disease will be reduced and yield increased. Fungicides will reduce disease levels and increase yields even further although evidence is now accumulating indicating significant fungicide /cultivar interactions in terms of yield response. It has been shown that certain chemicals, for example carbendazim and edifenphos can delay symptom development and latent period in seedlings (Horsten, 1979) and that a benomyl-carbendazim mixture suppressed pycnidia formation (Barnett & Luke, 1976).

This paper describes cultivar/fungicide interactions in wheat cultivars using a detached leaf technique in the laboratory and a field trial.

MATERIALS AND METHODS

Detached leaf experiment.

Three spring wheat cultivars, Highbury, Timmo and Broom were used. Flag leaf segments (GS45) were placed in 10cm x 10cm petri dishes on filter paper soaked in 80 mg l^{-1} benzimidazole solution. Sanspor (a.i. captafol at 500 g l^{-1}) at 2.8:1000, Sportak (a.i. prochloraz at 400 g l^{-1}) at 1:1000 and Tilt (a.i. propiconazole at 250 g l^{-1}) at 1:1000 were applied to separate dishes using a Burkard Potter Spray Tower. After drying for 2h, the plates were sprayed with a 5 x 10^5 ml^{-1} spore suspension of S. nodorum and incubated in a NUV/white fluorescent light cabinet (12h day/night, 22°C day/10°C night). Infection frequency (IF) was scored 6 days after inoculation. Sporulation (No. of pycnidia) was assessed 10 times between 10-35 days after inoculation. Latent period (LP) was assessed as the time the first mature pycnidia appeared.

Field trial.

Seven winter wheat cultivars, Armada, Avalon, Bounty, Brigand, Norman, Rapier and Virtue were sown in small field plots. The inoculation treatments (10^6 spores ml^{-1}) were at GS39 and 53. Prochloraz (as Sportak) at 400 g l^{-1} was applied 48h after each inoculation, each inoculation having a no fungicide control. IF was assessed 16 days after each inoculation and expressed as the square root transformation of lesions $5cm^{-2}$ leaf tissue. Sporulation counts were also made at this time and after a further 4,7 and 10 days.

RESULTS

Detached leaf experiment.

Fungicide, cultivar and fungicide/cultivar interaction effects on IF were highly significant ($P < 0.001$). There was no significant difference between the effects of prochloraz and propiconazole but there were significant differences between prochloraz and captafol with respect to cvs. Broom/Timmo and Broom/Highbury ($P < 0.05$ and 0.01 respectively) (Fig. 1a).

Prochloraz and propiconazole increased LP to over 30 days in all three cultivars. These compounds also virtually prevented sporulation. The cv. Timmo showed a large response in LP to captafol compared with the small effect on the susceptible cv. Highbury which accounted for the apparent interaction (Fig. 1b). The data for LP could not be fully analysed due to insufficient replicates producing pycnidia in some of the fungicide treatments.

Cultivar and fungicide effects and cultivar/fungicide interactions were also significant in terms of sporulation ($P < 0.001$). The interaction of cvs. Timmo and Broom compared with cv. Highbury with the prochloraz and captafol treatments ($P < 0.01$) are clearly seen (Fig. 1c). Spore counts were also made and these correlated with pycnidial numbers ($r = 0.98$; $P < 0.001$).

Field trial

Cultivar and fungicide effects and cultivar/fungicide interactions were highly significant for IF ($P < 0.001$). In all cultivars, IF was highest at the first inoculation time (Table 1). Interactions are best seen by comparing cvs Bounty, Brigand and Virtue where fungicide reduced IF at the first inoculation by 47%, 68% and 78% respectively. At the second inoculation the range of fungicide reductions of IF was from 32% (Brigand), 52% (Rapier) to 69% (Virtue). There were similar interactions for sporulation with no significant effects of fungicide on cvs Brigand, Bounty and Rapier at the first inoculation compared with 68% reductions in cv. Avalon. At the second inoculation, fungicide reduced sporulation in all cultivars but not significantly. The results for sporulation are expressed as spores cm^{-2} of infected tissue and must be considered with the effects of reduced IF for the overall effect on sporulation.

DISCUSSION

Fungicides are known to have different modes of action and differences in cultivar reaction to specific diseases are well documented. The present results extend such information especially in revealing some highly

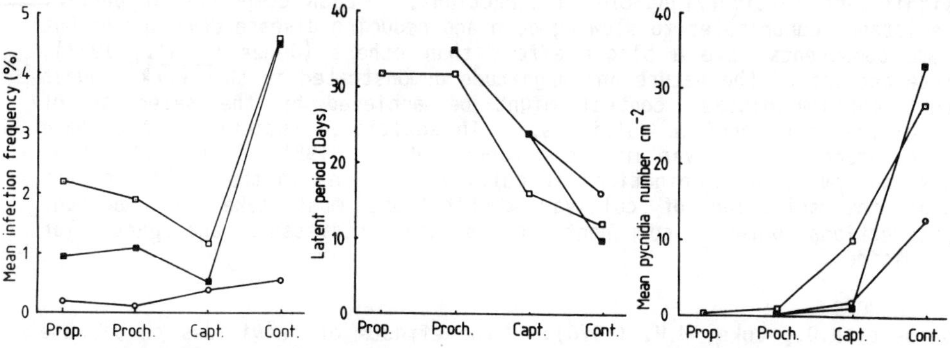

Fig. 1. Graphs showing the effects of three fungicides on the components of partial resistance to S. nodorum in three spring wheat cultivars.

□ = Highbury; ■ = Timmo; O = Broom.

Table 1. The effects of prochloraz on infection frequency and sporulation in seven winter wheat cultivars.

	Armada	Avalon	Bounty	Brigand	Norman	Rapier	Virtue
Infection frequency (/lesions 5cm^{-2})							
Inoc. 1							
-Fungicide	9.2	5.7	11.7	10.7	12.6	5.2	5.8
+Fungicide	4.4	2.4	6.2	3.4	6.3	2.0	1.3
% reduction	52**	58**	47**	68**	50**	61**	78**
Inoc. 2							
-Fungicide	4.8	4.0	7.0	4.1	7.8	4.6	4.5
+Fungicide	2.5	2.5	4.0	2.8	4.7	2.2	1.4
% reduction	48**	38**	43**	32**	40**	52**	69**
Sporulation (spores cm^{-2} day^{-1})							
Inoc. 1							
-Fungicide	530	810	852	555	740	718	700
+Fungicide	265	255	778	635	315	470	240
% reduction	51	68**	9	-	57*	34	65**
Inoc. 2	All reductions non-significant						

*P 0.05; **P 0.01.

significant cultivar/fungicide interactions. Each component of partial resistance contributes to slowing down and reducing disease development but some components have a bigger effect than others (Jeger et al., 1983). Interactions of the nature and magnitude demonstrated in this work suggest that optimum disease control might be achieved by the selection of fungicides for specific cultivars. In addition, predictions of disease development in cultivar mixtures (Jeger et al. 1981a & b) and actual disease levels in combinations of cultivar mixtures in the field indicate that the selection of cultivar combinations must take into account interactions between components of partial resistance and particular fungicides.

REFERENCES

Barnett, R.D.; Luke, H.H. (1976). The effects of fungicides on disease development, seed contamination and grain yield of wheat. Plant Disease Reporter 60, 117-119.
Horsten, J. (1979). Acquired resistance to systemic fungicides of Septoria nodorum and Cercosporella herpotrichoides in cereals. Centre for Agricultural Publishing and documentation, Wageningen.
Jeger, M.J.; Griffiths, E.; Jones, D.G. (1981a). Disease progress of non-specialised fungal pathogens in intraspecific mixed stands of cereal cultivars. I. Models. Annals of Applied Biology 98, 187-198.
Jeger, M.J.; Jones, D.G.; Griffiths, E. (1981b). Disease progress of non-specialised fungal pathogens in intraspecific mixed stands of cereal cultivars. II. Field trials. Annals of Applied Biology 98, 199-210.
Jeger, M.J.; Jones, D.G.; Griffiths, E. (1983). Components of partial resistance of wheat seedlings to Septoria nodorum. Euphytica 32, 575-584.

INTERACTIONS CULTIVAR-FONGICIDE DANS LA RÉSISTANCE DU BLÉ À SEPTORIA NODORUM

On a recherché les interactions cultivar-fongicide intervenant dans la résistance partielle du blé à S. nodorum, au champ, par une technique utilisant des feuilles détachées. Les fongicides utilisés sont le prochloraz, le propiconazole et le captafol (feuilles détachées) et le prochloraz seul (étude au champ). On a mis en évidence des interactions significatives pour la fréquence d'infection et la sporulation. Des interactions sont également évidentes pour la période de latence mais aucune analyse statistique n'a pu etre réalisée. On discute la sélection de fongicides à utiliser avec des cultivars spécifiques et avec différents mélanges de cultivars.

LES TRAITEMENTS FONGICIDES SUR MAIS EN COURS DE VEGETATION

JP. GAY

Association Générale des Producteurs de Maïs, Pau, France

R. CASSINI

Institut National de la Recherche Agronomique, Versaille, France

RESUME

Les expérimentations conduites par l'I.N.R.A. et l'A.G.P.M. depuis 1971 montrent que certaines maladies du feuillage, comme la kabatiellose, peuvent être combattues efficacement par l'application des fongicides en cours de végétation. Vis à vis d'autres maladies ; l'helminthosporiose, la rouille, la fusariose, il n'existe pas de méthode de lutte chimique efficace avec certitude. Malgré cela, les essais sont poursuivis chaque année avec les nouvelles matières actives présentes sur le marché.

INTRODUCTION

L'intensification des techniques de production des céréales à paille a conduit à des applications quasi systématiques de produits fongicides sur les cultures en cours de végétation. Ces applications se sont généralisées au vu des résultats enregistrés dans les essais réalisés au début des années 1970. Elles procurent aujourd'hui des gains appréciables de rendement, mais elles ont provoqué des modifications importantes des techniques culturales dont toutes les conséquences ne sont pas encore mesurées. Sur le maïs, l'I.N.R.A. et l'A.G.P.M. ont, dès 1971, expérimenté l'efficacité de pulvérisations fongicides réalisées en cours de culture. Ces travaux, reconduits presque tous les ans depuis cette date, n'ont jamais permis de mettre en évidence l'intérêt de tels traitements sur le maïs.

La consultation de l'index des produits phytosanitaires au chapitre des fongicides montre que plus d'une centaine de spécialités commerciales sont autorisées en culture de céréales à paille. La plupart d'entre elles sont utilisées pendant la période de végétation pour combattre diverses maladies du pied et du feuillage. Leur emploi a permis de modifier d'une manière totale les techniques de culture et d'augmenter très sensiblement la productivité. Cette médaille, comme toutes les autres, a son revers, et les premières souches de champignons résistantes à certaines matières actives commencent à apparaître.

En revanche, aucune matière active n'est homologuée pour des applications sur maïs en cours de végétation. Cette situation n'est pas dûe au fait que la taille excessive des plantes empêche le passage d'un tracteur équipé avec une rampe classique, comme certains le pensent. Elle est liée au fait qu'aucun des produits actuellement disponibles n'est capable d'apporter une amélioration des rendements en agissant soit sur les maladies du pied (fusariose), soit sur les maladies du feuillage.

Fusariose

La pourriture des tiges en fin de végétation -qui est la cause principale de la verse- est sans doute la maladie la plus grave pour cette culture. Communément appelée "fusariose", elle correspond à l'envahissement et à la destruction des tissus de la tige par des champignons de la famille des Fusarium. Chaque année depuis dix ans, des essais de lutte chimique sont entrepris pour combattre ces parasites. Les différents produits testés sont appliqués soit sur les semences, soit sur le feuillage. Jusqu'à présent, aucune des méthodes de lutte testées n'a donné de résultats positifs bien que la fréquence des applications ait varié d'un seul traitement dans le cas des applications, sur semences à une vingtaine de pulvérisations successives sur le feuillage ou sur le sol, et bien que plusieurs familles chimiques aient été essayées.

Les derniers travaux réalisés en 1983 et en 1984 ont consisté à pulvériser sur le feuillage des fongicides connus pour leur faculté de pénétrer dans les tissus des plantes (produits systémiques). Dans de rares essais, des gains de quelques quintaux ont été observés sur les parcelles traitées. Mais les différences, en aucun cas significatives au plan statistique, ne sauraient être attribuées avec certitude aux traitements appliqués. L'inefficacité de ces derniers peut s'expliquer de deux façons : ou bien les produits testés ne sont pas suffisamment actifs contre l'agent responsable de la maladie pour permettre des gains de rendement substantiels, ou bien le fusarium qui est la cible exclusive des traitements n'est pas le responsable primaire des dégâts enregistrés. Cette dernière explication semble être la plus plausible.

En effet, des études menées conjointement par l'I.N.R.A. et l'A.G.P.M. montrent que la pourriture des tiges résulte, sans doute, en premier lieu du vieillissement précoce des tissus du maïs et que la fusariose au sens strict n'est qu'une maladie secondaire se développant après cette sénescence. Le phénomène initial, d'origine physiologique, ne peut donc être combattu efficacement qu'en plaçant les plantes dans des conditions susceptibles d'assurer leur maintien en vie le plus longtemps possible. Ce n'est qu'après avoir levé ce préalable que l'emploi de fongicides pourra être envisagé de façon efficace.

Maladies du feuillage

Quelques maladies du feuillage (rouille, anthracnose par exemple) n'ont qu'une très faible incidence sur la productivité du maïs, sauf en production de semences sur certaines lignées particulièrement sensibles. Aucune recherche n'a donc été entreprise pour mettre au point une lutte contre les champignons responsables de ces dégâts.

Dans le Bassin Parisien, en 1971, un champignon, alors inconnu en France - Kabatiella zeae - a détruit en quelques semaines le feuillage de plusieurs centaines d'hectares de maïs. Dès l'apparition de la maladie (Kabatiellose), des essais de lutte chimique ont été mis en place par l'I.N.R.A. Ils ont démontré l'efficacité des produits contenant des dérivés du benzimidazole. Par la suite, cette maladie a été observée dans toutes les zones de monoculture du maïs, mais les taux d'infestation se sont limités à un niveau très bas dès lors que les pailles étaient enfouies par un labour.

Toujours en 1971, une autre maladie très dangereuse, provoquée par un champignon Helminthosporium maydis a été observée pour la première fois dans le Sud-Ouest de la France. La vitesse de développement de ce parasite est telle qu'une parcelle peut être détruite complètement en moins d'une semaine. Mais, comme cette maladie ne se développe que sur des hybrides dont les semences sont produites sur des géniteurs femelles portant un cytoplasme mâle stérile (Texas), cette technique de production des semences a été interdite et tout risque écarté.

Une autre helminthosporiose dûe à H. turcicum peut se développer et causer des dégâts non négligeables dans les cultures de maïs du Sud-Ouest, plus particulièrement dans le département des Landes et des Pyrénées-Atlantiques. De 1972 à 1975, puis de 1981 à 1984, des essais de lutte chimique ont été entrepris contre cette maladie. Ils ont montré que les seuls produits paraissant avoir une légère action sur son évolution sont ceux qui contiennent des fongicides de contact, tels que la manèbe. Pour obtenir une protection efficace, ils doivent être appliqués suffisamment tôt à partir de la floraison et les traitements sont à renouveler quatre ou cinq fois consécutives tous les dix à quinze jours en fonction des quantités d'eau qui lessivent le feuillage. Dans la zone du Sud-Ouest atlantique, où, du fait de sa biologie, cette maladie peut se développer, les années à risques graves sont difficiles à déterminer. Une attaque sévère s'est produite en 1971 et a touché plusieurs milliers d'hectares. L'épidémie suivante a été observée en 1982 et a entraîné les dommages graves sur plusieurs centaines d'hectares. Depuis cette date, des attaques très localisées ont été observées sur des champs de production de semences.

Compte-tenu de la faible fréquence des épidémies, il est difficile de préconiser une lutte chimique systématique avec des produits qui n'ont pas d'activité curative. Des mesures prophylactiques telles que l'enfouissement soigné des résidus de récolte assurent une protection au moins aussi satisfaisante. Par ailleurs, des caractères génétiques de résistance peuvent être utilisés et déjà certaines variétés sont protégées de cette façon contre l'helminthosporiose.

CONCLUSION

La transposition au maïs des techniques de protection des cultures de blé contre les champignons responsables de maladies des organes aériens est tentante. Avec les produits fongicides actuellement disponibles, et au vue des résultats expérimentaux acquis, on peut dire que tout traitement ainsi transposé n'aura pour conséquence qu'un alourdissement des charges de production sans augmentation du rendement.

FUNGICIDE TREATMENTS APPLIED TO MAIZE DURING CROP GROWTH

Experiments conducted by INRA and AGPM since 1971 show that certain types of leaf disease, such as Kabatiella eyespot, can be effectively controlled by the use of fungicides during crop growth. Against other pathogens such as Setosphaeria turcica, Puccinia sorghi and Fusarium spp., there is no guaranteed chemical control method available. Despite this fact, trials are carried out each year with new, commercially available, active ingredients.

FUNGICIDE INTERACTIONS WITH FOLIAR DISEASES OF WINTER BARLEY

M.J. GOODING, W.P. DAVIES

Harper Adams Agricultural College, Newport, Shropshire, TF10 8NB, U.K.

ABSTRACT

Carbendazim and triadimefon applied to barley cv. Sonja in late November simultaneously inhibited powdery mildew and stimulated net blotch. On untreated plants net blotch was inversely related to powdery mildew infection. Stimulation and inhibition of infection was significantly greater following carbendazim treatment, and was maintained into January. Development of existing primary net blotch lesions in the glasshouse was inhibited by triadimefon and certain reduced concentrations of carbendazim. Development of increased net blotch, resulting initially from stimulation of sporulation by carbendazim and triadimefon, may additionally be influenced by effects on powdery mildew.

INTRODUCTION

Mixed infections commonly develop in winter barley in autumn (Stevens and Yarham, 1981), but little is known of the differential effects of fungicides on such disease associations. To gain a better understanding, the responses of mixed infections of powdery mildew (Erysiphe graminis f.sp. hordei) and net blotch (Pyrenophora teres) to carbendazim and triadimefon were studied. These fungicides have previously been reported to stimulate net blotch infection (Jordan & Best, 1981).

MATERIALS AND METHODS

Field Experiment

Winter barley cv. Sonja, which followed grass, was drilled (400 seeds/m^2) on 14 October and nitrogen (20 kg/ha) applied 7 November. Plots were 4m x 2m arranged in four randomised blocks. The fungicides carbendazim (50% a.i., Bavistin FL, BASF) at 0.5 l/ha and triadimefon (25% a.i., Bayleton 25 WP, Bayer) at 0.5 kg/ha were applied in 225 litres with a MDM plot sprayer on 26 November at Zadoks G.S. 1.3. Control plots were sprayed with water. Disease assessments were made on 25 plants removed randomly from the central portion of each plot. Pigmented areas of net blotch infection and pustules of powdery mildew were measured with the aid of a 4mm grid on acetate sheet. Brown rust (Puccinia hordei) and rhynchosporium (Rhynchosporium secalis) infections were assessed using standard keys (Anon, 1976). Areas of powdery mildew and net blotch on leaf 2 of the main tiller of 100 plants from replicate control plots were utilised to explore possible interactions. For each leaf $\log_e$ (Area of net blotch + 3) + 1 v. Area of Powdery mildew + 3 was plotted. To reduce variability the block influence was removed by taking residuals from a one factor analysis of variance on the blocks, and by adding the general mean value. A frequency skew was corrected by $\log_e$ transformation.

Glasshouse Experiment

Barley plants (cv. Sonja) were grown at 15°C and 16 hr daylength. Each replicate seed tray contained 15 plants, and the nine trays for each treatment were arranged in a randomised block design. Sporulation was assessed, and spores of net blotch were obtained, by incubating infected leaf tissues on damp filter paper under continuous NUV light at 20°C. Plants were inoculated with spores (500/ml) at Zadoks G.S. 1.1 and the trays subsequently enclosed in polythene bags for six days. After two days

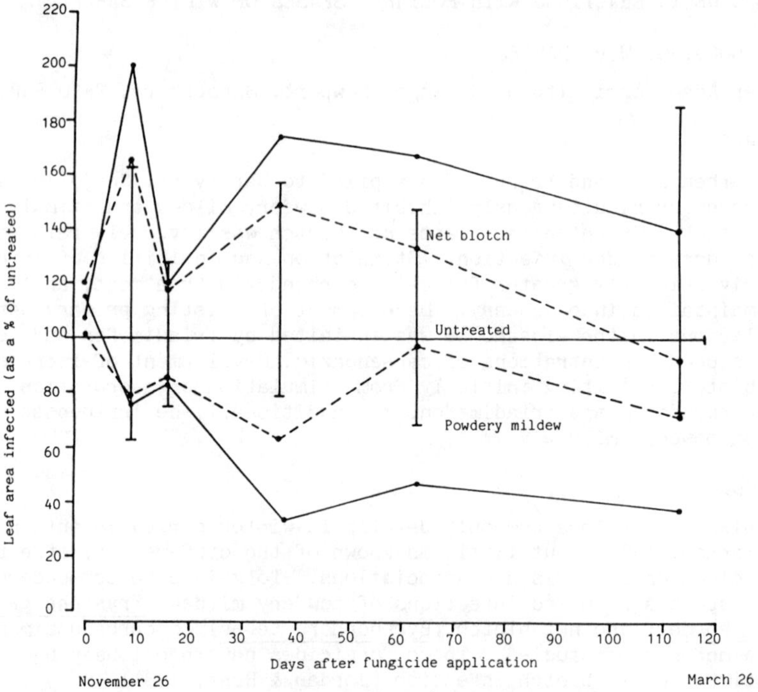

Figure 1 Responses of net blotch and powdery mildew on barley cv. Sonja to carbendazim (•——•) and triadimefon (•----•). The bar represents the LSD (p = 0.05) expressed as a percentage of untreated values.

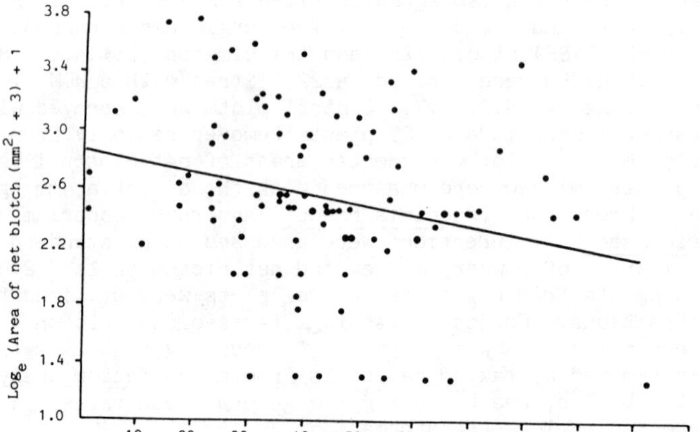

Figure 2 The relationship between net blotch and powdery mildew on leaf 2 of untreated barley cv. Sonja on January 2. Points represent individual leaf values.

trays were sprayed with 0.125, 0.25 and 0.5 dilutions of the commercial products, plus recommended rates of carbendazim (0.5 l/ha) and triadimefon (0.5 kg/ha) in 225 litres. Plants were kept moist by misting trays three times a day. Lesion numbers were counted and areas of infection assessed, as in the field, 10 days after fungicide treatment.

RESULTS

Powdery mildew and net blotch were present at low levels on plants in late November at spraying. Following treatment, development of powdery mildew was inhibited most markedly and net blotch infection was increased most strongly by carbendazim (Fig. 1). Significant stimulation of net blotch was maintained through the winter in the carbendazim treatment, and significantly less powdery mildew had developed by mid-March (Fig. 1). Although levels of net blotch were generally higher on triadimefon-treated plants until late January, it was only significantly greater 9 days after spraying. Following initial fungicide stimulation net blotch did not continue to increase. Levels of powdery mildew measured did not exceed the equivalent of 30% leaf area infection (Anon, 1976) and net blotch was present at approximately 4% leaf area infection (Cooke, 1981) in autumn, rising to 10% in March. On leaf 2 of untreated barley higher levels of net blotch infection were correlated ($r = -0.229$ at 37 days) weakly, but significantly ($p = 0.05$), with lower levels of powdery mildew (Fig. 2). Brown rust pustules developed in December to very low levels, and significantly fewer leaves were infected on triadimefon-treated plants in January. Slight rhynchosporium infection in March was also less in the triadimefon treatment (Table 1).

TABLE 1

Percentage of the first three leaves on main tillers infected with brown rust and rhynchosporium

	Brown rust		Rhynchosporium	
Days after spraying	37		113	
	%	AT*	%	AT*
Carbendazim	26	30.4	5.7	13.2
Triadimefon	8	14.5	2.7	9.1
Untreated	30	32.9	7.7	15.5
LSD (p = 0.05)	-	5.12	-	6.89

AT* - Angular transformed data.

Tiller numbers were significantly greater both in January and March on the carbendazim-treated plants which exhibited the highest levels of net blotch.

In the glasshouse there was no stimulation of the number or total area of primary net blotch lesions following treatment with carbendazim or triadimefon. The total area of primary lesions was significantly reduced with increasing concentrations of triadimefon, and carbendazim significantly reduced development at the 0.125 and 0.5 product dilutions.

Subsequent spore production was significantly increased. In this study powdery mildew developed only as infrequent isolated pustules.

DISCUSSION

Net blotch stimulation by carbendazim and triadimefon (Jordan & Best, 1981) was confirmed, and its development in the field appeared to be associated with the inhibition of powdery mildew. On untreated barley plants net blotch was inversely related to powdery mildew. Direct effects of triadimefon and certain concentrations of carbendazim in restricting development of primary infection and the stimulation of sporulation, initially reported by Jordan and Best (1981), suggests that increased net blotch may arise principally from secondary infections, the development of which may also be influenced by effects of these materials on powdery mildew. Although net blotch increased to the highest levels in the carbendazim treatment, the growth of these plants was significantly improved as a result probably of the better control of powdery mildew (Stevens and Yarham, 1981).

The importance of applying a fungicide capable of controlling both powdery mildew and net blotch on susceptible varieties is reinforced. Net blotch which already exists in the crop could be stimulated to damaging levels, and the present study revealed that higher levels of inoculum can carry over into Spring for further development.

REFERENCES

Anon. (1976) Agricultural Development and Advisory Service, Key No. 1.3.1. Ministry of Agriculture, Fisheries and Food (Publications).

Cooke, B.M. (1981) In: Winter Barley. Booklet 2063. Ministry of Agriculture, Fisheries and Food (Publications).

Jordan, V.W.L.; Best, G.R. (1981) Evaluation of fungicide treatments for control of barley net blotch caused by Pyrenophora teres. Proceedings 1981 British Crop Protection Conference - Pests and Diseases 1, 249-258.

Stevens, D.B.; Yarham, D.J. (1981) Autumn diseases of cereals and their control. Proceedings 1981 British Crop Protection Conference - Pests and Diseases 3, 725-738.

INTERACTIONS DES FONGICIDES AVEC LES MALADIES FOLIAIRES DE L'ORGE D'HIVER

Le carbendazime et le triadiméfon appliqués au cultivar Sonja de l'orge à la fin novembre ont pour effet l'inhibition de l'oïdium et la stimulation de la maladie des taches brunes (Pyrenophora teres). Sur les plantes non traitées, celle-ci est liée de façon inverse aux infections d'oïdium. La stimulation et l'inhibition des infections sont significativement plus importantes après traitement au carbendazime, et sont maintenues jusqu'en janvier. Le développement en serre de lésions primaires existantes dues à P. teres est inhibé par le triadiméfon et des concentrations réduites de carbendazime. Le développement accru de P. terres, résultant initialement de la stimulation de la sporulation par le carbendazime et le triadiméfon, pourrait être influencé en plus par les effets sur l'oïdium.

INTERACTIONS OF NITROGEN, GROWTH REGULATOR AND FUNGICIDE APPLICATIONS WITH WINTER BARLEY DISEASE AND YIELD

V.W.L. JORDAN, G.R. STINCHCOMBE, S.F. TODD

Long Ashton Research Station, Long Ashton, Bristol, BS18 9AF, U.K.

ABSTRACT

Timing of the main nitrogen top dressing on winter barley markedly affected crop growth and structure, foliar disease and yield. Delaying nitrogen from mid-March (GS 31) until mid-April (GS 31), on each of three cultivars examined, Igri, Sonja and Tipper, resulted in smaller leaves, less foliar disease in May and more grain yield. Fungicide or plant growth regulator treatment increased yield of Igri and Tipper; greatest yields were obtained from fungicides plus growth regulator, with April nitrogen. In cv. Sonja, a significant yield increase was given by fungicides plus growth regulator but not by either alone. In general, the effects of delayed nitrogen, fungicides and growth regulator treatments appeared to be independent and additive.

INTRODUCTION

In earlier field experiments on farms throughout western England, it became apparent that differences in crop growth between individual fields influenced the development of foliar diseases and the ability of fungicides to contain them. Closer examination revealed that differences in nitrogen timing and in the use of a plant growth regulator (pgr) were affecting crop growth and structure. Therefore, a series of experiments to quantify these effects and their interactions with foliar disease and relationships to yield was started (Jordan et al., 1983,1984,1985). Reported here are experiments done at Long Ashton in 1984 to investigate the effects and interactions of fungicide treatments, nitrogen timing and pgr applications on three cultivars of winter barley.

MATERIALS AND METHODS

Field experiments were done on winter barley cvs. Igri, Sonja, Tipper, sown on 19 September 1983. On cv. Igri, two fungicide programmes were compared (triadimefon-10 November, GS 24 + prochloraz-31 March, GS 31 + propiconazole-8 May, GS 39; prochloraz-GS 31 + propiconazole-GS 39) with a nil-fungicide regime, each with some nitrogen on 9 February 1984 (53 kg/ha) followed by the main nitrogen treatment on (i) 17 March (110 kg/ha), (ii) 12 April (110 kg/ha), (iii) March (28 kg) + April (82 kg), (iv) April (82 kg) + 8 May (28 kg), with or without a pgr (chlormequat) on 1 March 1984 (GS 30). The 24 treatments (3 x 4 x 2 factorial) were arranged in incomplete split plots (plot size 12 x 4m) and replicated 3 times.

In the same field, some of the treatments were applied to cvs. Sonja and Tipper. On these two cultivars, the 3-fungicide and nil-fungicide programmes, mid-March with mid-April nitrogen treatments, with or without the pgr at GS 30, were compared. The eight treatments (2 x 2 x 2 factorial) were arranged in randomised blocks and replicated four times.

Foliar diseases were identified and assessed in autumn, spring and summer by estimating the diseased (DLA%) and green areas (GLA%) on the topmost leaves of 10 primary shoots removed at random from each plot. At

GS 39, 17 May 1984, the size of the topmost 3 leaves from 10 primary shoots/plot were measured, using an Optomax Image Analyser. On a pre-selected 50 cm length of row/plot, tiller numbers at GS 30, fertile stems and grains/ear at GS 59 were counted. At harvest, 18 July 1984, whole plots were harvested with a Claas Compact combine, 2.15m cut. Plot yields were weighed on the combine and samples taken for moisture, grain size and weight determinations.

RESULTS

In autumn and spring, powdery mildew (*Erysiphe graminis*), net blotch (*Pyrenophora teres*) and leaf blotch (*Rhynchosporium secalis*) were present on all cultivars. From May onwards, powdery mildew was the most prevalent of these diseases, with brown rust (*Puccinia hordei*) developing from June.

The November-applied fungicide suppressed foliar disease in autumn and early spring, and the later fungicide treatments (applied at GS 31 and GS 39) substantially decreased disease on the topmost leaves of mature plants. Nitrogen timing also influenced disease severity. In cvs. Igri, Sonja and Tipper there was less disease and more green leaf in May where the main nitrogen top dressing was delayed from March until April (Table 1). Plant growth regulator had little consistent effect on disease in any variety.

TABLE 1

Effect of nitrogen timing, fungicide and plant growth regulator treatments on green (GLA) and diseased (DLA) leaf areas of winter barley cvs. Sonja, Tipper and Igri in May (back transformed means)

	cv. Sonja Leaf 3		cv. Tipper Leaf 2		cv. Igri Leaf 3	
	GLA %	DLA %	GLA %	DLA%	GLA %	DLA %
Effect of N timing - irrespective of fungicides or pgr application						
(i) March N	77.2	20.4	80.5	17.3	73.8	19.6
Change due to:						
(ii) April N	+17.9	-15.9	+ 5.1	- 4.8	+ 9.5	- 4.9
LSD (P=0.05)	± 3.97	± 4.00	± 3.60	± 3.50	± 7.16	± 5.02
Effect of fungicide and pgr - irrespective of N timing						
Nil fungicide, nil pgr	86.8	11.6	77.7	19.1	73.3	23.1
Change due to:						
pgr	+ 4.4	- 3.1	+ 0.8	+ 1.4	+ 3.9	- 1.9
Fungicide	+ 4.2	- 3.5	+ 9.4	- 7.5	+ 9.6	- 8.6
Fungicide + pgr	- 1.6	+ 1.1	+10.1	- 9.0	+11.6	- 9.7
LSD (P=0.05)	{+ 5.93 - 9.36	{+ 9.57 - 5.68	{+ 6.80 - 8.62	{+ 8.49 - 6.39	{+ 9.59 -12.34	{+ 9.23 - 7.25

Leaf size was also much influenced by nitrogen timing. On cv. Igri, in the absence of pgr, largest leaves resulted from March-applied nitrogen. The pgr reduced leaf size, except where nitrogen was applied in March + April (treatment iii). In cv. Sonja, March nitrogen again gave larger leaves than April nitrogen, but the pgr had no significant effect. With cv. Tipper responses were slight and irregular (Table 2). Fungicide programmes had no significant effect on leaf size.

TABLE 2

Effect of nitrogen timing and plant growth regulator on mean leaf size (cm^2) measured on 17 May (GS 39)

Treatment		Sonja			Tipper			Igri		
pgr	N	Flag	Leaf 2	Leaf 3	Flag	Leaf 2	Leaf 3	Flag	Leaf 2	Leaf 3
-	Mar.	10.8	26.3	22.2	18.7	26.4	21.1	11.0	21.2	19.1
-	Apr.	6.9	17.0	15.2	19.7	26.3	23.1	9.1	17.7	16.9
-	Mar.+Apr.	-	-	-	-	-	-	8.0	16.5	15.5
-	Apr.+May	-	-	-	-	-	-	9.3	18.0	17.5
+	Mar.	12.3	23.9	18.6	22.1	27.1	19.2	9.6	18.0	15.1
+	Apr.	8.1	20.2	17.5	16.7	24.9	18.6	8.5	15.4	14.3
+	Mar.+Apr.	-	-	-	-	-	-	10.2	18.1	16.0
+	Apr.+May	-	-	-	-	-	-	7.3	15.6	15.3
LSD (P=0.05)		+4.77	+6.70	+5.92	+3.67	+3.34	+4.28	+2.06	+2.16	+2.67

In all cultivars, the number of tillers counted at GS 30 was increased by the autumn fungicide treatment. Subsequent tiller survival (71 - 66%) was not affected by later fungicide treatments; thus at GS 59 up to 11% more ears were present in the 3-spray programme plots than in unsprayed plots. Ear numbers were greater with April nitrogen than March nitrogen and were increased by the pgr treatment. None of the experimental treatments significantly affected grain number/ear.

In cv. Igri, both fungicide treatments increased grain yield by 11% and a 12% yield response was given by the pgr treatment. April and April + May nitrogen gave higher grain yields than March or March + April applications.

All three cultivars gave extra yield when the main nitrogen dressing was delayed from mid-March to mid-April. In cv. Tipper and Igri, fungicide or pgr treatment increased yield (Table 3), and greatest yields were obtained with combined fungicide and pgr treatment. With cv. Sonja, a yield increase was given by fungicide treatment plus pgr, but not by either alone.

DISCUSSION

Nitrogen can improve production if applied in the correct quantity and at the correct time, but its effectiveness can be much impaired by fungal disease. Encouraging early vegetative growth with nitrogen in March, gave larger leaves, and a more dense crop canopy, and thus encouraged the development of foliar disease. Although this was well contained by fungicide treatment, grain yield was less from March nitrogen than from April nitrogen. Delaying nitrogen until April gave smaller leaves and less disease, earlier ear emergence, and longer duration of green leaf, and thus increased the grain filling period. These findings and further studies on interactions to determine whether they are consistently additive, independent or synergistic, should aid the development of control strategies that rationalise crop husbandry inputs.

TABLE 3

Effect of nitrogen timing, fungicide and plant growth regulator treatments on grain yield of cvs. Sonja, Tipper and Igri

	Grain yield (t/ha)		
	Sonja	Tipper	Igri
Effect of N timing - irrespective of fungicide or pgr application			
(i) March N	8.14	5.25	8.69
Increase due to			
(ii) April N	+ 0.83	+ 1.18	+ 0.50
LSD (P=0.05)	+ 0.291	+ 0.701	+ 0.347
Effect of fungicide and pgr - irrespective of N timing			
Nil fungicide, nil pgr	8.14	4.33	7.56
Increase due to:			
pgr	+ 0.22	+ 1.26	+ 1.22
Fungicide	+ 0.25	+ 2.09	+ 1.08
Fungicide + pgr	+ 1.19	+ 2.68	+ 2.50
LSD (P=0.05)	+ 0.386	+ 1.005	+ 0.425

REFERENCES

Jordan, V.W.L.; Best, G.R.; Stinchcombe, G.R. (1983) Interactions between nitrogen, growth regulator and fungicide on winter barley. 10th International Congress of Plant Protection 3, 928.

Jordan, V.W.L.; Stinchcombe, G.R. (1984) Biology and control of fungal diseases of cereals. Report Long Ashton Research Station for 1983 56-60.

Jordan, V.W.L.; Stinchcombe, G.R. (1985) Interactions between fungicide, plant growth regulator and nitrogen fertiliser application on foliar disease and yield of winter barley. Annals of Applied Biology (in Press).

INTERACTIONS ENTRE AZOTE, REGULATEURS DE CROISSANCE ET APPLICATIONS DE FONGICIDES, ET LES MALADIES ET LE RENDEMENT DE L'ORGE D'HIVER

V.W.L. JORDAN, G.R. STINCHCOMBE, S.F. TODD

Le moment de l'application principale d'azote sur orge d'hiver a un effet marqué sur la croissance de la récolte et sa structure, les maladies foliaires et le rendement. Un retard dans l'application d'azote de la mi-mars (GS 31) à la mi-avril (GS 31), sur chacun des trois cultivars observés, Igri, Sonja et Tipper, a pour résultat des feuilles plus petites, moins d'incidence de maladie foliaire et un plus haut rendement de grain. Le traitement aux fongicides et au régulateur de croissance augmente le rendement d'Igri et de Tipper; les meilleurs rendements sont obtenus avec les fongicides et le régulateur de croissance, ainsi que l'application d'azote en avril. Avec le cultivar Sonja, une augmentation significative de rendement est obtenue à l'aide des fongicides et du régulateur de croissance, mais non quand ils sont utilisés séparément. En general, les effets d'un retard d'apport d'azote, de traitement fongicide et de régulateur de croissance apparaissent comme étant indépendants et additifs.

CARACTERISTIQUES DES SOUCHES DE PSEUDOCERCOSPORELLA HERPOTRICHOIDES ISOLEES EN FRANCE SUR BLE D'HIVER

P. LEROUX, M. GREDT, M. VAN BERKEL

I.N.R.A., Station de Phytopharmacie, 78000 Versailles, France

N. CAVELIER, D. LEPAGE

I.N.R.A., Station de Phytopathologie, 35650 Le Rheu, France

RESUME

Les sondages réalisés en France depuis 3 ans ont montré l'existence d'une variabilité de sensibilité de Pseudocercosporella herpotrichoides vis à vis de produits antimitotiques (benzimidazoles, phénylcarbamates) et d'inhibiteurs des stérols. Les caractéristiques des divers types d'isolats sont précisées (vigueur, sporulation, pouvoir pathogène, niveaux de résistance, spectres de résistance).

INTRODUCTION

La lutte contre P. herpotrichoides agent du piètin-verse des céréales est possible à l'aide de deux types de fongicides les benzimidazoles (bénomyl, carbendazime, thiophanate-méthyl) et certains inhibiteurs de la biosynthèse des stérols (prochloraze, DPX. H6573). Etant donné que pour ces deux types de produits fongitoxiques la résistance (au champ ou en laboratoire) a été observée avec d'autres champignons (Leroux, 1985) il nous a paru intéressant de savoir si ce phénomène concernait également P. herpotrichoides. Les résultats présentés dans cet article complètent ceux publiés antérieurement (Cavelier et Lepage, 1985 ; Leroux et Cavelier, 1983 ; Leroux et Gredt, 1985).

MATERIEL ET METHODES

Les souches de P. herpotrichoides ont été isolées en 1983 ou 1984 à partir de blés tendres d'hiver. Elles sont maintenues sur du malt gélosé, du PDA ou sur un milieu à base de farine de maîs (Leroux et Gredt, 1985).

Pour étudier l'effet des fongicides sur la croissance mycélienne de P. herpotrichoides le milieu de culture retenu est à base de sels minéraux-glucose-extrait de levure (MGE) (Leroux et Cavelier, 1983). Les essais sont réalisés soit en milieu gélosé soit en milieu liquide agité (dans ce dernier cas l'inoculation est réalisée par des spores ou des fragments mycéliens).

L'action inhibitrice des fongicides au niveau de la germination des spores et de l'élongation des filaments germinatifs est étudiée sur eau gélosée selon le protocole de Leroux et Gredt (1985).

La sporulation du champignon en milieu gélosé est analysée en prélevant une surface déterminée d'une culture âgée de 2 à 3 semaines (soumise ou non à un éclairement en lumière noire).

Le pouvoir pathogène est estimé selon le protocole de Cavelier et Lepage (1985) sur blé d'hiver (Talent) et sur seigle (Petkus). L'inoculation est réalisée par des spores et à l'épiaison les plantes (50 par condition) sont réparties en trois classes : 0 : plantes saines - 1 : nécroses sur gaines - 2 : stromas sur tiges. Pour chaque souche une note moyenne caractérise son pouvoir pathogène.

RESULTATS

1 - Caractéristiques des isolats de P. herpotrichoides

Sur milieu gélosé MGE il est possible de distinguer deux types de souches en fonction de leur croissance (à 20°C) et de leur morphologie :

I - Souches ayant une vitesse de croissance journalière supérieure à 2 mm, dont les colonies présentent une marge régulière et une pigmentation brun foncé à noir
II - Souches ayant une vitesse de croissance journalière inférieure à 1,5 mm, dont les colonies présentent une marge irrégulière (plus ou moins digitée) et une pigmentation brun clair.

En milieu liquide agité les isolats de types I et II ont des vitesses de croissance similaires.

Les spores de toutes les souches ont des dimensions voisines et leur taux de germination est supérieur à 90 % ; quant aux longueurs des filaments germinatifs apicaux (observés après 48 h d'incubation), elles sont parfois un peu plus faibles pour les souches de type II.

Bien que la sporulation soit très variable entre des isolats d'un même type (10 à 10 000 sp/mm2), les essais réalisés sur une cinquantaine de souches de chaque catégorie indiquent cependant que les isolats de types II sporulent autant voire plus que ceux de type I.

Sur blé, les souches de type I sont plus agressives que celles de type II ; seules ces dernières peuvent attaquer le seigle (tableau 1).

Tableau 1 : Agressivité de P. herpotrichoides sur le blé d'hiver
(moyenne de 2 souches par type)

Types de souches	Temps (jours) séparant la notation de l'inoculation		
	67	83	93
I	1,1	1,7	1,9
II	0,3	0,4	0,7

2 - Résistance de P. herpotrichoides à des antimitotiques (tableau 2).

La plupart des isolats (de types I ou II) présentent l'un des 4 comportements suivants vis à vis des benzimidazoles et du barbane (phénylcarbamate) :

A : souches sensibles aux benzimidazoles et résistantes au barbane.
B : souches moyennement résistantes aux benzimidazoles et sensibles au barbane.
C : souches fortement résistantes aux benzimidazoles et sensibles au barbane.
D : souches fortement résistantes aux benzimidazoles et résistantes au barbane.

Les souches résistantes aux benzimidazoles les plus fréquemment rencontrées sont B et C et lorsqu'elles sont de type I elles présentent un pouvoir pathogène sur blé équivalent à celui des A et une meilleure compétitivité (Cavelier et Lepage, 1985).

Tableau 2 : Effets de divers antimitotiques sur la croissance mycélienne en milieu gélosé de P. herpotrichoides (moyenne de 3 souches de type I et de 3 souches de type II)

Produits antimitotiques	CI 50 "mycélium" en mg/l pour les souches :			
	A	B	C	D
Bénomyl	0,06	15	> 100	90
Carbendazime	0,06	60	> 100	> 100
Thiabendazole	0,2	2	40	8
Barbane	15	0,5	2	15

Tableau 3 : Effets du triadiménol sur la croissance pondérale en milieu liquide agité de P. herpotrichoides (poids secs exprimés en % du témoin après un traitement de 5 jours ; moyenne de 3 souches par type)

Types de souches	Concentrations en triadiménol mg/l		
	3	30	300
Ia	45	8	6
Ib	90	85	55
II	95	80	60

3 - Résistance de P. herpotrichoides à des inhibiteurs des stérols

Parmi les souches de type I certaines sont sensibles au triadiménol (Ia : CI 50 "mycélium" inférieure à 2 mg/l) tandis que d'autres sont résistantes (Ib : CI 50 "mycélium" compris entre 5 et 50 mg/l). Quant aux isolats de type II ils sont tous résistants au triadiménol. Ces différences de comportement s'observent également en milieu liquide agité (tableau 3).

D'après les résultats du tableau 4 il s'avère qu'il y a résistance croisée positive entre le triadiménol et d'autres inhibiteurs de la C-14 déméthylation des stérols ; le prochloraze se singularise du fait qu'il inhibe tous les isolats de manière similaire. Quant au tridémorphe et au fenpropimorphe bien qu'ayant des modes d'action voisins, ils ont des effets différents (tableau 4). Il est intéressant de noter l'existence d'une résistance croisée négative pour les isolats II entre les inhibiteurs de la C-14 déméthylation des stérols et le fenpropimorphe.

CONCLUSION

De part leurs différences de comportements vis à vis des antimitotiques et d'inhibiteurs des stérols les isolats de P. herpotrichoides peuvent être répartis en 12 catégories. Au sein d'une même parcelle il est courant d'observer 5 à 6 classes d'isolats ; nous avons observé un cas avec 8 types d'isolats.

Pour ce qui est de la résistance aux fongicides benzimidazoles, les deux classes les plus fréquentes (B,C) sont sensibles au barbane et présentent une bonne compétitivité. Les isolats de type D (résistants aux benzimidazoles et au barbane) étant assez rares dans la nature, il est possible qu'ils survivent difficilement.

Tableau 4 : Effets d'inhibiteurs des stérols sur la croissance mycélienne ou l'élongation des hyphes mycéliens en milieu gélosé de P. herpotrichoides (moyenne de 4 souches par classe)

Inhibiteurs des stérols	CI50 "mycélium" en mg/l pour			CI50 "filaments germinatifs" en mg/l pour		
	Ia	Ib	II	Ia	Ib	II
Dichlobutrazol	0,90	2,0	6,0	0,50	0,70	0,80
Fénarimol	0,50	1,0	4,0	0,20	1,0	2,0
Flutriafol	0,60	3,5	12,0	0,20	0,60	1,5
Imazalil	0,05	0,20	0,5	0,002	0,02	0,05
Propiconazol	0,40	3,0	6,0	0,01	0,10	0,20
Triadiménol	1,0	30	100	0,1	3,0	8,0
Prochloraze	0,06	0,07	0,03	0,002	0,002	0,001
Fenpropimorphe	12,0	12,0	1,0	0,08	0,07	0,04
Tridémorphe	0,25	0,50	(0,5-5)	0,1	0,1	(0,1-1)

La résistance aux inhibiteurs des stérols peut (II) ou non (Ib) s'accompagner de caractéristiques particulières (notamment croissance mycélienne réduite sur milieu gélosé). Par ailleurs si tous les isolats sont aggressifs sur blé, par contre sur seigle les II sont pathogènes mais pas les Ia (le comportement des Ib est en cours d'étude). Dans ces conditions, il se peut qu'il y ait correspondance d'une part entre Ia - le type "blé" (W) et P. herpotrichoides var. herpotrichoides et d'autre part entre II - le type "seigle" (R) et P. herpotrichoides var. acuformis (cf. Leroux et Gredt, 1985). Des travaux se poursuivent afin de préciser la nuisibilité et la compétitivité des souches résistantes aux inhibiteurs des stérols (Ib et II).

REFERENCES BIBLIOGRAPHIQUES

Cavelier, N. ; Lepage, D. (1985) caractéristiques des souches de Pseudocercosporella herpotrichoides résistantes aux fongicides benzimidazoles et thiophanates : pouvoir pathogène, capacité de développement. lère Journées d'études sur les maladies des plantes, tome 1, ANPP. 49-56

Leroux, P. (1985) les phénomènes de résistance des champignons phytopathogènes aux fongicides. lère Journées d'études sur les maladies des plantes, tome 1, ANPP, 19-45

Leroux, P. ; Cavelier, N. (1983) Caractéristiques des souches de Pseudocercosporella herpotrichoides résistantes aux fongicides benzimidazoles et thiophanates. Défense des Végétaux, 222, 231-238

Leroux, P. ; Gredt, M. (1985) variabilité de la sensibilité de Pseudocercosporella herpotrichoides, agent du piétin-verse des céréales, aux fongicides : conséquences pratiques. lère Journées d'études sur les maladies des plantes, tome 1, ANPP, 57-64

CHARACTERISTICS OF STRAINS OF PSEUDOCERCOSPORELLA HERPOTRICHOIDES ISOLATED FROM WINTER WHEAT IN FRANCE

Several types of strains of P. herpotrichoides resistant to antimitotic benzimidazoles (benomyl, carbendazim,...) or to sterol inhibitors (fenarimol, triadimenol,...) have been isolated from winter wheat in France. Some of their characteristics are described.

FUNGICIDAL CONTROL OF THE NORTHERN LEAF BLIGHT OF CORN

Y. LEVY

Life Sciences Department, Bar-Ilan University, Ramat-Gan, Israel

ABSTRACT

The antifungal activity of four fungicides against Exserohilum turcicum Pass., the causal agent of the northern leaf blight disease of corn, was tested. Under greenhouse conditions, chlorothalonil exhibited the highest control of the disease. Mancozeb was somewhat less effective. Both fungicides retained their activity for more than 10 days and were quite resistant to wash off. In field experiments, chlorothalonil was found to significantly reduce disease severity. It was concluded that chlorothalonil could be used as a replacement for mancozeb in controlling the northern leaf blight disease of corn.

INTRODUCTION

Northern leaf blight of corn (Zea mays L.) caused by Exserohilum turcicum Pass. occurs in many corn-growing areas of the world (Ellis & Holliday 1971) and causes extensive yield losses in Israel. Resistant varieties of sweet corn are of limited use and fungicidal control, especially with mancozeb, is the main measure taken against the disease (Berger 1973, Cox 1956). In this study the effectiveness of mancozeb and other fungicides in controlling E. turcicum was examined with the aim to find a replacement to mancozeb because of the possibility that some uses of ethylene bis-dithiocarbamates may be restricted (Miller 1972).

MATERIALS AND METHODS

The following fungicides were tested: chlorothalonil: tetrachloro-2,4, 5,6 (isophtalonitril), mancozeb: zinc ethylene 1,2-bis (dithiocarbamate) manganous, triforine: piperazine-1,4-diyl-bis [1-(2,2,2 trichloroethyl formamidel] and zineb: zinc-methyl-ethylene bis-dithiocarbamate. The effectiveness of the fungicides in controlling the blight was tested on suceptible corn plants (cv. Jubilee), grown in the greenhouse (20-32°C). At the 5-leaf stage, plants were sprayed to run-off with a fungicide solution and inoculated either at 24h or 10 days after spraying. Inoculations were performed by spraying the plants with a spore suspension containing 13000 spores/ml. Inoculated plants were incubated in a dew chamber (20°C) in the dark for 24h, then returned to the greenhouse. Seven days after inoculation diseased leaf area was measured. Retention of the fungicides was tested as follows: 5-leaf plants were sprayed to run-off with fungicide solution. Two hours after drying half of the sprayed plants were washed with a heavy spray of water (75 ml/plant) and at 24h after washing plants were inoculated as described above. The effect of the fungicides on spore production of the pathogen on normally-developed lesions was tested by placing infected leaves on filter paper saturated with a fungicide solution and incubating them in the dark for 36h at 20°C. At the end of the sporulation period, spores from individual lesions were collected into a fixative solution, filtered through a 5u millipore membrane and counted microscopically. Samples of the spores were taken for germination tests. Preliminary field experiments were done in a commercial field of sweet corn (cv. Jubilee) at tasseling time. The field was planted on 15.8 and sprayed from an aircraft with chlorothalonil at either 2500 gr/ha or 5000 gr/ha on 24.9, when 4.2% of the total leaf area was covered by the disease (leaves 1-4, 10%; leaves 5-8, 13%; leaves 9-11, 0%). Final disease severity was recorded a day before harvest.

RESULTS

The effect of the fungicides in controlling the northern leaf blight of corn is presented in Tables 1 and 2. Results indicate that both chlorothalonil and mancozeb were effective in controlling the disease. Triforine and zineb were found to be ineffective. Chlorothalonil and mancozeb maintained their antifungal activity for a 10-day period (the longest tested).

TABLE 1

Fungicidal control of the northern leaf blight disease on sweet corn (cv. Jubilee)

Fungicide concentration (ppm)	Average disease leaf area (%) Chlorothalonil	Mancozeb	Zineb	Triforine
0	90	90	90	90
10	35	40	85	85
50	27	35	70	92
100	5	17	60	87
500	0	0	55	20

Plants at the 5-leaf stage were inoculated at 24h after a single fungicide application (10 plants/treatment). Percentage of diseased leaf area was measured 7 days after inoculation. Average standard deviation for all treatments was 7% (range 2-12%).

TABLE 2

Control of the northern leaf blight disease of sweet corn at various intervals after fungicidal application

Interval period (days)	Average disease leaf area (%) Chlorothalonil (ppm) 0	10	50	100	500	Mancozeb (ppm) 0	10	50	100	500
1	90	30	27	18	0	90	35	40	15	0
10	95	47	33	12	5	95	57	55	24	8

Experiment was conducted as in Table 1. Average S.D. for all treatments was 7% (range 5-16%).

Retention experiments indicate that chlorothalonil and mancozeb deposits remained on the leaf surface after a heavy washing with water. Sporulation of E. turcicum on corn leaves was suppressed by three of the four fungicides tested only at relatively high concetrations (Table 3). Chlorothalonil, which had no effect on sporulation, greatly reduced germination capacity of the spores produced. Chlorothalonil was also effective in controlling the blight under field conditions. A single spray with either 2500 gr/ha or 5000 gr/ha reduced the severity of the disease on leaves 5-8 by 23 and 44%, respectively. The controlling effect of the fungicide was less apparent on leaves 9-12 (Table 4).

TABLE 3

Sporulation and germination capacity of E. turcicum on corn leaves floated on fungicidal solutions

Fungicide conc. (ppm)	Spores per cm of leaf area x 10 (% germination) Chlorothalonil	Mancozeb	Zineb	Triforine
0	10.3 (92)	10.2 (92)	10.2 (92)	10.2 (92)
10	11.7 (35)	8.6 (44)	8.4 (90)	8.0 (90)
50	12.1 (16)	9.2 (15)	8.0 (85)	5.2 (85)
100	11.2 (10)	6.5 (7)	7.2 (24)	3.2 (80)
500	10.3 (0)	4.0 (0)	3.7 (15)	0.0 -
1000	10.4 (0)	0.0 -	0.0 -	0.0 -

Average S.D. 21% (range 6-28%).

TABLE 4

Effect of chlorothalonil in controlling the northern leaf blight disease of corn under field conditions

Leaves (from stem base) area (%)	Treatment	Initial disease leaf area (%)	Final disease leaf area (%)
	Control untreated		100
1-4	2500 gr/ha	10	95
	5000 gr/ha		95
	Control untreated		65
5-8	2500 gr/ha	1.3	42
	5000 gr/ha		21
	Control untreated		12
1-4	2500 gr/ha	0	10
	5000 gr/ha		3

DISCUSSION

The results presented in this paper indicate that chlorothalonil was the most efficient of the four fungicides tested in controlling E. turcicum on corn plants. Under greenhouse conditions, one spray to run-off with chlorothalonil at 100 ppm reduced disease leaf area of corn plants by 82-95% compared with unsprayed inoculated plants, while one spray of this fungicide at 500 ppm completely prevented disease development. Plants sprayed with chlorothalonil at 100 ppm remained resistant to infection for about 10 days. Chlorothalonil was efficient in controlling the blight even after a heavy washing of the plants with water. The blight disease was also shown to be controlled by chlorothalonil under field conditons. In our particular experiment, chlorothalonil was applied when lower leaves were moderately infected. This, together with the poor coverage with the fungicide on the lower leaves, may explain the ineffectiveness of the material to protect lower leaves. However, middle and upper leaves were efficiently protected, especially if we take into consideration the heavy amounts of inoculum produced on lower leaves. It seems that in order to achieve maximal effectiveness of chlorothalonil under field conditions it should be applied earlier in the season. Covering the infected lower leaves with soil during final cultivation (Lay-by) was reported by Berger (1973) to delay an epidemic outbreak by 5-7 days. Although more studies are needed in the field, it might be concluded that chlorothalonil may serve as an effective replacement for mancozeb in controlling the blight.

REFERENCES

Berger, R.D. (1973) Helminthosporium turcicum lesion numbers related to number of trapped spores and fungicide spray. Phytopathology 63, 930-933.

Cox, R.S. (1956) Control of the Helminthosporium blight disease on sweet corn in south Florida. Phytopathology 66, 112-115.

Ellis, M.B.; Holliday, P. (1971) Trichometaspharea turcica (conidial state: Drechslera turcica). Description of Pathogenic Fungi and Bacteria, Commonwealth Mycological Institute, Kew, Surrey, England, No. 304, 2p.

Miller, P.M. (1972) Fungicidal control of Helminthosporium maydis and three other species of Helminthosporium. Plant Disease Reporter 56, 612-614.

LUTTE PAR LES FONGICIDES CONTRE SETOSPHAERIA TURCICA SUR MAIS

On a testé l'activité antifongique de quatre fongicides contre S. turcica, l'agent responsable de la maladie des stries du maïs. En serre, le chlorothalonil montre la meilleure aptitude à lutter contre la maladie. Le mancozèbe s'est révélé moins efficace que le chlorothalonil. Les deux fongicides conservent leur activité pendant plus de 10 jours et résistent assez bien aux lavages. Au champ, le chlorothalonil se montre assez résistant aux lavages et capable de réduire de façon significative la gravité de la maladie. Il apparaît, en conclusion, que le chlorothalonil pourrait être utilisé en remplacement du mancozèbe dans la lutte contre S. turcica.

A FENPROPIMORPH/IPRODIONE FORMULATION FOR BROAD SPECTRUM DISEASE CONTROL IN WHEAT AND BARLEY

R.T.Mercer, T.W.Cox

May & Baker Ltd., Ongar, Essex, United Kingdom

ABSTRACT

An emulsifiable concentrate formulation containing the active ingredients fenpropimorph and iprodione has recently been developed for the United Kingdom cereal fungicide market. It achieves a high degree of control of the major leaf and ear diseases of wheat and barley thus providing the grower with a broad spectrum product combining different modes of action to that of the widely used triazoles and imidazoles.

INTRODUCTION

The fenpropimorph/iprodione formulation is an emulsifiable concentrate containing 150g a.i. per litre fenpropimorph and 100g a.i. per litre iprodione. Fenpropimorph is very effective against Rhynchosporium on barley and the powdery mildew and rust diseases of cereals whilst iprodione controls net blotch on barley and Septoria nodorum, Alternaria spp. and a range of saprophytic ear moulds on wheat.

The triazole and imidazole fungicides are currently widely used in the United Kingdom as seed dressings and stem extension, flag leaf emergence and ear emergence sprays on cereals. All these materials have a similar mode of action which has resulted in considerable selection pressure being exerted on the fungal pathogens. Over a period of years this has led to the build up of fungal strains less affected by these materials, particularly the cereal powdery mildews (Erysiphe graminis) (Fletcher & Wolfe 1981). The aim in combining these two materials was to produce a formulation with a broad spectrum of activity against the important foliar and ear diseases of wheat and barley using fungicides having a different mode of action to that of the triazoles and imidazoles.

METHODS

The formulation was evaluated in small-plot replicated trials in the United Kingdom, the majority of which were taken to yield. Sprays were applied using single wheel small-plot motorised sprayers, at a volume rate of 200 l/ha. Additional large plot trials were carried out using farm sprayers. For treatments applied prior to ear emergence the formulation was used at a rate of 5 l/ha giving 750g fenpropimorph and 500g iprodione per hectare. Following ear emergence rates of 3.75 l/ha (563g fenpropimorph + 375g iprodione per hectare) and 5 l/ha were evaluated. In certain treatments thiophanate-methyl was added as a tank mix at the rate of 500g a.i./ha to increase the spectrum of disease control.

RESULTS

I - Control of Diseases in wheat

(a) Control of Septoria nodorum on winter wheat

Compound	Dose rate g a.i. per hectare		% leaf area diseased leaf 2		
	Growth Stage at Spraying Z40	Growth Stage at Spraying Z65	Cultivar Bounty	Cultivar Avalon	Cultivar Brigand
Fenpropimorph+iprodione	750+500	750+500	8.6	1.0	0.4
Fenpropimorph+iprodione	750+500	563+375	10.4	0.3	0.3
Propiconazole	125	125	10.6	1.8	0.4
Untreated	-	-	19.0	20.3	26.6
Assessment days after final spray			20	37	30

(b) Control of brown rust (Puccinia recondita) on winter wheat

Compound	Dose rate g. a.i. per hectare		% leaf area diseased leaf 2	
	Growth Stage at Spraying Z40	Growth Stage at Spraying Z65	Cultivar Avalon Site 1	Cultivar Avalon Site 2
Fenpropimorph+iprodione	750+500	750+500	1.3	0.1
Fenpropimorph+iprodione	750+500	563+375	1.3	0.1
Fenpropimorph	750	750	1.1	-
Propiconazole	125	125	-	0.1
Untreated	-	-	13.9	2.5
Assessment days after final spray			43	35

(c) Control of 'Sooty moulds' on winter wheat

Compound	Dose rate g. a.i. per ha. Growth stage at Spraying Z60	% Glume infection	
		Cultivar * Galahad	Cultivar Fenman
Fenpropimorph+iprodione	750 + 500	-	15
Fenpropimorph+iprodione+ thiophanate methyl	750 + 500 + 500	38	0
Triadimefon + Captafol	125 + 1300	38	-
Untreated	-	75	35
Assessment days after spraying		51	43

* Rosemaund Experimental Husbandry Farm trial.

II - Control of diseases in barley

(a) Control of powdery mildew (*Erysiphe graminis*) in winter (W) and spring (S) barley

Compound	Dose rate g. a.i. per hectare		% leaf area diseased - leaf 3		Golden Promise
	Growth Stage at Spraying Z31	Growth Stage at Spraying Z45	Cultivar Sonja (W)	Cultivar Golden Promise (S)	Yield as a % of untreated
Fenpropimorph+iprodione	750+500	750+500	0.3	0.6	111
Fenpropimorph	750	750	-	0.1	110
Propiconazole+carbendazim	125+100	125+100	3.5	-	-
Untreated	-	-	13.0	24.8	(6.3 t/ha)
Assessment days after final spray			20	35	-

(b) Control of net blotch (*Pyrenophora teres*) in winter barley

Compound	Dose rate g. a.i. per hectare		Cultivar Sonja - Site 1		Cultivar Sonja - Site 2	
	Growth Stage at spraying Z31	Growth Stage at spraying Z54	% leaf area diseased leaf 3	Yield as % of untreated	% leaf area diseased leaf 1	Yield as % of untreated
Fenpropimorph + iprodione	750+500	750+500	1.9	121	3.0	113
Propiconazole + carbendazim	125+100	125+100	4.0	116	3.3	109
Untreated	-	-	29.8	(6.5 t/ha)	40.0	(6.7 t/ha)
Assessment days after final spray			20	-	39	-

(c) Control of leaf blotch (*Rhynchosporium secalis*) in winter barley

Compound	Dose rate g. a.i. per hectare		Cultivar Maris Otter Site 1		Cultivar Maris Otter Site 2	
	Growth Stage at Spraying Z31	Growth Stage at Spraying Z50	% leaf area diseased leaf 1	Yield as % of untreated	% leaf area diseased leaf 2	Yield as % of untreated
Fenpropimorph + iprodione	750+500	750+500	0.9	111	1.0	107
Propiconazole + carbendazim	125+100	125+100	0.1	111	1.2	112
Untreated	-	-	12.7	(6.3 t/ha)	9.3	(6.1 t/ha)
Assessment days after final spray			23	-	28	-

(d) Control of brown rust (Puccinia hordei) in winter barley

Compound	Dose rate g. a.i. per hectare Growth stage at spraying Z50	% leaf area diseased leaf 1 Cultivar Maris Otter Site 1	Cultivar Maris Otter Site 2
Fenpropimorph+iprodione	750 + 500	1.2	3.3
Propiconazole+carbendazim	125 + 100	0.9	2.1
Untreated	-	5.8	9.9
Assessment days after spraying		29	45

CONCLUSIONS

In field trials in the United Kingdom, the fenpropimorph/iprodione formulation has been shown to be effective against the major foliar and ear diseases of wheat and barley at a dose rate of 5 l/ha (750g fenpropimorph + 500g iprodione) under conditions of severe disease pressure. Where infection pressure is less intense following ear emergence a dose rate of 3.75 l/ha (563g fenpropimorph + 375g iprodione) has been found to give satisfactory control. The availability of this formulation in the United Kingdom under the trade name SIROCCO gives the farmer an increased opportunity to alternate the use of fungicides with different modes of action in his cereal spray programmes.

Reference

FLETCHER, J.T., WOLFE, M.S. (1981) Insensitivity of Erysiphe graminis f. sp hordei to triadimefon, triadimenol and other fungicides. Proceedings 1981 British Crop Protection Conference, 633-640.

Résumé

Une formulation fenpropimorphe/iprodione à large spectre pour la protection du blé et de l'orge

Une formulation concentrée émulsionnable contenant du fenpropimorphe et de l'iprodione a été dévelopée récemment au Royaume-Uni, pour lutter contre les maladies des céréales. Elle garantit un haut degré d'efficacité contre les principales maladies des feuilles et des épis. Son originalité réside dans son spectre d'activité large et dans le mode d'action de chacun des composants qui diffère de celui des triazoles et imidazoles très largement utilisés jusqu'à maintenant.

YIELD RESPONSES FROM FUNGICIDE TREATMENT OF CEREAL, OILSEED RAPE AND PERENNIAL RYEGRASS TRIALS IN ENGLAND AND WALES

R. H. PRIESTLEY, D. W. PARRY & C. KNIGHT

National Institute of Agricultural Botany, Cambridge, England

ABSTRACT

Yield responses from fungicide treatments applied to trials of wheat, barley, oats, oilseed rape and perennial ryegrass at sites in England and Wales were compared. Absolute responses were largest in winter sown wheat and barley and smallest in oats. Responses were intermediate in oilseed rape, perennial ryegrass and spring sown cereals.

INTRODUCTION

The use of fungicides on cereals in the United Kingdom (UK) has increased rapidly during the last decade. Over 90% of wheat and barley crops grown in the UK now receive one or more applications of fungicide. Recently, interest has developed in the use of fungicides on other arable crops, including oilseed rape and perennial ryegrass. This paper describes the results of trials conducted by the National Institute of Agricultural Botany at sites in England and Wales to compare the yield responses from fungicide treatment of cereals, winter oilseed rape and perennial ryegrass.

METHODS

Details of the fungicides used, their application rates and the dates of application are given in Table 1.

Cereals

The methods used were those described by Priestley and Bayles (1982). Treatments were randomised in a split-plot design with 3 replicates. Fungicide treatments (sprayed/unsprayed) were applied to main plots, each separated by an unsprayed area approximately 6m wide. Cultivars (4 to 18) were allocated to sub-plots, usually 20 x 2m. Data for winter wheat, winter barley and spring barley were collected over 4 years (1981-4 inclusive) and spring wheat, winter oats and spring oats over 3 years (1982-4 inclusive).

Oilseed Rape

The trial design was as described for cereals. The cultivar sub-plots were approximately 30 x 3m. Each trial included 9 cultivars.

TABLE 1. Details of fungicides used, dates of application and rates of applications to various crops

Crop		Application number 1	2	3	4	5	6	7
Winter Wheat	Product	(a)	a+b	c	a+d+e			
	Date	(Mar)	Apr	May	June			
Spring Wheat	Product	a+b	c					
	Date	Apr/May	May/June					
Winter Barley	Product	f	(a)	a+b	f	(g)		
	Date	Nov	(Oct-Mar)	Apr	May	(June)		
Spring Barley	Product	a+d	f					
	Date	Apr/May	May/June					
Winter Oats	Product	h	a+e	(c)				
	Date	Apr	May	(June)				
Spring Oats	Product	h	a					
	Date	May	June					
Winter Oilseed Rape	Product	j+k	j+k	i+k+l	i			
	Date	Oct/Nov	Mar	May	June			
Perennial Ryegrass	Product	g	g	(g)	g	g	g	(g)
	Date	Nov/Dec	Mar	(Apr)	June	July	Aug	(Oct)

( ) = Treatment only applied if disease spreading

Products a = Fenpropimorph (Corbel) at 1.0 l/ha; b = Prochloraz + Carbendazim (Sportak Alpha) at 1.5 l/ha; c = Triadimefon + Captafol (Bayleton C F) at 2.0 l/ha; d = Carbendazim (Bavistin F L) at 0.3 l/ha; e = Chlorothalonil (Bravo 500) at 2.0 l/ha; f = Propiconazole + Tridemorph (Tilt Turbo) at 1.0 l/ha; g = Propiconazole (Tilt) at 0.5 l/ha; h = Triadimefon (Bayleton) at 0.5 kg/ha; i = Iprodione (Rovral Flo) at 2.0 l/ha; j = Metalaxyl + Mancozeb (Fubol 58 WP) at 1.5 kg/ha; k = Prochloraz (Sportak) at 1.25 l/ha; l = Vinclozolin (Ronilan) at 1.5 kg/ha

Perennial Ryegrass

The trial design was as described for cereals. The cultivar sub-plots were approximately 5.0 x 1.3m. Each trial included 6 cultivars. Plots were sown in 1983 for cutting in 1984, 1985 and 1986. Trials were cut on 4 or 5 occasions each year and fungicides applied before the first cut and soon after each successive cut. Data are presented for 1984 only.

RESULTS

Average yields (t/ha) from untreated and fungicide treated plots are given in Table 2. Average yields from untreated plots varied from 3.44 t/ha for oilseed rape to 15.55 t/ha for perennial ryegrass. Yields of winter wheat (7.39 t/ha) were higher than for the other cereal crops. Absolute yield responses were largest in winter wheat and winter barley and smallest in oats, whether winter or spring sown. On a percentage basis, responses were smaller in oats and perennial ryegrass than the other crops.

TABLE 2 Average yields (t/ha) from cereals, oilseed rape and perennial ryegrass trials

Crop	No of trials	Year	Yield (t/ha) Untreated (U)	Treated (T)	Response†	% Response††
Winter Wheat	120	1981-4	7.39	8.50	1.11*	15
Spring Wheat	27	1982-4	5.54	6.10	0.56**	10
Winter Barley	89	1981-4	5.94	6.88	0.94**	16
Spring Barley	112	1981-4	5.30	5.95	0.65**	12
Winter Oats	11	1982-4	6.16	6.44	0.28ns	5
Spring Oats	12	1982-4	6.02	6.02	0.00ns	0
Winter Oilseed Rape	3	1983-4	3.44	3.83	0.39***	11
Perennial Ryegrass	8	1984	15.55	16.10	0.55***	4

* ** *** denotes significance at P = 0.05, P = 0.01 and P = 0.001 respectively, ns = not significant.

† = (T-U); †† = [(T-U)/U] x 100

DISCUSSION

There are a number of possible explanations for the wide range of yield responses to fungicides from the different crops. Firstly, yielld response may depend upon the number of fungicide applications. This seems unlikely as the largest number of applications of fungicide was made to perennial ryegrass (Table 1) and yet the average response of this crop was one of the smallest. A more likely explanation is that yield response is related to levels of infection at least in part. Under UK conditions wheat, barley and oilseed rape each suffer from at least four major diseases with potential to cause high levels of infection hence their % yield response is large. Oats are often heavily infected with mildew in the UK, but do not become seriously infected with any other disease, hence the % response tends to be small. Ryegrass is affected by similar diseases to cereals but the management of grass involves frequent cutting and grazing, so that inoculum is removed from time to time; hence infection levels are usually small and yield responses are small. However, this is probably only a partial explanation of the differences in yield response between crops. Other factors are probably involved, for example it is likely that fungicides delay the senescence of cereals (Priestley & Bayles, 1982), may also affect the leaf surface miroflora and may have a growth regulatory effect. Further work is clearly needed.

REFERENCES

Priestley, R. H.; Bayles, R. A. (1982) Effect of fungicide treatment on yield of winter wheat and spring barley cultivars. Plant Pathology 31, 31-37.

EFFETS DE TRAITEMENTS FONGICIDES SUR LE RENDEMENT DE PARCELLES EXPERIMENTALES DE CEREALES, COLZA ET DE RAY-GRASS VIVACE EN ANGLETERRE ET AU PAYS DE GALLES

On compare les effets de traitments fongicides sur le rendement de cultures expérimentales de blé, d'orge, d'avoine, de colza et de ray-grass vivace, en Angleterre et au pays de Galles. Les effets absolus les plus importants sont obtenus sur le blé semé en hiver et sur orge. Les moins importants sont obtenus sur l'avoine. On obtient des valeurs intermédiaires sur colza, ray-grass vivace et les céréales semées au printempts.

	DOSE g ma /hl	Nombre de Traitements	GOLDEN/M 106 - FRANCE 1984 Efficacité curative - % de circonférence du tronc atteint par le chancre		GOLDEN/M 106 - FRANCE 1984 Efficacité préventive. Nouveaux cas de maladie en 1984
			Avril 84	Octob. 84	
TEMOIN			54,4	53,3	4
phoséthyl-Al	200	2			0
		4	47,4	15,3	

Tableau 2 : Efficacité du phoséthyl-Al (pulvérisations foliaires) en situationspréventive et curative.

Badigeonnage des chancres

Des essais réalisés en Grande-Bretagne (Harris et al) ont permis de montrer qu'un badigeonnage des chancres après un curetage soigneux permettait également de stopper l'évolution des nécroses (tableau 3).

	COX ORANGE / M2 OU M26		
	ESSAI 1 Traitement avril 83 - Contrôle octobre 83		ESSAI 2 Traitement décembre 83 - Contrôle octobre 84
	Nbre de lésions (sur 17) actives après traitement	Croissance des lésions en mm	Nbre de lésions actives après traitement
TEMOIN	11	47	17 (sur 24)
phoséthyl-Al (pâte concentrée)	0	0	0 (sur 28)

Tableau 3 : Efficacité du phoséthyl-Al (badigeonnage d'une pâte concentrée) - Cicatrisation des chancres.

F.
Fungicides use on grapevine
Utilisation des fongicides sur vigne

L'EFFET SUR LES POURRITURES SECONDAIRES DE LA VIGNE DES FONGICIDES DESTINES A COMBATTRE LA POURRITURE GRISE

J.A.ALVES, A.FRAZÃO

Centro Nacional de Protecção da Produção Agrícola (INIAER), Oeiras, Portugal

RESUME

Les notations effectuées en 1982, 1983 et 1984 sur un essai destiné à comparer l'efficacité des fongicides dans le contrôle de la pourriture grise, ont mis en évidence que la pourriture acide et les champignons *Penicillium* sp. et *Rhizopus* sp. peuvent détruire 15% de la récolte. Les pourcentages de récoltes détruites determinés en plein champ et les tests effectués sur les baies de raisin ont rendu évident que les fongicides utilisés dans le contrôle de la pourriture grise ne sont presque d'aucune efficacité contre les pourritures causées par *Penicillium* sp. et *Rhizopus* sp.

INTRODUCTION

Depuis 1976 on observe le développement des champignons des genres *Penicillium* sp. et *Rhizopus* sp. (Frazão & Alves, 1978) dans les vignobles soumis à une grande pression des fongicides du groupe des imides-cycliques.

Afin de déceler l'importance relative des pourritures causées par ces champignons dans les vignobles traités aux différents fongicides homologués pour le contrôle de la pourriture grise, un essai a été effectué. Les produits ont été toujours appliqués depuis 1978, sur les mêmes parcelles. Les résultats obtenus dans les dernières années (1982, 1983 et 1984) sont présentés.

Pour déterminer avec plus de précision l'action des fongicides sur ces champignons, des tests en laboratoire "in vivo" sur raisins ont été effectués.

MATERIEL ET METHODES

Essai de plein champ

L'essai a été réalisé dans un vignoble de cépage "Alicante Branco" dans la région viticole de l'Ouest. La directive de l'OEPP pour l'évaluation biologique des fongicides destinés à combattre la pourriture grise de la grappe (OEPP, 1980) a été suivie. Les matières actives testées ainsi que les formulations et les concentrations d'emploi en g de m.a./hl sont les suivantes: bénomyl, 30; dichlofluanide, 100; iprodione, 75; procymidone, 75 et vinchlozoline, 75. Les fongicides ont été appliqués avec un pulvérisateur à pression (2 - 5 kg/cm2) à jet projeté.

Les observations ont été réalisées sur un essai de quatre blocs au hasard où chaque parcelle a été soumise au même produit depuis 1978. Les traitements ont été réalisés dans le cadre de la méthode "standard" (début nouaison, fermeture de la grappe, début véraison et trois semaines avant récolte). Les notations ont été faites en déterminant par grappe le % de baies pourries par *Botrytis cinerea* et le % de baies pourries par d'autres champignons. En 1984 les pourcentages des différentes pourritures trouvées (*B.cinerea, Penicillium* sp., *Rhizopus* sp. et pourriture acide) ont été determinés séparément. Les notations présentées ont été réalisées à la vendange.

Les résultats ont été soumis à la transformation $\sqrt[4]{x}$.

Essais de laboratoire

Les essais ont été réalisés sur des baies de raisins récoltés du cépage "Alicante Branco" en suivant une adaptation de la méthode décrite par Munio (1968). Les baies ont été separées de la rafle en coupant le pédicelle aux ciseaux sans provoquer de blessures et soigneusement rincées à l'eau courante. Après séchage les baies ont été placées sur des anneaux de Van Tieghen et disposées en boîtes de Petri ouvertes (9 par boîte). Les raisins ont été pulverisés en tour de Potter à la pression de 5 kg/cm2 et les produits ont été testés aux mêmes concentrations utilisées dans les essais en plein champ.

Après séchage les raisins ont été percés et inoculés de fragments mycéliens des champignons (*Botrytis cinerea*, *Penicillium* sp. et *Rhizopus* sp.) cultivés sur un milieu à la gelose de pomme de terre (PDA). Les souches des champignons ont été isolées en 1970 dans un vignoble traité par dichlofluanide. Les boîtes de Petri ouvertes ont été placées en chambre humide et disposées en blocs au hasard à la température moyenne de 20-23ºC.

Le taux de sucre des baies a été estimé à 160 g/l et 215 g/l respectivement pour les tests effectués le 4 et le 14 octobre 1983. Les notations ont été faites sur le nombre de baies attaquées, trois jours après leur inoculation.

RESULTATS ET DISCUSSION

Le tableau 1 présente les moyennes du pourcentage de récolte détruite par les différents pathogènes repérés dans le vignoble. En ce qui concerne la pourriture grise, l'efficacité des fongicides est semblable à celle enregistrée sur les mêmes parcelles pendant les quatre années précédentes (Frazão & Alves, 1982). On peut vérifier que les taux des pourritures causées par les autres pathogènes sont assez importants, puisque parfois elles sont responsables d'une destruction de la récolte de l'ordre de 15%. On vérifie qu' aucun des produits utilisés dans le traitement de la pourriture grise ne peut contrôler ces pourritures, ce qui a été confirmé par les notations effectuées séparément en 1984 (tableau 2). Laccone et al. (1982) rapportent aussi que les champignons *Penicillium* sp. et *Rhizopus* sp. ne sont pas contrôlés par les fongicides dicarboximides.

Toutefois par les résultats repérés sur des baies de raisin on peut vérifier que l'iprodione est efficace sur le *Rhizopus*, ce qui a été déjà determiné par Chalandon et al. (1982). Cet auteur affirme que l'iprodione est également efficace sur le *Penicillium* sp.; néamoins son efficacité n'a été decelée que dans le premier test. On admet que la diminution d'efficacité trouvée au deuxième test serait la conséquence du taux de sucre plus élevé. (tableau 3).

TABLEAU 1

Moyennes par traitement des pourritures en % de l'essai en plein champ (1)

Traitement	1982 Botrytis	1982 Autres*	1982 Total	1983 Botrytis	1983 Autres*	1983 Total	1984 Botrytis	1984 Autres*	1984 Total
procymidone	20,9 c	15,7 a	37,4 c	2,6 c	7,9 a	10,6 b	1,6 c	1,1 a	2,8 c
iprodione	31,3 bc	13,0 a	46,0 bc	3,5 bc	9,7 a	13,2 ab	4,4 b	2,9 a	7,5 ab
dichlofluanide	31,8 bc	17,7 a	49,3 abc	5,7 a	11,4 a	17,3 a	3,8 bc	2,4 a	6,9 abc
vinchlozoline	41,0 ab	14,8 a	56,2 ab	3,9 abc	10,7 a	14,8 ab	3,8 bc	2,7 a	6,6 abc
benomyl	45,7 ab	11,8 a	59,9 ab	4,3 ab	9,6 a	14,1 ab	3,4 bc	2,6 a	5,5 bc
témoin	54,3 a	14,9 a	69,2 a	5,7 a	12,5 a	18,2 a	9,5 a	3,9 a	13,5 a

* Pourriture provoquée par *Penicillium* sp., *Rhizopus* sp. et pourriture acide

TABLEAU 2

Moyennes par traitement de taux des pourritures de *Penicillium* sp., *Rhizopus* sp. et pourriture acide observés en 1984 sur l'essai en plein champ (1)

Traitement	Rhizopus	Penicillium	Pourriture acide
procymidone	0,1 a	0,1 a	0,8 a
iprodione	0,1 a	0,3 a	2,3 a
dichlofluanide	0,1 a	0,1 a	2,1 a
vinchlozoline	0,2 a	0,2 a	2,0 a
bénomyl	0,1 a	0,2 a	2,1 a
témoin	0,1 a	0,2 a	2,9 a

(1) Les valeurs suivies de la même lettre ne diffèrent pas significativement entre elles, au niveau de 5%.

TABLEAU 3

Pourcentage moyen d'attaque (tests sur baies de raisin) (1)

	Inoculation 4 octobre			Inoculation 14 octobre		
	Botrytis	*Penicillium*	*Rhizopus*	*Botrytis*	*Penicillium*	*Rhizopus*
procymidone	0,8 c	4,0 b	9,0 a	4,8 c	9,0 a	8,3 a
iprodione	0,3 c	0,3 c	6,8 b	0,0 b	9,0 a	5,0 b
dichlofluanide	5,3 b	0,5 c	8,5 a	9,0 a	9,0 a	7,8 a
vinchlozoline	4,0 b	9,0 a	9,0 a	0,5 b	9,0 a	8,0 a
benomyl	4,5 b	0,3 c	9,0 a	7,0 b	6,3 b	9,0 a
témoin	8,5 a	9,0 a	9,0 a	9,0 a	9,0 a	9,0 a

(1) Les valeurs suivies de la même lettre ne diffèrent pas significativement entre elles, au niveau de 5%.

REMERCIEMENTS

Les auteurs remercient très vivement Mme Alice Leitão de sa collabora - tion en ce qui concerne les analyses statistiques.

BIBLIOGRAPHIE

Chalandon,A.; Margossian, A.;Paviot, P. (1982). Résultats expérimentaux obtenus avec une formulation fluide d'iprodione contre la pourriture grise de la vigne. Influence de l'iprodione sur le développement des pourritures secondaires. In: *Bulletin OEPP*, 12(2), 67-73.

Frazão, A.; Alves, J.A. (1978). Etude des fongicides contre la pourriture grise de la vigne. In: *Relatório da actividade em 1976 da Secção de Fungicidas do Laboratório de Fitofarmacologia.* DGPPA.PPA(PD)-24/78

Frazão, A.; Alves, J.A. (1982). Etude des fongicides utilisés contre la pourriture grise de la vigne au Portugal. In: *Bulletin OEPP*, 12(2), 117-123.

Laccone, G.; Tarantino, L.; Murolo, O.; Casilli, O. (1982). Ulteriori resultati di prove di lotta contro *Botrytis cinerea* Pers.. su uva da tavola in Puglia. In: *Atti Giornate Fitopatologiche.*, 2, 345-354.

Munio, M. (1968). Etude sur *Botrytis cinerea* Pers.. Processus infectieux et sensibilité aux fongicides. In: *Mémoire présenté à l'Ecole Nationale des Ingénieurs des Travaux Agricoles.*

OEPP (1980). Directive pour l'évaluation biologique des fongicides: *Botrytis cinerea* sur vigne. In: *Directive OEPP*, 3 pp.

ALVES & FRAZÃO

EFFECT ON SECONDARY GRAPEVINE ROTS OF FUNGICIDES MEANT TO CONTROL GREY-MOULD

Observations done in 1982, 1983 and 1984 on a trial designed to compare the efficiency of fungicides in grey mould-control have shown that acid rot, *Penicillium* spp. and *Rhizopus* spp. can destroy 15% of the crop. The percentage of crops destroyed in the field and tests done on individual grapes have demonstrated that fungicides used in grey-mould control have virtually no effect on rots caused by *Penicillium* spp. and *Rhizopus* spp.

L'ASSOCIATION OXADIXYL, MANCOZEBE, CYMOXANIL ET LES PHENOMENES DE RESISTANCE CHEZ LE MILDIOU DE LA VIGNE

M. BARNAVON

PRODUITS SANDOZ, 14 boulevard Richelieu, 92500 RUEIL-MALMAISON

M. GISI

SANDOZ Ltd, CH-4108 WITTERSWIL, Switzerland

RESUME

L'association oxadixyl + mancozèbe + cymoxanil utilisée tous les 14 jours à la dose de 0,250 kg/hl de produit formulé permet de lutter efficacement contre l'ensemble des souches de mildiou présentes sur vigne y compris les souches résistantes aux phénylamides et réduit au maximum les risques d'apparition de nouvelles souches non contrôlées par cette association. Une stratégie à long terme permet de détecter ces éventuels phénomènes de résistance.

INTRODUCTION

Depuis quelques années des phénomènes de résistance ont vu le jour suite à l'utilisation de fongicides systémiques de la famille des phénylamides (métalaxyl, ofurace, oxadixyl, bénalaxyl).

La mise sur le marché d'une nouvelle spécialité telle que PULSAN devait permettre à celle-ci de lutter efficacement contre l'ensemble des souches de mildiou présentes, y compris les souches résistantes aux phénylamides. De plus il était nécessaire de réduire au maximum ou d'éviter l'apparition de nouvelles souches non contrôlées par PULSAN.

Ces deux derniers points vont être, maintenant, abordés.

1 LUTTER EFFICACEMENT CONTRE LES SOUCHES DE MILDIOU RESISTANTES AUX PHENYLAMIDES.

Les travaux de recherche entrepris avec l'oxadixyl ont tout d'abord été faits en laboratoire ou en pépinières, puis confirmés en plein champ dans des conditions expérimentales très sévères.

1.1 Travaux en laboratoire et en pépinières

Diverses observations montrent une résistance croisée positive entre l'oxadixyl et le métalaxyl (GISI brochure 1983). Le facteur de résistance (RF) des souches isolées dans le vignoble résistantes aux phénylamides est plus bas avec l'oxadixyl qu'avec le métalaxyl. Ces résultats ont pu être confirmés avec environ 20 souches résistantes différentes de Plasmopara isolées dans plusieurs pépinières.

L'association de fongicides appropriés avec l'oxadixyl (A) diminue fortement l'écart d'efficacité entre souches sensibles et souches résistantes. Les associations avec du mancozèbe (C) sont nettement supérieures à celles avec du cuivre. D'autre part, il est important de noter l'incidence de l'équilibre entre matières actives, notamment dans le cas de l'association oxadixyl + mancozèbe.

Les mélanges (A : C = 1 : 7) et (A : C : D = 1 : 7 : 0,4) donnent les meilleurs résultats dans ces tests (D = cymoxanil).
De manière à confirmer les résultats de laboratoire sur l'efficacité à l'égard des souches résistantes aux phénylamides et à faire la différence entre les meilleures associations avec mancozèbe et mancozèbe + cymoxanil, un vaste essai en petites parcelles a été mis en place en pépinière contaminée artificiellement (jour 0, figure 1) avec une souche de Plasmopara viticola résistante aux phénylamides.

Les parcelles ont été traitées une fois soit 14, 7 ou 1 jour avant contamination (préventif), soit 1, 4, 7 jours après la contamination (curatif), soit 14 jours après contamination (éradicant). L'essai, dans des conditions très sévères, voyait la présence d'oxadixyl seul et des deux associations (A : C = 1 : 7) et PULSAN (A : C : D : = 1 : 7 : 0,4). Dans la figure 1, les résultats montrent clairement que l'association (A : C : D = 1 : 7 : 0,4) donne d'excellents résultats sur l'ensemble du cycle de développement de la maladie (GISI brochure 1983).

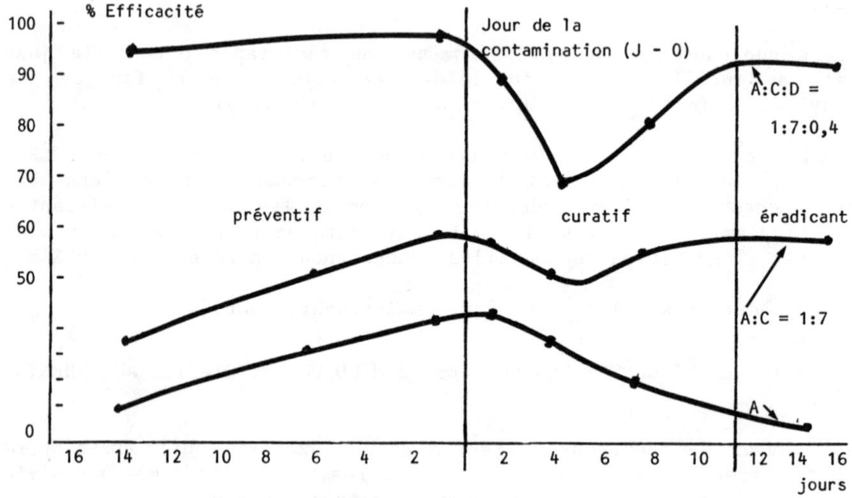

Figure 1: Par rapport à la contamination (J. 0), période au cours de laquelle les associations à base d'oxadixyl sont efficaces sur Plasmopara viticola résistant aux phénylamides.

1.2 Essai de plein champ

Compte-tenu des résultats obtenus ci-dessus, seule l'association (A:C:D = 1:7:0,4) a été testée sur des souches de mildiou résistantes aux phénylamides, tous les 14 jours à 0,250 kg/hl de produit formulé soit (20 + 140 + 8 g.m.a/ha).

Les essais ont été faits dans des conditions très sévères. L'essai de MARSILLARGUES en 1983 est représentatif de ceux-ci.

Tableau : Essai de Marsillargues en 1983 en station de brumisation et sur mildiou résistant aux phénylamides.

NOTATIONS / PRODUITS / DOSES kg/hl-l/ha		GRAPPES		FEUILLES					
		% D'ATTAQUE		% D'ATTAQUE					
		12.07	27.07	28.06	08.07	05.08	23.08	06.09	05.10
TEMOIN	-	85,0	91,3	32,5	99,0	100	100	100	100
PULSAN	0,250	2,0	5,6	0,2	5,7	14,3	16,0	26,7	30,0
ACYLON SF	0,300	18,0	16,4	6,0	82,3	66,7	60,0	66,7	71,7
MIKAL	0,300 0,400	7,0	15,1	3,0	35,0	52,5	42,5	55,0	75,0

Ces travaux, confirmés par des essais officiels et des applications dans la pratique, notamment en Charentes en 1983, montrent qu'avec PULSAN il est possible de lutter très efficacement contre les souches de mildiou résistantes aux phénylamides.

2 REDUIRE AU MAXIMUM OU EVITER L'APPARITION DE NOUVELLES SOUCHES NON CONTROLEES PAR PULSAN

Pour réduire au maximum ou éviter l'apparition de nouvelles souches non contrôlées avec un mélange comme PULSAN, le niveau d'efficacité des fongicides présents dans cette association est très important et ceci de trois manières différentes :

1. Niveau efficacité : il s'agit de l'efficacité proprement dite des deux fongicides associés à l'oxadixyl. Le choix des fongicides compagnons et la détermination des équilibres a été faite en fonction de la synergie existant entre les trois molécules (GISI brochure 1983).

2. Niveau biochimique : ou lieu d'intervention des trois fongicides dans les mécanismes biochimiques du champignon. Les sites d'action biochimiques sont nettement différents puisque l'oxadixyl intervient au niveau des RNA polymérases, le mancozèbe au niveau de la respiration cellulaire et le cymoxanil probablement au niveau des perméabilités membranaires.

3. Niveau biologique : ou lieu d'intervention des trois fongicides dans le cycle de développement du champignon. Ils permettent d'avoir une action au niveau des spores, du mycélium et des sporanges.

Si les risques d'apparition de nouvelles souches de mildiou non contrôlées par PULSAN sont extrêmement faibles, il est impossible de dire a priori qu'ils sont nuls. C'est la raison pour laquelle une stratégie à long terme a été mise en place permettant de prévoir d'éventuels phénomènes d'inefficacité. Trois volets sont étudiés :

1. Essais de "surveillance"

Dans ces essais il s'agit d'anticiper ce qui pourrait se passer chez le viticulteur. Sur les mêmes implantations chaque année PULSAN est appliqué toute la saison et tous les 14 jours. Dans ces essais tout comportement anormal du mildiou est étudié. Des analyses en laboratoire permettent de diagnostiquer la présence de souches non contrôlées par PULSAN. Ces essais commencés depuis trois ans ne laissent entrevoir aucun problème.

2. Etude comparative de la biologie des souches sensibles et des souches non contrôlées de mildiou aux phénylamides.

Ce travail fait à l'I.N.R.A. de Bordeaux, permettra de connaître les différences d'ordre biologique entre les souches sensibles et les souches résistantes du mildiou de la vigne.

3. Simulation mathématique des risques de résistance

Il s'agit de simuler par modélisation le comportement de PULSAN vis-à-vis du mildiou compte-tenu de ses différentes propriétés et ainsi de connaître le risque d'apparition de souches non contrôlées au produit (STRIZYK communication personnelle).

CONCLUSION

L'ensemble de ces travaux et l'originalité du produit auquel doit s'ajouter le strict respect des préconisations montrent que PULSAN est efficace sur l'ensemble des souches de mildiou et que l'apparition de souches non contrôlées est réduite au maximum. La surveillance permanente du mildiou dans des parcelles traitées devrait nous permettre de prévenir toute éventualité.

PULSAN AND RESISTANCE PHENOMENA IN GRAPEVINE DOWNY MILDEW

The association of oxadixyl + mancozeb + cymoxanil used every 14 days at a dose rate of 0,250 kg/hl of formulated product allows effective control of all downy mildew strains present on grapevine, including phenylamide-resistant strains, and has reduced to a minimum the emergence of new strains resistant to this product concept. A long-term strategy allows one to detect possible resistance phenomena.

L'ASSOCIATION CARBENDAZIME, FOLPEL, THIRAME POUR COMBATTRE LA POURRITURE GRISE DE LA VIGNE

G. BOUTEMY

Société PEPRO, l'Orée d'Ecully - Bât. C - Chemin de la Forestière - 69130 - Ecully, France.

RESUME

Le BTF qui est une association de carbendazime, folpel et thirame, a été mis au point dans le cadre d'une stratégie de lutte contre les souches de botrytis devenues résistantes aux benzimidazoles. Il doit être employé de façon continue tout au long de la végétation de la vigne pour permettre de maintenir à un faible niveau les populations de botrytis. En début de végétation il est employé sur feuillage en traitement antimildiou. Lors de l'apparition des risques botrytis sur grappes, il est appliqué sur ces dernières. La cadence d'apport doit alors être modulée selon le niveau de risque,si le risque est nul on se contentera des traitements contre le mildiou. Si le risque est élevé, des traitements sur grappes seront effectués à cadence resserrée de 10 jours environ.

En fin de végétation, lorsque les conditions climatiques sont très favorables au botrytis et en zone où les souches résistantes aux imides-cycliques ne sont pas encore apparues, BTF sera efficacement complété par un traitement avec un produit de cette famille.

INTRODUCTION

La formulation de BTF contient :

30 g/l de carbendazime
430 g/l de folpel
230 g/l de thirame

Utilisé à 3,5 l/ha, il apporte respectivement :

100 g de carbendazime, 1500 g de folpel et 800 g de thirame.

On constate que, par rapport à sa dose d'homologation sur *Botrytis cinérea*, la dose de carbendazime apportée est nettement inférieure : 100 g/ha au lieu de 500 g/ha. Ceci est volontaire et permet de bénéficier de la bonne efficacité de la matière active tout en limitant au maximum la pression de sélection de souches résistantes.

Cette dose réduite est d'autant mieux valorisée qu'en plus, on l'applique, comme l'a montré LAFON (INRA de BORDEAUX) entre 1971 et 1974, de façon répétée à une cadence mildiou suivie d'applications spécifiques sur *Botrytis cinérea*.

F3

ROLE DES TRAITEMENTS ANTIMILDIOU SUR LE NIVEAU DE POPULATION FINAL DE BOTRYTIS CINEREA

Entre 1977 et 1984, de nombreux essais ont été réalisés pour analyser les arrières effets des traitements antimildiou avec BTF sur la population finale de Botrytis cinérea (tableau n° 1).

En règle générale, on constate que BTF, utilisé seulement contre le mildiou, peut apporter de l'ordre de 45% de contrôle de la population finale de Botrytis cinérea.

Un traitement spécifique au BTF sur pourriture grise voit son niveau d'efficacité accru de 10% à 15% s'il est précédé par une lutte antimildiou mettant en oeuvre un produit limitant le Botrytis (BTF ou MIKAL).(MIKAL est une spécialité antimildiou apportant à l'ha 1500 g de phoséthyl-Al et 750 g de folpel).

TABLEAU 1 EFFET DES TRAITEMENTS ANTIMILDIOU SUR LA POPULATION FINALE DE BOTRYTIS CINEREA

	Traitement		Effet sur Botrytis cinérea	
	Mildiou	Pourriture grise	% de dégâts par grappe	Efficacité
INRA BORDEAUX 1977	Folpel	BTF (CD)(1)	17,1	42
	BTF	BTF (CD)	12,6	57
Témoin	Mancozèbe	-	29	
INRA BORDEAUX 1980	BTF	-	12,8	69
	Mancozèbe	BTF(ABCD)	10,8	74
	BTF	BTF(ABCD)	4,8	88
	MIKAL	BTF(ABCD)	4,1	90
Témoin	Mancozèbe	-	41	
INRA BORDEAUX 1984	BTF	0	26	59
	MIKAL	0	21	67
	BTF	BTF(ABCD)	15	76
	MIKAL	BTF(ABCD)	9	86
Témoin	Mancozèbe	0	62,6	0

(1) Epoques de traitement (A) Chute des capuchons floraux

(B) Fermeture de la grappe (C) Début véraison

(D) Avant vendange

TRAITEMENTS MIXTES - BTF - IMIDES-CYCLIQUES (IPRODIONE, PROCYMIDONE, VINCHLOZOLINE)

BTF est donc à considérer comme un produit maintentant les populations de Botrytis cinérea à un niveau supportable dans le cadre de climats où l'évolution du cahmpignon est continue et où les attaques sont d'importance moyenne.

Par contre, il advient parfois qu'en fin de végétation, les conditions climatiques font que le niveau de risque devient très élevée. Dans ce cas, il est bon de compléter l'action de BTF par un traitement comportant une imide-cyclique, ceci bien sûr dans les régions où toutes les souches ne sont pas encore résistantes à cette famille de fongicides.

Ainsi, un calendrier de traitement ocmprenant le BTF et des imides-cycliques permet de maintenir de façon très satisfaisante les populations de Botrytis cinérea, tout en exerçant une pression de sélection minimum sur les souches résistantes tant aux benzimidazoles qu'aux imides-cycliques

TABLEAU 2 EFFET DES TRAITEMENTS MIXTES BTF = IMIDES-CYCLIQUES

	Mildiou	Pourritu-ture grise	% de Pourriture par grappe	Efficacité en %
INRA BORDEAUX 1977	BTF BTF	BTF (CD) Ronilan	12,6 1,8	57 94
Témoin	Mancozèbe		29	
INRA BORDEAUX 1978	BTF BTF	BTF (CD) Ronilan (CD)	6,4 2,4	80 93
Témoin	Mancozèbe		33,2	-
SPV BORDEAUX 1983	BTF BTF	0 BTF (B) Sumisclex	16,6 5,4 32	48 83

CONCLUSION

En conclusion, BTF permet pendant la période de lutte contre le mildiou de limiter le niveau de population du Botrytis cinérea.

Pendant la période du risque Botrytis cinérea sur grappe, il contrôle ce dernier avec un niveau d'efficacité de l'ordre de 60% ce qui implique un resserrement des cadences de traitement

Dans les zones où le champignon est resté sensible aux imides-cycliques, il est efficacement complété par un dernier traitement avec l'un de ces produits. L'emploi de BTF évite une pression de sélection importante par les imides-cycliques et de ce fait retarde l'apparition de souches résistantes.

USE OF THE COMBINATION CARDENDAZIM + FOLPET + THIRAM TO CONTROL GREY MOULD OF GRAPEVINE

BTF is a product which combines carbendazim with folpet and thiram as part of the strategy for dealing with benzimidazole resistance in Botrytis cinerea. It has to be used throughout the growing season of grapevine to keep B. cinerea populations at a low level. Early in the season, foliar treatments are applied against downy mildew. As soon as a risk of grey mould arises on the bunches, the product is applied, the timing being closely linked to the level of risk. With zero risk,treatments against downy mildew will be sufficcient, but a high risk, the bunches should be treated at frequent intervals (around 10 days). At the end of the season, when weater conditions are highly favorable to grey mould and if dicarboximide-resistant strains are absent, the BTF treatments may be followed by a single dicarboximide treatment.

INCIDENCE DES TRAITEMENTS APPLIQUES CONTRE L'EXCORIOSE ET LE MILDIOU SUR LA MICROFLORE FONGIQUE DES RAMEAUX DE VIGNE.

Y. BUGARET

I.N.R.A. de Bordeaux, Station de Pathologie végétale, 33140 PONT DE LA MAYE

RESUME

Les traitements de la vigne au mancozèbe ou au phoséthyl-Al + folpel, pendant le printemps, contre l'excoriose et plus tard contre le mildiou, diminuent de façon significative la colonisation des rameaux de Phomopsis viticola. Le cuivre et le phoséthyl-Al + folpel utilisés contre le mildiou peuvent aussi réduire le développement de Botrytis cinerea. Une modification de la flore saprophyte après traitement avec ces fongicides fut aussi observée.

INTRODUCTION

La lutte contre l'excoriose est maintenant maîtrisée par les traitements de post débourrement qui présentent l'avantage supplémentaire d'être très actifs sur la colonisation mycélienne des rameaux par le Phomopsis viticola.

Peu après le traitement de l'excoriose commence la lutte contre le mildiou qui se poursuit jusqu'à la véraison. Or, il est classique de combattre les deux parasites, le Phomopsis viticola d'abord puis le Plasmopara viticola ensuite avec les mêmes fongicides, le mancozèbe ou l'association de phoséthyl Al + folpel en particulier. L'enchainement et la répétition de ces traitements ont les conséquences recherchées sur les parasites visés, mais en ont d'autres sur la microflore de surface des rameaux.

Nous rapportons ici les observations faites en 1984, au cours d'une expérimentation comparant les effets du mancozèbe et du phoséthyl-Al + folpel à ceux de l'arsénite de sodium (contre l'excoriose) et de la Bouillie bordelaise (contre le mildiou) à l'égard des principaux champignons qui constituent la microflore des rameaux, des saprophytes tels que le Sphaeropsis malorum, les Epicoccum sp. les Alternaria sp., les Cladosporium sp. et les Aureobasidium sp., auxquels il faut ajouter le Phomopsis viticola et le Botrytis cinerea présents en parasites dans les parcelles.

MATERIEL ET METHODES.

L'expérimentation est mise en place dans un vignoble de cépage Cabernet-Sauvignon, situé sur le Domaine expérimental de l'I.N.R.A. de Bordeaux à Latresne. Le dispositif expérimental suit les préconisations de la Commission des Essais Biologiques de l'A.N.P.P. La suite des traitements appliqués contre l'excoriose et le mildiou est présentée dans le tableau 1.

Les traitements sont réalisés par pulvérisation à jet projeté, 500 l/ha contre l'excoriose et par pulvérisation pneumatique à volume réduit, 100 l/ha contre le mildiou (intervalle de 14 jours entre les traitements). Le vignoble expérimental est protégé contre l'oïdium avec du soufre mouillable, appliqué à la dose de 10 kg par hectare, tous les 14 jours.

Les observations sont faites en hiver, à partir d'isolement de fragments d'écorce non désinfectés prélevés sur les 10 premiers entre-noeuds des sarments (isolements sur un milieu nutritif gélosé à base de Malt). L'identification des colonies mycéliennes permet d'établir un état qualitatif de la microflore fongique des sarments.

TABLEAU 1 : Programme de traitements appliqués contre l'excoriose et le mildiou.

Traitement de l'excoriose		Traitement du mildiou	
stades végétatifs d'applications			Nombre applications du 15/5 au 15/8
	pas de traitement →	Bouillie Bordelaise 5000 g Cu/ha	7
A	arsénite de sodium (3125 g m.a./ha) →	Bouillie Bordelaise 5000 g Cu/ha	7
D et E	mancozèbe (1400 g m.a./ha) →	mancozèbe (2800 g m.a./ha)	7
D	phoséthyl Al + folpel (750 g + 375 g m.a./ha)	phoséthyl Al + folpel - avant floraison (1500 g + 750 g m.a./ha)	7
D et E	phoséthyl Al + folpel (750 g + 375 g m.a./ha)	- après floraison (2000 g + 1000 g m.a./ha)	7

RESULTATS

L'incidence des traitements sur chaque genre isolé est présenté dans la planche 1.

Si l'excoriose n'est pas traitée, ou si elle l'est par l'arsénite de sodium, la colonisation mycélienne des rameaux par le Phomopsis viticola (a) est identique : importante au niveau des premiers entre-noeuds elle va en diminuant jusqu'au 8ème environ.

Les traitements au sulfate de cuivre dirigés contre le mildiou sont sans action vis-à-vis du Phomopsis.

En revanche, le mancozèbe appliqué contre l'excoriose aux stades D et E et le phoséthyl-Al + folpel au stade D uniquement, suivies de 7 traitements de ces mêmes produits contre le mildiou limitent la colonisation mycélienne aux 2 premiers entre-noeuds. Une deuxième application effectuée au stade E avec le phoséthyl-Al + folpel semble pouvoir éliminer radicalement le mycélium de Phomopsis sur les sarments.

Le Botrytis cinerea (b) colonise abondamment les sarments sur toute leur longueur, dans les parcelles traitées avec le mancozèbe. Ce produit n'entrave absolument pas son développement.

Les 5 champignons saprophytes ont une croissance mycélienne plus ou moins modifiée par les traitements mis en comparaison.

Le mancozèbe limite le développement du Sphaeropsis malorum (c), des Alternaria sp. (e) et des Aureobasidium sp. (g).

F4

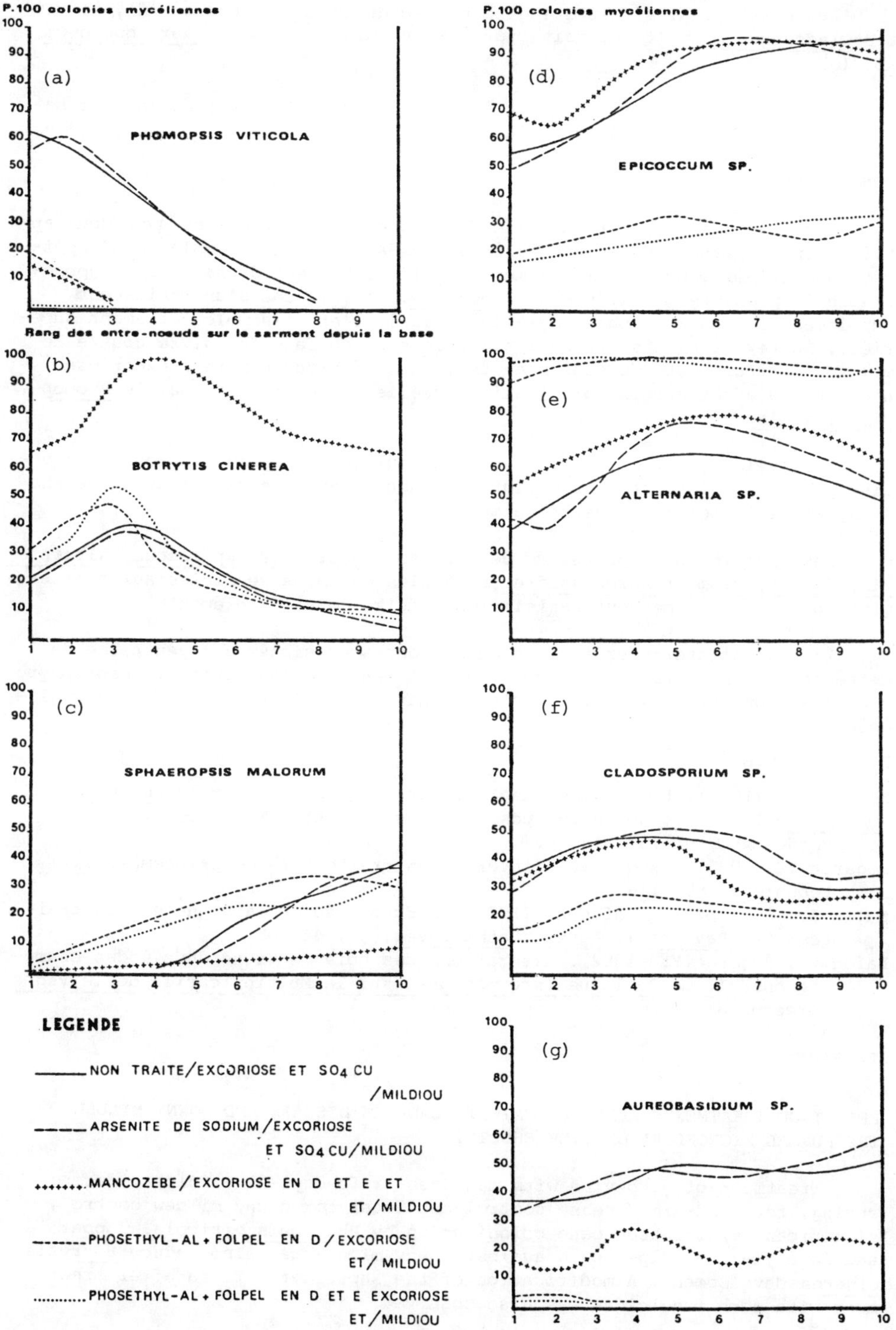

Planche 1 : Colonisation mycélienne des rameaux après des traitements appliqués contre l'excoriose et le mildiou.

Le phoséthyl-Al + folpel inhibe nettement les Epicoccum sp. (d), réduit Les Cladosporium sp. (f) et fait pratiquement disparaître les Aureobasidium sp. (g).

Le sulfate de cuivre apparaît sans effet sur la plupart des genres saprophytes, sauf sur les Alternaria sp. (e).

CONCLUSION

Les traitements de printemps effectués contre l'excoriose avec deux applications de mancozèbe ou une de phoséthyl-Al + folpel, complétés d'applications anti-mildiou avec les mêmes produits, limitent d'une manière appréciable la présence mycélienne du Phomopsis. Dans le cas d'un traitement supplémentaire en E au phoséthyl-Al + folpel, l'effet semble nettement supérieur. En revanche, les seules applications de sulfate de cuivre contre le mildiou ou d'arsénite de sodium en traitement d'hiver contre l'excoriose n'ont pas d'effet sur la colonisation mycélienne des rameaux par le Phomopsis viticola.

Le développement du Botrytis cinerea sur les sarments se trouve défavorisé par les traitements anti-mildiou à base de sulfate de cuivre ou de phoséthyl-Al + folpel mais insuffisamment.

Les champignons saprophytes des genres Sphaeropsis, Epicoccum, Alternaria, Cladosporium et Aureobasidium sont plus ou moins sensibles aux traitements précités qui peuvent parfois les réduire considérablement.

Il faut s'interroger sur les conséquences possibles à moyen terme de cette réduction, lorsqu'elle touche des éléments de la microflore saprophyte dont l'action antagoniste vis-à-vis des parasites n'est peut-être pas négligeable.

BIBLIOGRAPHIE

Bugaret Y. (1984). L'Excoriose de la Vigne : recherches sur le Phomopsis viticola Sacc., nouvelles possibilités de lutte. Thèse Doct. Univ. Bordeaux I, n° 150, 163 p.

Bugaret Y. (1985). Excoriose : intérêt des traitements de printemps. Viti technique, 85, 11-12.

Bulit J., Bugaret Y., Lafon R. (1972). L'Excoriose de la Vigne et ses traitements. Rev. Zool. Agric. Pathol. Vég., 1, 44-54.

Lafon R., Bugaret Y. (1982). Altérations des bois de Vigne dues à des champignons. IIème Colloque International sur la Multiplication de la Vigne. Bordeaux 83-85.

ABSTRACT

EFFECT OF TREATMENTS APPLIED AGAINST DEAD-ARM DISEASE AND DOWNY MILDEW ON THE FUNGAL MICROFLORA OF VINE SHOOTS.

Treatment of grapevine with mancozeb or fosetyl-Al + folpet, during spring, for dead-arm disease control and later for downy mildew control, significantly decreased cane colonisation by Phomopsis viticola. Copper and fosetyl-Al + folpet used against downy mildew can also reduce Botrytis cinerea development. A modification of the saprophytic flora after treatment with such fungicides was also observed.

POST-HARVEST TREATMENT OF VINES: A NEW CONCEPT IN PLASMOPARA CONTROL.

C L DUNN

Shell Research Ltd., Sittingbourne Research Centre, Sittingbourne, England.

S.P KLEIN

Agrishell, Centre de Recherche et Developpment, Fargues-St-Hilaire, France

ABSTRACT

Conventional fungicide sprays aimed at controlling vine downy mildew (*Plasmopara viticola*) are wasteful of material, inaccurate in targeting on the pathogen and sometimes not very effective. Systemic fungicides offer the possibility of more efficient control strategies, some of which are as yet untried in commercial viticulture. The Shell experimental fungicide WL87353 (N-hydroxy-N-formylalanine, Na salt) has been instrumental in investigating some of these possibilities.

The experiments described in this paper have demonstrated that a late spray during the autumn can induce a prolonged and substantial suppression of downy mildew symptoms during the following season at least up to flowering.

INTRODUCTION

Fungicide spray programmes aimed at combating vine downy mildew (*P. viticola*), particularly during the pre-flowering period, are wasteful of material. This is largely due to the small target presented by young shoots early in the season, imperfect predictive systems and, often, adverse weather conditions at critical periods.

These problems would be alleviated if a chemical capable of suppressing the disease at least until flowering could be installed in the plant prior to the earliest mildew infection. Methods by which this might be realised include (a) pre-budburst treatment of the canes, (b) dormant season treatment of the trunk, (c) root treatment - by soil application, and (d) foliar treatment after the harvest of the previous season.

All of these would require a product of extensive systemicity and persistence. The literature gives little evidence of the efficacy of commercial/experimental chemicals against *Plasmopara* by these methods.

The post-harvest option (d) seemed particularly attractive because the autumn foliage presents a large surface area for absorption of systemic compounds. During leaf senescence vines translocate metabolites from leaves to stems and roots. At the end of the dormant phase these are remobilised to support new growth. It was postulated that xenobiotic compounds with similar physico-chemical properties might be be induced to do the same, offering some protection against fungal attack.

The Shell experimental fungicide WL87353 (N-hydroxy-N-formyl-alanine, Na salt) seemed to be a suitable material with which to test the 'post-harvest' concept because it is phloem mobile and extensively translocated following foliar treatment. It also shows a very persistent anti-fungal activity but occasionally causes crop phytotoxicity when applied in a routine summer schedule. It is systemically active when applied as a paste to the scarified lower part of the trunks of field-grown vines, but ineffective when applied to the soil or to intact canes. Small-scale experiments were carried out in 1981-83 using WL87353 to test the 'post-harvest treatment concept', and the results are summarised below.

MATERIALS AND METHODS

Glasshouse tests

1-year-old rooted cuttings of grapevine, cv. Cabernet Sauvignon, in 26 cm diameter plastic pots were grown in an unheated 'poly-tunnel' until 1 to 1.5 m tall. At this stage (late Autumn) the lower leaves had started to senesce, stems had become woody at the base, and shoot extension had nearly ceased. Replicate plants were sprayed 'to capacity' on both surfaces of all leaves with aqueous solutions of WL87353 (2000 mg/l or 500 mg/l) plus ammonium sulphate (1000 mg/l) and Tween 20 surfactant (100 mg/l) (both of which enhance penetration of WL87353). Controls were sprayed with the adjuvants alone. After leaf fall and a period of dormancy the plants were pruned to 7 to 10 nodes per cane and brought into the glasshouse to induce budburst. Two to four shoots were allowed to develop per cane. These were first inoculated with a spore suspension of P. viticola when 3-4 leaves had expanded on each shoot. Thereafter, the plants were inoculated at 2 or 3 week intervals, and disease assessed 6-7 days after inoculations.

Field test

This experiment was carried out at the Agrishell Centre de Recherche et Developpement at Fargues-St-Hilaire, Gironde on six-year-old, fruiting vines (cv Cabernet-Sauvignon), in plots equipped for overhead misting ('brumisation') to facilitate artificial infection with P. viticola. The test was superimposed upon a trial carried out earlier in 1981. Thus, two sets of treatments were considered in interpreting the results: the routine 21 day spray schedule between June and August plus the single post-harvest spray applied on October 9th. The summer treatments were applied in triplicate to plots laid out as a randomised block design. Each plot consisted of 9 m of row. For the post-harvest trial plots were equally divided into three. One sub-plot was sprayed with a solution containing 2000 mg/l of WL87353 plus the previously mentioned adjuvants, one with 500 mg/l WL87353 plus adjuvants, and one left unsprayed. The post-harvest treatments were applied at high volume (1000 l/ha) to ensure adequate cover of the leaf surfaces. During the winter plants were conventionally pruned to leave just the trunk and two short canes. The new foliage was artificially inoculated on 25th May and 28th June, and disease assessment made during June and July on leaves and, subsequently, grape bunches.

RESULTS

Glasshouse tests

The results of two experiments are summarised in Table 1. These demonstrated that a single autumn application of WL87353 protected leaves developing on glasshouse-grown plants for up to 173 days after treatment. At this stage the degree of Plasmopara suppression was over 95% when compared to the diluent control.

Field test

Table 2 summarises the effect on Plasmopara infestation in 1982 of one of the six 1981 summer schedules, with and without a post-harvest spray.

The first artificial inoculation, on 25th May, gave rise to a light infection which progressed slowly up to the end of flowering. During this

TABLE 1

	Test I			Test II	
Treatment	19/11/81 [0]			5/11/82 [0]	
Pruning	11/1/82			4/2/83	
To glasshouse	11/1/82			28/2/83	
Inoculations	16/2	4/3	18/3	21/4	12/5

Assessments	Leaf area diseased as % of diluent control				
	Test I			Test II	
	28/2[96]	10/3[114]	24/3[128]	28/4[173]	19/5[194]
WL87353 2000 mg/l	0	5.2	0.35	4.4	34.3
WL87353 500 mg/l	-	-	-	3.1	58.4
Diluent -	100	100	100	100	100
Control infection (1)	11.9	31.0	28.3	77.2	17.8

(1) Percent of leaf area covered by sporulation. [] Days after treatment.

TABLE 2

Summer sprays: 1/6, 23/6, 15/7, 5/8, 23/8/81.
Post-harvest spray: 8/10/81 [0]
Artifical inoculation: 25/5 [229], 28/6/82 [263]
Flowering: 8-14/6/82 [243-249]

Assessments: 1981 treatments:mg/l		1982 assessments:disease as % of control				
		Leaves (4)				Grapes (5)
Summer	Post-harvest	4/6[239]	10/6[245]	23/6[259]	13/7[278]	13/7[278]
500	2000	0	0.02	0.3	4.7	22.2
"	500	1.9	4.8	3.0	19.9	50.0
"	0	14.9	32.1	48.3	74.8	83.3
0	0	100	100	100	100	100
Control infection	(1)	14.0	19.0	37.0	340.0	60.0(3)
	(2)	15.0	19.0	19.0	50.0	

(1) Number of leaves infected per 3 m plot (count).
(2) Percentage of leaf area covered by sporulation (estimate).
(3) Percentage of bunch surface infected (estimate).
(4) Leaf disease assessment calculated using the product of (1) and (2).
(5) Grape disease assessment calculated using (3).

phase the reduction in disease due to the summer schedule alone diminished from 85% to 65%, whilst the combined effect of summer and 2000 mg/l or 500 mg/l post-harvest treatments remained above 99% and 95% respectively. The second inoculation resulted in a heavy infection on leaves and young berries, which progressed rapidly up to the end of the experiment on day 278. At this stage only a weak residual activity remained with the summer schedule. By contrast, the summer plus post-harvest programmes still gave 95% and 80% control of leaf infestation and an appreciable reduction (78% and 50%) in infestation on the grape bunches.

In both field and glasshouse experiments the antifungal effects were achieved without any associated phytotoxicity to the new shoots, flowers or grapes.

CONCLUSIONS

The foregoing results show clearly that, with a suitable compound, a substantial carry-over effect on vine downy mildew from season to season can be achieved. The best field results were obtained using a combination of summer and autumn treatments. However, the large contribution of the post-harvest application to the total effect, and the activity of single autumn treatments in the glasshouse tests, suggest that one late-season treatment could afford adequate protection to leaves and flowers up to the end of flowering. The evaluation of this effect under conditions closer to commercial reality is the subject of a second paper (Wade et al, 1985).

ACKNOWLEDGEMENTS

The authors are indebted to all members of the WL87353 Project Team at Sittingbourne Research Centre and in France.

REFERENCE

Wade, M et al. (1985) Field evaluation of post-harvest treatment to vines: a new concept in Plasmopara control. Proceedings Bordeaux Mixture Centenary Meeting, 1985.

TRAITEMENT DES VIGNES APRES VENDANGE : UN NOUVEAU CONCEPT DANS LA LUTTE CONTRE PLASMOPARA VITICOLA

Les pulvérisations conventionnelles visant à lutter contre le mildiou (P. viticola) entraînent une perte de produit, ne visent qu'imprécisément l'organisme pathogène et sont parfois peu appropriées. Les fongicides systémiques offrent des possibilités de stratégies de lutte plus efficaces, certaines n'ayant pas encore été essayées en viticulture commerciale. Le fongicide expérimental WL87353 (N-hydroxy-N-formylalanine, sel de Na) de la société Shell, a été utilisé dans l'investigation de quelques unes de ces possibilités. Les expériences décrites dans cette communication ont démontré qu'une pulvérisation tardive pendant l'automne pouvait induire une suppression prolongée et substantielle des symtômes du mildiou pendant la saison suivante, et ce au moins jusqu'à la floraison.

LA SECURITE D'UNE PROTECTION EFFICACE PAR UN MODE D'ACTION ORIGINAL. EMPLOI DU PHOSETHYL Al + MANCOZEBE (RHODAX) Ⓡ SUR LA VIGNE ET LAITUES.

R. FAURE - J. FOUREL

Rhodiagri Département Rhône-Poulenc Agrochimie
47 rue de Villiers BP 122 - 92527 NEUILLY SUR SEINE

RESUME

Le phoséthyl Al est un fongicide systémique issu de la recherche Rhône-Poulenc associé au mancozèbe (I) fongicide de contact, dans la spécialité Rhodax Ⓡ. Cette association se montre très efficace dans les programmes de traitements préventifs dirigés contre diverses maladies de la vigne : excoriose (Phomopsis viticola) mildiou (Plasmopara viticola), Rougeot parasitaire (Pseudopeziza tracheiphila), black rot (Guignardia Bidwellii) et mildiou de la laitue (Bremia lactucae).

MODE D'ACTION

Deux actions complémentaires caractérisent ce fongicide :

. la systémie par le phoséthyl Al

. l'action de contact par le mancozèbe.

Le phoséthyl Al, (éthyl phosphite d'aluminium) est rapidement métabolisé en acide phosphoreux et diffuse dans l'ensemble de la végétation par systémie ascendante et descendante.

Il possède un mode d'action original mis en évidence par l'équipe du professeur BOMPEIX.

. Une action directe faible sur le champignon limitée à une phase du cycle évolutif en inhibant la sporulation au niveau des sporanges ou des conidies.

. Une action indirecte prépondérante sur le champignon qui est, au contraire, essentielle. Elle s'accomplit en présence du champignon par des mécanismes complexes qui stimulent les défenses naturelles de la plante.

Grâce à ce mode d'action, les risques d'apparition de souches de mildiou résistantes sont pratiquement écartés.

Le mancozèbe (I) figure parmi les meilleurs fongicides de contact contre le mildiou, l'excoriose, le black-rot, le brenner. Son action complémente celle du phoséthyl Al.

AVANTAGES TECHNIQUES DE LA FORMULATION

Synergie entre les matières actives

Les performances biologiques de chacun des fongicides ne sont pas simplement additionnées mais valorisées par synergie. (Tableau I)

Ⓡ RHODAX, marque déposée RHONE-POULENC Agrochimie poudre mouillable à 44% de phoséthyl Al

(I) + 26% de mancozèbe du DITHANE M 45, marque déposée ROHM AND HAAS COMPANY PHILADELPHIA.

TABLEAU I : Mise en évidence de la synergie entre phoséthyl Al et mancozèbe (Programme de 8 traitements - 4 contaminations artificielles).

Mildiou de la vigne

PRODUITS ET DOSES/hl	PHOSETHYL Al 150g	MANCOZEBE 280g	MANCOZEBE 91g	PHOSETHYL Al + MANCOZEBE 154g + 91g	TEMOIN
Nombre de feuilles malades par parcelle 18.8.76	87	18,7	78	1,3	570

Origine : Rhône-Poulenc Agrochimie

Pénétration rapide

La formule pénêtre dans la plante en moins de 30 minutes, limitant ainsi les risques de lessivage par les pluies.

Systémie ascendante et descendante de phoséthyl Al

La systémie dans les feuilles, rameaux, racines a été établie en suivant dans le végétal la diffusion de la molécule rendue radioactive au niveau du phosphore.

Persistance d'action élevée

Les essais sur vigne comme les traitements réalisés sur plusieurs années ont régulièrement montré que la protection était assurée par un programme de traitements préventifs à intervalles de 14 jours.

Cette durée de protection est indépendante des conditions climatiques.

ACTIVITE BIOLOGIQUE

Mildiou de la Vigne (Plasmopara viticola)

Un programme de 7 traitements à 12-14 jours d'intervalle a été appliqué sur Cabernet Sauvignon.

La parcelle a été contaminée artificiellement à 2 reprises.

Les résultats sur feuilles et sur grappes sont consignés dans le Tableau II.

Black-Rot de la Vigne (Guignardia Bidwellii)

Nous rapportons les résultats obtenus par l'INRA et le Service de la Protection des Végétaux.

L'association phoséthyl Al + mancozèbe a été comparée au mancozèbe à 280 g/hl.

Sept à douze applications ont été effectuées, selon les années (Tableaux III et IV).

Le phoséthyl AL assure une très bonne protection des grappes.

TABLEAU II :

Mildiou de la vigne (Plasmopara viticola)

Protection des feuilles et des grappes

PRODUITS	DOSES/HECTOLITRE	ATTAQUE SUR FEUILLES 11.09.78 EN %	ATTAQUE SUR GRAPPES 23.09.78 EN %
Témoin		85	55,8
Mancozèbe	280 g/hl	3,55	3,07
Phoséthyl Al	154 g/hl	1,45	0,50
+ Mancozèbe	91 g/hl		

Origine : INRA Bordeaux

TABLEAU III : Résultats de 3 années d'expérimentation à l' Institut National de la Recherche Agronomique

BLACK-ROT SUR VIGNE (Guignardia Bidwellii)

Doses par hectolitre	% DE GRAPPES ATTAQUEES				% DE DEGATS SUR GRAPPES			
	1980	1981	1982 I	1982 II	1980	1981	1982 I	1982 II
Phoséthyl Al + Mancozèbe 198 g + 117 g/hl	22,9	75,1	8	26	0,9	3,1	0,2	0,8
Mancozèbe 280 g/hl	5	57,7	12	25	0,25	1,85	0,4	0,5
Témoin	100	99,9	92	97	84,7	36,6	20	48

Origine : INRA Bordeaux

N.B. : contamination artificielle par apport d'inoculum suspendu au-dessus des ceps.

Mildiou de la laitue (Bremia lactucae)

Des laitues de la variété Déci-minor ont été contaminées artificiellement à 4 reprises.

3 traitements ont été effectués à 14 jours d'intervalle avec un fongicide de référence (mancozèbe à 1600 g/ha) et l'association phoséthyl Al 1100 g/ha + mancozèbe 650 g/hectare.

La protection obtenue avec cette association (feuilles et surface foliaire attaquées) a été remarquable (Tableau V).

TABLEAU IV : Résultats du Service de la Protection des Végétaux

	% MOYEN D'ATTAQUE SUR GRAPPE	
	Essai sur Sémillon Barsac Gironde (9 traitements)	Essai sur Folle Blanche Saint-Colomban Loire Atlantique (12 traitements)
Phoséthyl Al + Mancozèbe 198 g + 117 g/hl	3,6	39,7
Mancozèbe 280 g/hl	3,8	43,9
Témoin	45,2	99,1

TABLEAU V :
Mildiou de la laitue (Bremia lactucae)

PRODUITS	DOSE/HECTARE	POURCENTAGE MOYEN DE FEUILLES ATTAQUEES	POURCENTAGE MOYEN DE SURFACE FOLIAIRE ATTAQUEE
Témoin		67,2 %	27,5 %
Mancozèbe ..	1600 g	9,4 %	1,1 %
Phoséthyl Al + Mancozèbe	1100 g 650 g	0,9 %	0,2 %

Origine : Rhône-Poulenc Agrochimie - 1980

CONCLUSION

Phoséthyl Al est un fongicide systémique développé par Rhône-Poulenc.

Associé sous forme de poudre mouillable au mancozèbe, il fait preuve d'une bonne efficacité en traitement préventif, contre diverses maladies de la vigne et contre le mildiou de la laitue (Bremia lactucae) -

PROTECTION OF GRAPEVINE AND LETTUCE WITH FOSETYL-AL + MANCOZEB (RHODAX)

Fosetyl-Al is a systemic fungicide developed by Rhône-Poulenc. It has been associated with the contact fungicide mancozeb in the wettable powder formulation Rhodax, Which has proved very effective in preventive treatments against many grapevine pathogens : Phomopsis viticola, Plasmopara viticola, Pseudopeziza tracheiphila, Guignardia Bidwellii, and also against Bremia lactucae.

INTERET DE L'HYDROXYDE DE CUIVRE (KOCIDE 101 PM) DANS LA LUTTE CONTRE LE MILDIOU DE LA VIGNE (PLASMOPARA VITICOLA)

R. FAURE - J. FOUREL - R. RICHARD

Rhodiagri Département Rhône-Poulenc Agrochimie
47 rue de Villiers BP 122 - 92527 NEUILLY SUR SEINE

RESUME

Il y a un siècle, Millardet montrait l'intérêt de la bouillie bordelaise dans la lutte contre le mildiou de la vigne. Divers sels de cuivre ont été proposés. L'hydroxyde de cuivre, composé actif, a pu être isolé et stabilisé.

L'hydroxyde de cuivre a montré dans des essais officiels (INRA Bordeaux, Service de la Protection des Végétaux) ou privés (Rhône-Poulenc Agrochimie) une efficacité vis à vis du mildiou de la vigne (Plasmopara viticola) comparable, voire supérieure à celle de la bouillie bordelaise.

Il possède un pouvoir couvrant inégalé, une bonne persistance et résistance au lessivage par les pluies.

I - PRESENTATION DU KOCIDE 101 PM

Se présente sous forme d'une poudre mouillable contenant 50 % de cuivre de l'hydroxyde de cuivre.

Cristallisant en très fines particules, il assure un pouvoir couvrant de la végétation plus élevé que le sulfate basique de cuivre. (Tableau I)

a) Qualités physiques :

KOCIDE 101 PM a une teneur en cuivre élevée : 50 % de cuivre, soit 77 % d'hydroxyde de cuivre pur.

. son pouvoir couvrant remarquable est dû à la structure en fines aiguilles, plates, enchevêtrées qui se fixent fortement à la cuticule.

. Il possède une bonne mouillabilité et une bonne adhérence dues à des adjuvants spéciaux qui permettent néanmoins une solubilité suffisante pour saturer en cuivre le film d'eau rendu ainsi impropre à la germination des spores de mildiou.

. Sa résistance au lessivage est bonne, malgré les pluies, car les particules adhèrent bien.

b) Utilisation de la bouillie :

Elle s'utilise dans tous les appareils terrestres à volume réduit comme à fort volume.

L'application est possible par voie aérienne.

II - HOMOLOGATION (FRANCE)

Une autorisation de vente a été accordée en novembre 1980 pour la lutte contre le mildiou de la vigne (Plasmopara viticola) à la dose de 600 g par hl/d'eau.

Cette autorisation de vente concerne la lutte contre anthracnose de la vigne et mildiou du houblon.

III - APERCU SUR L'EVOLUTION DES TRAITEMENTS CUPRIQUES

Il y a un siècle, Millardet a eu le premier l'idée d'utiliser le mélange d'un lait de chaux et d'une solution de sulfate de cuivre pour lutter contre le mildiou de la vigne.

La formule bien connue sous le terme de bouillie bordelaise est généralement décrite par la réaction théorique suivante :

$$SO4CU + Ca\ (OH)^2 \dashrightarrow Cu\ (OH)^2 + SO4Ca$$

Cette équation est en réalité insuffisante pour traduire l'ensemble des phénomènes qui se manifestent sans être encore pleinement élucidés.

On retiendra que dans cette formule de base, qui est toujours très utilisée, l'activité fongique est dûe à Cu $(OH)^2$: hydroxyde de cuivre.

- La bouillie bordelaise en mélange extemporané, préparée par le viticulteur se présente sous forme d'un gel bleu qui n'est pas stable. Elle comprend Cu $(OH)^2$ en suspension colloïdale associé au plâtre SO4Ca insoluble.

La suspension est instable. Moins d'une heure après préparation, elle passe de la forme colloïdale à la forme cristalline en se déposant au fond du récipient. Le surnageant devient clair et limpide.

Cette évolution entraîne deux conséquences :

. Lorsque les bouillies sont préparées à l'avance, l'adhésivité est compromise car la fixation des particules par le feuillage dépend de la forme colloïdale sous laquelle elles se trouvent.

. Sur le feuillage, le sel actif Cu $(OH)^2$ se trouve redistribué sur la végétation par les pluies et rosées. L'activité fongique sera d'autant meilleure que la préparation de la bouillie évitera le combinaison de Cu $(OH)^2$ dans des réactions complexes et son évolution en Cu O.

- La bouillie bordelaise industrielle qui offre l'avantage d'être prête à l'emploi sans passer par les contraintes d'une préparation artisanale, peut être préparée selon différents procédés industriels couverts par des brevets.

Quels que soient les modes de préparation de la bouillie bordelaise, le but est d'obtenir Cu $(OH)^2$.

L'idéal est d'isoler ce composé actif et de le stabiliser.

IV - ACTIVE BIOLOGIQUE

L'efficacité de KOCIDE 101 PM a été étudiée contre le mildiou de la vigne (Plasmopara viticola) à l'INRA Bordeaux (Station de Pathologie Végétale).

A dose égale de cuivre : 300 g m.a./hl, sur feuilles comme sur grappes, la comparaison hydroxyde de cuivre/sulfate de cuivre est globalement favorable à l'hydroxyde de cuivre comme le montrent les résultats de plein champ de l'INRA à Bordeaux après traitements à la cadence des Avertissements Agricoles : (Tableau II et Tableau III).

TABLEAU I : Nombre moyen de particules cupriques par Kg de formulation

MATIERES ACTIVES	NOMBRE DE PARTICULES
Hydroxyde de cuivre	250 trillions
Sulfate basique de cuivre	80 trillions
Oxychlorure de cuivre	80 trillions

TABLEAU II : Activité biologique sur Mildiou de la vigne (*Plasmopara viticola*) Essais réalisés à la Station de Pathologie végétale - INRA Bordeaux

Efficacité sur feuilles

FONGICIDES	% DE MILDIOU		
	DEBUT SAISON	FIN DE SAISON	
	1980	1978	1980
Hydroxyde de cuivre : 300g cuivre/hl	1,37	9,40	9
Sulfate de cuivre : 300g cuivre/hl	2,25	14,40	12,50
Témoin	97,3		96,3

TABLEAU III : Comparaison de l'efficacité du sulfate de cuivre à l'hydroxyde de cuivre à une cadence de traitements comparable.

Efficacité sur grappes

FONGICIDES	% DE GRAPPES MALADES		% DE DEGATS	
	1978	1979	1978	1979
Hydroxyde de cuivre : 300g cuivre/hl	4,7	11	0,45	0,25
Sulfate de cuivre : 300g cuivre/hl	20,6	23,1	1,32	0,60
Témoin	-	100	-	82

F7

CONCLUSION

Grâce à un procédé de fabrication permettant d'isoler l'hydroxyde de cuivre, KOCIDE 101 PM se caractérise par :

- un pouvoir couvrant inégalé
  (I gramme permet une couverture cuprique de 33,7 m^2)
- une bonne persistance et résistance au lessivage par les pluies.

L'hydroxyde de cuivre, à la dose de 600 g/hl, assure une protection égale voire supérieure à celle obtenue avec du sulfate de cuivre contre Plasmopara viticola.

USE OF COPPER HYDROXYDE (KOCIDE 101 PM)
IN THE CONTROL OF GRAPEVINE DOWNY MILDEW

Since Millardet showed the effectiveness of Bordeaux mixture against Plasmopara viticola 100 years ago, various copper salts have been tried as alternatives. In Kocide 101 PM, copper hydroxyde is the active ingredient which has been isolated and stabilized. In official (INRA Bordeaux, Plant Protection Service) and private trials (Rhone-Poulenc Agrochimie), it shows activity against Plasmopara viticola comparable or superior to that of Bordeaux mixture. Is has excellent covering power, good persistence and resists washing off by rain.

KOCIDE 101 PM : 50 % de cuivre de l'hydroxyde de cuivre.

(R) marque déposée KOCIDE CHEMICAL CORPORATION HOUSTON TEXAS U.S.A.

L'INTERET DU PHOSETHYL-AL DANS LA LUTTE CONTRE LES MALADIES DU VIGNOBLE VU A TRAVERS MIKAL ET ALLIANCE .

JM. GAULLIARD , F. GATINEAU .

Société Pépro , l'Orée d'Ecully , Bât. C, 69130 Ecully , France .

RESUME

La polyvalence des spécialités à base de phoséthyl-Al ne provient pas du seul effet du produit de contact associé , mais aussi de l'efficacité de phoséthyl-Al sur d'autres maladies que le mildiou et en particulier l'excoriose et l'oïdium . Cette polyvalence originale par rapport aux autres fongicides antimildiou systémiques permet de réduire la dose de fénarimol nécessaire pour contrôler l'oïdium et de limiter l'intervention contre l'excoriose à un seul traitement au stade D .

INTRODUCTION

En 1974, Rhône-Poulenc-Agrochimie découvrait le phoséthyl-Al, première substance systémique antimildiou , qui se différencie fondamentalement des autres fongicides par :

- . une systémie complète , ascendante et descendante ,
- . une longue durée d'action préventive (15 jours minimum) ,
- . une pénétration rapide , mettant le produit à l'abri du lessivage ,
- . un haut degré d'efficacité contre les mildious et en particulier *Plasmopara viticola* .

Ces caractéristiques ont déjà été longuement décrites dans la littérature . Cependant , le phoséthyl-Al se caractérise aussi par deux autres propriétés remarquables et spécifiques qui ne sont à ce jour réunies dans aucun des autres nouveaux antimildious systémiques découverts récemment : une grande polyvalence d'action et l'absence de souches résistantes après neuf années d'utilisation au champ . Ces propriétés confèrent au produit un intérêt tout particulier dans la stratégie de lutte contre les grandes maladies du vignoble , intérêt qui est aujourd'hui valorisé à travers deux spécialités commercialisées par Pépro : Mikal et Alliance . Mikal se présente sous forme d'une poudre mouillable et titre 50 % de phoséthyl-Al et 25 % de folpel . Alliance est de même nature et de même composition et contient en plus 1% de fénarimol .

LUTTE CONTRE L'EXCORIOSE (*Phomopsis viticola*)

Phoséthyl-Al apporte un élément nouveau sur cette maladie , notamment par l'action préventive qu'il exerce sur la colonisation mycélienne des jeunes pousses grâce à son effet systémique . Les résultats présentés dans le tableau 1 témoignent de l'efficacité intrinsèque du phoséthyl-Al contre l'excoriose . De nombreux essais réalisés depuis 1976 démontrent qu'un seul traitement au Mikal au stade D (sortie des feuilles au niveau des premiers bourgeons de la base sur 50 % de la parcelle traitée) équivaut en efficacité à deux traitements aux stades D et E avec un anti-excoriose classique (cf. thèse Y. Bugaret 1964, I.N.R.A.,Bordeaux-Pont-de-la-Maye). Cette action remarquable apporte la preuve que la systémie du phoséthyl-Al est capable de s'effectuer sur les jeunes rameaux de vigne au début de leur développement .

Produit	Dose en g ma/hl	Stade	% de surface excoriée (contrôle d'été)	% de surface excoriée (contrôle d'hiver)
Témoin			47,2	70
arsénite de soude	625 g ma/hl	1 application A	1,7	3,12
mancozèbe	280 g ma/hl	2 applications D + E	1,4	3,32
phoséthyl-Al seul	150 g ma/hl	2 applications D + E	1,6	3,20
Phoséthyl-Al + folpel	150 + 75 g ma/hl	1 application D	1,2	3,07

Tableau 1 Lutte contre l'excoriose - Mise en évidence de l'action du phoséthyl-Al (Essai INRA 1981)

LUTTE CONTRE L'OIDIUM (Uncinula necator)

En 1976 , l'expérimentation avait mis en évidence une efficacité non négligeable (quoique incomplète) du phoséthyl-Al vis-à-vis de l'oïdium du pommier (Podosphaera leucotricha) et de l'oïdium des cucurbitacées (Erysiphe cichoracearum) .Simultanément , dans un essai de lutte contre le mildiou de la vigne sur cépage Sylvaner à la station de Villefranche-sur-Saône , une attaque d'oïdium révèlait l'action incontestable du phoséthyl-Al contre Uncinula necator .

% oïdium sur feuilles (notation du 22 septembre)

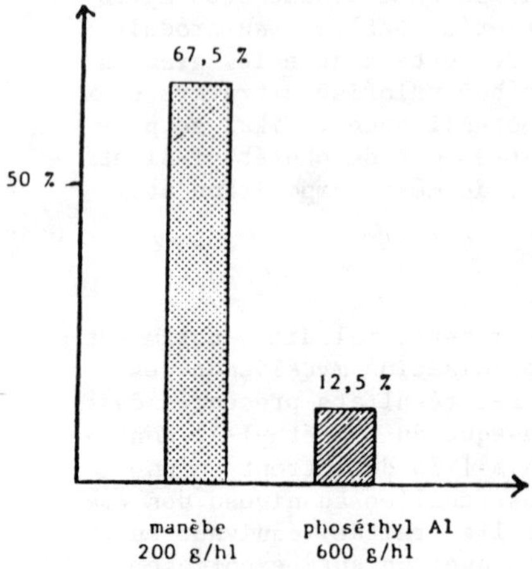

Fig. 1 - Efficacité du phoséthyl-Al sur oïdium/vigne

Produits Dose g ma/hl	% d'efficacité oïdium sur feuilles	oïdium sur grappes
Alliance 150 + 75 + 10	90	92
soufre 1000	85	95
Témoin (% d'attaque)	38	60
Nbre d'essais	30	19

Tableau 2 Efficacité moyenne d'Alliance (Synthèse des essais 1982-1983)

Utilisé seul à cadence régulière de 15 jours , Mikal assure une protection non négligeable de 40 à 60 % contre cette maladie .

Partant du constat que la majorité des viticulteurs ont pour habitude de réaliser des mélanges extemporanés pour lutter simultanément contre les deux maladies , Pépro a jugé opportun d'exploiter cette complémentarité d'action en proposant le produit mixte associant phoséthyl-Al + folpel + fénarimol . Cette association est homologuée à la dose de 0,300 kg/hl , ce qui correspond à une réduction de 20 % de la dose de fénarimol normalement utilisée contre l'oïdium (1 g au lieu de 1,2 à l'hl) ; appliquée dans le cadre d'un programme de traitement à 15 jours d'intervalle , elle assure un contrôle du mildiou et de l'oïdium équivalant à celui des meilleures références .

EFFICACITE SUR D'AUTRES MALADIES

Blac-rot (Guignardia bidwellii)

On constate une fois de plus la polyvalence du phoséthyl-Al dans l'essai présenté ci-après et réalisé par l'I.N.R.A. en 1978 contre le black-rot (tableau 3) . Au cours du même essai , le Mikal à 0,400 kg/hl a montré un bon comportement grâce probablement à l'effet conjugué du folpel et du phoséthyl-Al .

Produits Doses g ma/hl	% d'efficacité
phoséthyl-Al 250	67,6
Mikal 200 + 100	95,2
mancozèbe	98,1
Témoin	37 % baies atteintes

Tableau 3 Efficacité du phoséthyl-Al et de Mikal

Produits Doses g ma/hl	% d'efficacité sur feuilles	 sur grappes
Alliance		
150 + 75 + 1	-	85,7
200 + 100 + 12	95,8	85,3
mancozèbe	95,7	89,2
Témoin	405 (nbre feuilles malades)	21,8 (surface de grappes malades)
Nbre d'essais	1	5

Tableau 4 Efficacité moyenne d'Alliance

Rappelons également que le fénarimol présente par lui-même une efficacité non négligeable contre cette maladie . L'association phoséthyl-Al+ folpel + fénarimol , utilisée à 0,400 kg/hl , met en valeur la complémentarité d'action de ses 3 constituants en assurant une protection des grappes et des feuilles pratiquement équivalente à celle de la référence organique , comme le montre le résultat de l'expérimentation réalisée en 1982 et 1983 (tableau 4) . D'autres essais sont en cours pour confirmer cette activité .

LUTTE CONTRE LES SOUCHES DE MILDIOU RESISTANT AUX ANILIDES

L'efficacité de phoséthyl-Al + folpel contre le mildiou de la vigne n'est plus à démontrer . Toutefois , l'apparition de souches résistantes vis-à-vis de certains systémiques appartenant à la famille des anilides a conduit parfois à des confusions ou des assimilations abusives de comportement entre le phoséthyl-Al et les anilides . Il est important de rappeler ici que le phoséthyl-Al reste efficace contre les souches résistant aux anilides . En complément à ces travaux , l'efficacité pratique du Mikal est régulièrement suivie depuis 9 campagnes, sur les mêmes parcelles, dans les stations expérimentales de Rhône-Poulenc-Agrochimie . L'efficacité du Mikal , employé à raison de 8 applications par an , en moyenne , n'a jamais varié et se situe toujours au-dessus de celle de la référence,comme en témoigne la figure n° 2 .

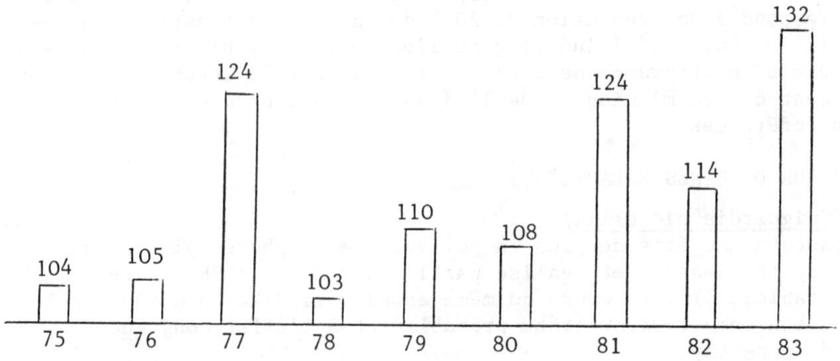

Fig. 2 - Efficacité sur 9 ans du Mikal sontre le mildiou exprimée en % de la référence mancozèbe (source:Rhône-Poulenc-Agrochimie , Station de Villefranche-sur-Saône) .

CONCLUSION

Contrairement aux autres fongicides antimildious nouveaux , la polyvalence des spécialités à base de phoséthyl-Al ne provient pas du seul effet du produit de contact associé , mais , aussi, de l'efficacité de phoséthyl-Al sur d'autres maladies que le mildiou . A une efficacité de haut niveau, ces spécialités ajoutent une efficacité remarquable contre l'excoriose . Vis-à-vis des autres maladies , le niveau de performance est modulé par les matières actives qui la composent . Ainsi, la persistance de 15 jours du phosétyl-Al rend compatible son association avec un anti-oïdium systémique de même durée d'action et Alliance illustre , de façon exemplaire , la mise au point d'une variante répondant aux attentes des viticulteurs .

BIBLIOGRAPHIE

Bompeix, G. (1984) *Phytoma* .

Bugaret, Y. Thèse . *Institut National de la Recherche Agronomique Bordeaux Pont-de-la-Maye* .

Gaulliard,J.M. Premières journées d'études sur les maladies des plantes. *Association Nationale de Protection des Plantes, tome 1 , 337-383*

SUMMARY

VALUE OF FORMULATIONS OF FOSETYL-AL FOR CONTROL OF GRAPEVINE DISEASES

When fosetyl-Al is used in mixed formulations for the general control of grapevine diseases , it is not only the associated contact fungicides but also the fosetyl-Al itself which acts on such pathogens as phomopsis viticola and uncinula necator, besides its normal target organism plasmopara viticola.This activity gives such formulations and advantage by comparison with other systemic fungicides directed at downy mildew in so far as the dose of fenarimol for powdery mildew control can be reduced, and treatments against phomopsis viticola can be limited to a single one at stage D .

UN NOUVEAU PROGRES DANS LA LUTTE CONTRE LE MILDIOU AVEC LE RPP 2060 , ASSOCIATION TRIPLE DE PHOSETHYL-AL , CYMOXANIL ET FOLPEL .

J.M. GAULLIARD

Société Pépro - L'Orée d'Ecully - Bât.C - 69130 Ecully .

J.L. SOUCHE

Société Rhône-Poulenc-Agrochimie - 14/20 rue Pierre Baizet
69263 Lyon Cedex 09 .

RESUME

Association triple de phoséthyl-Al,cymoxanil,folpel,RPP 2060 a été expérimenté deux années dans les stations d'essais de l'Inra et de Rhône-Poulenc-Agrochimie contre le mildiou de la vigne (Plasmopara viticola) .Ces essais menés dans des conditions sévères (brumisation et contamination artificielle) ont mis en évidence l'excellente efficacité du produit sur grappes et sur feuilles , doublée d'un pouvoir curatif autorisant un mode d'emploi très souple soit en programme , soit en intervention .

INTRODUCTION

Dans le cadre de la recherche vers des produits toujours plus proches de l'attente des viticulteurs , des essais de serre sur des jeunes vignes issues de boutures et contaminées artificiellement ont montré une synergie d'action entre les matières actives : phoséthyl-Al et cymoxanil , toutes deux déjà connues et utilisées dans la lutte contre le mildiou .

Ces essais ont été réalisés au Centre de Recherches de la Dargoire Rhône-Poulenc-Agrochimie) . Cette association a fait l'objet d'un dépôt de brevet puis d'une expérimentation dans les stations d'essais de l'Inra et de Rhône-Poulenc-Agrochimie .

L'expérimentation a été menée avec une poudre mouillable associant 4% de cymoxanil , 50 % de phoséthyl-Al et 25 % de folpel , employée à 0,3kg/hl et référencée RPP 2060 . Elle a permis d'étudier l'efficacité préventive du produit contre le mildiou de la vigne (Plasmopara viticola) sur les feuilles et les grappes dans des conditions très favorables à la maladie (contamination artificielle et brumisations programmées) ainsi que les possibilités de rattrapage en application curative ou éradicante . Au total neuf essais ont été réalisés sur deux ans .

MATERIEL ET METHODES

Les essais ont étés menés selon les directives de la méthode CEB n°7. Les parcelles de vigne (5 à 10 ceps) disposées selon le dispositif "blocs de Fisher" avec quatre à cinq répétitions (stations Rhône-Poulenc) ou selon le dispositif "randomisation totale" avec huit répétitions (Inra de Bordeaux) ont été contaminéesartificiellement et brumisées pour assurer une dissémination importante et homogène du parasite .

Dans le cas des essais préventifs , la contamination est intervenue après le premier traitement , sur des "ceps contaminateurs" dispersés entre les parcelles . Les traitements curatifs ont été appliqués 24 à 48 h après la contamination et les traitements éradicants au moment de l'apparition des taches .

F9

RESULTATS

Efficacité préventive sur feuilles et grappes (tableaux I et II) RPP 2060 a montré dans sept essais : une très bonne protection des feuilles avec une bonne persistance tard dans la saison (89 % d'efficacité moyenne contre 71 % au mancozèbe utilisé à 280 g de m.a./hl , une protection des grappes de très haut niveau (96,8 % d'efficacité moyenne contre 84 % au mancozèbe , vis à vis du rot-gris et du rot-brun , conduisant à une augmentation de la vendange .

TABLEAU I

* Activité anti-mildiou sur grappes

	% d'efficacité comparé au témoin										
code de l'essai	FR 8312115	FR 8312116	FR 8316110	FR 8316108		GM3 83	FR 8412117		FR 8414134	GM1-84	Moyenne
Date contrôle ...	2/08	26/07	8/07	12/7	1/8	22/8	13/7	16/8	3/8	8 /9	
RPP 2060 0,3 kg/hl	97,1	98,2	100	98,6	93,2	94,9	99,1	89,3	98,8	99,5	96,8
Mancozèbe 280g m.a./hl	94,8	85,7		67,3	62,4		91,0	77,7	98,4	98,2	84,4
% de volume malade dans le témoin	55,9	51,1	9,6	61	78,9	53,8	33,6	77,9	59,8	39,4	

TABLEAU II

* Activité anti-mildiou sur feuilles

	% d'efficacité comparé au témoin						
code de l'essai	FR 8312115	FR 8312116	FR 8316108	GM3-83	FR 8412117	FR 8414134	GM1-84	Moyenne
Date contrôle ...	13/09	13/09	5/07	20/09	4/09	20/09	26/09	
RPP 2060 0,3 kg/hl	85,7	93	99,2	83,5	85,3	90,6	91,7	89,8
mancozèbe 280g m.a./hl	78,5	69,4	58,3	/	56,1	93,9	/	71,2
% de mildiou dans le témoin	70%	72%	27,4%	91%	89%	100%	85%	

Efficacité curative - Traitement 24 heures après contamination artificielle (4 blocs de 4 ceps) .

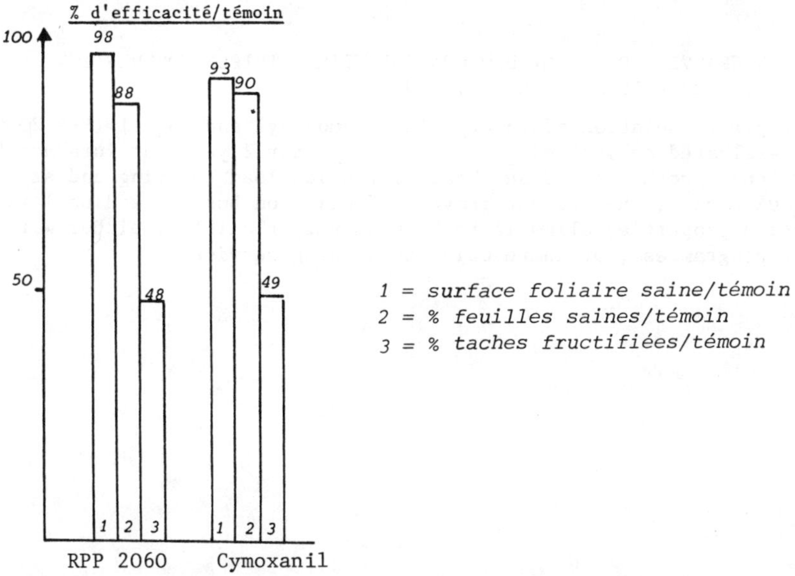

Le RPP 2060 possède une efficacité curative de haut niveau supérieure ou égale aux meilleures références actuelles . D'autre part , la protection des repousses non traitées directement est assurée par la systémie du phoséthyl-Al . Cette dernière matière active diminue la production de conidies et réduit leur faculté germinative .

CONCLUSION

Le RPP 2060 , associant trois matières actives possédant entre elles des propriétés synergiques et des modes d'action différents, constitue une solution technique nouvelle et originale pour la protection de la vigne contre le mildiou . En effet : l'association d'un produit de contact à spectre large , d'un pénétrant et d'un systémique migrant dans toute la plante permet d'obtenir un niveau d'efficacité exceptionnel sur toutes les souches de mildiou de la vigne (les trois matières actives employées ne connaissent pas de problème de résistance) .

Par ailleurs , l'efficacité sur excoriose *(Phomopsis viticola)* ainsi que l'effet freinant sur *Botrytis cinerea, Uncinula necator et Pseudopeziza tracheiphila* déjà connus dans le mélange phoséthyl-Al/folpel (Mikal) est intégralement conservé .

L'ensemble de ces caractéristiques confère au RPP 2060 une grande souplesse d'utilisation . Ce nouveau fongicide est parfaitement adapté à tous les types de lutte anti-mildiou . Il peut s'employer : soit dans le cadre d'un programme systématique à cadence régulière de 15 jours ; soit en intervention , dans les zones où la présence de la maladie est beaucoup plus aléatoire , en l'appliquant uniquement en fonction des risques . Grâce au pouvoir curatif du RPP 2060 , le viticulteur dispose encore d'un délai de trois jours après la contamination pour rattraper et stopper le développement du mycelium . Le RPP 2060 s'utilise pendant toute la durée de la végétation active et n'est soumis à aucune restriction concernant le nombre et la période des traitements .

SUMMARY

PROGRESS IN GRAPVINE DOWNY MILDEW CONTROL WITH A TRIPLE FORMULATION OF FOSETYL-AL , CYMOXANIL AND FOLPEL .

A triple formulation of fosetyl-Al , cymoxanyl and folpel (RPP 2060) has been evaluated against <u>*Plasmopara viticola*</u> for 2 years at Inra and by Rhône-Poulenc-Agrochimie . Under heavy infection load (misting and artificial inoculation) , the product proved effective on bunches and on leaves. Its curative properties allow it to be used very flexibly , either within treatment programmes , or in reaction to warning services .

40 ANNEES D'ETUDES SUR LE MILDIOU DE LA VIGNE DANS LE VIGNOBLE CHARENTAIS Travaux de la STATION VITICOLE du BNIC

F. GAY-BELLILE - J-F. SARRAZIN

Station Viticole, 69 rue de Bellefonds, BP 71, 16103 COGNAC CEDEX - FRANCE

RESUME

Dans le cadre de la lutte contre le mildiou, Jean Lafon expérimente dès 1941 des solutions pour économiser le cuivre. Il observe notamment l'effet de filets en cuivre ou enduits de substances cupriques disposés au dessus de la végétation. Ces travaux aboutiront à la création des produits organocupriques.

Ils ont été poursuivis par la recherche de la diminution des volumes épandus grace à la pulvérisation pneumatique qui permet de traiter à moins de 100 l/ha.

Plus récemment les fongicides systémiques devaient apporter un espoir partiellement déçu par le développement de souches de mildiou résistant à certains : ceux de la famille des anilides.

INTRODUCTION

Le vignoble charentais qui couvre une superficie d'un peu moins de 100 000 hectares est constitué pour 95 % d'un cépage unique, l'UGNI-BLANC.

Compte tenu de cette caractéristique et d'un climat de type océanique le mildiou (Plasmopara viticola) est le parasite qui préoccupe le plus de façon continue l'ensemble des viticulteurs de la région.

C'est pourquoi de nombreux travaux ont été conduits dans la région de Cognac, notamment à la Station Viticole du Bureau National Interprofessionnel du Cognac, en relation avec divers organismes. Nous n'en ferons pas une relation exhaustive mais rapellerons les principaux moments de cette activité.

TRAVAUX DE JEAN LAFON SUR LES ECONOMIES DE CUIVRE PENDANT LA GUERRE

Jusqu'à la dernière guerre les traitements contre le mildiou au moyen de la bouillie bordelaise ne posaient par eux mêmes aucun problème particulier mais pendant l'occupation, la pénurie de sulfate de cuivre se faisant sentir, J. Lafon a étudié pendant plusieurs années consécutives l'efficacité de formules pauvres en cuivre ou à base de produits plus facilement disponibles que le sulfate de cuivre. Le problème d'alors était de trouver des solutions de remplacement qui assuraient une efficacité sinon égale à celle de la bouillie bordelaise, en tout cas suffisante pour préserver la vigne d'attaques trop sévères. Une des solutions préconisées à la suite de ces essais fut celle du remplacement du sulfate par le nitrate de cuivre et avait conduit à remarquer déjà l'action fertilisante par voie foliaire du nitrate. Le nitrate de cuivre se préparait à la propriété même en faisant dissoudre dans l'acide nitrique des objets en cuivre réformés comme les vieux alambics, qui ne manquaient pas dans la région, (Lafon 1942 et 1943). C'est dans le cadre de ces recherches qu'il avait étudié avec JL Vidal l'utilisation de filets enduits de substances cupriques que l'on disposait au dessus de la vigne. Le principe en était le suivant : la goutte de pluie traversant le filet se charge d'une quantité de cuivre infime mais suffisante pour empêcher la germination des conidies. Les premiers filets utilisés en 1942 étaient faits de corde et imprégnés de produits cupriques. Mais il fallait les imprégner tous les ans de la substance fongicide, (Vidal et Lafon 1947).

Par la suite J. Lafon eut l'idée de faire réaliser des treillages de cuivre oxydé et carbonaté (à partir de cuivre de rebut des PTT). Malheureusement les limites de ce microtraitement sont rapidement apparues notamment au niveau de la protection des grappes qui se révèle insuffisante certaines années. Par ailleurs le dispositif ne protège pas contre le mildiou d'automne où les attaques se font le plus souvent sans pluie mais grace à l'eau de condensation sur les feuilles. C'est pourquoi ces travaux n'ont jamais dépassé le stade expérimental.

Une deuxième voie fut celle des tous premiers produits organiques qui se révèlèrent efficaces mais fugaces, ce qui incitait J.Lafon à écrire en 1946 :

"Si on trouvait un produit organique efficace, rien n'empêcherait de lui adjoindre des sels de cuivre ou de le combiner avec le cuivre.On conjuguerait ainsi les deux actions fongicides.
L'action bienfaisante du cuivre sur la végétation pourrait ainsi être maintenue. C'est d'ailleurs ce que le Dr Faes et Stahelin ont déjà tenté de réaliser en essayant un mélange d'oxyde cuivreux et de bouillie à base de produits organiques."

Ces travaux ont fait l'objet de plusieurs compte rendus dans le bulletin de l'OIV (1942 à 1944). C'est cette voie qui fut poursuivie par la suite et particulièrement l'associaton zinèbe + cuivre expérimentée en 1952 et 1953. Non seulement cette association s'est alors révélée d'une très bonne efficacité à des doses faibles par rapport à la bouillie bordelaise mais un phénomène nouveau était découvert par J. Lafon et P. Couillaud : la "synergie" entre le cuivre et le zinèbe, (Lafon et Couillaud 1953). L'ère des organocupriques commencait. Ces produits donnaient la possibilité aux viticulteurs de traiter efficacement avec moins de cuivre, mais également d'utiliser des bouillies moins concentrées en substance et donc moins visqueuses.

TRAVAUX DE LA STATION VITICOLE DE COGNAC SUR LA PULVERISATION PNEUMATIQUE

Dès 1957, J. Lafon, P. Couillaud et F. Gay-Bellile ont essayé ce type de pulvérisation non encore utilisé, les traitements étant faits à l'époque à l'aide de pulvérisateurs à jet projeté, dits mécaniques. Ils ont pu descendre, alors, jusqu'à des volumes de 30 l/ha de bouillie épandue (J. Lafon et al 1958). En 1960 ils réalisaient des microtraitements à des débits minimum de 5 l/ha (Lafon et Al 1961). Bientôt la pulvérisation pneumatique se généralisait au vignoble parallèlement à celle des fongicides organiques et organocupriques. Elle a permis de réduire notablement les quantités d'eau utilisées, mais également d'augmenter l'efficacité des traitements par une meilleure couverture de la végétation.

TRAVAUX RECENTS DE LA STATION VITICOLE

Cette expérimentation sur la lutte contre le mildiou s'est poursuivie par la suite dans l'étude des nouvelles molécules apparaissantes. L'évènement a été l'arrivée en 1977 des premiers fongicides antimildiou systémiques. Les essais de la Station Viticole permettaient alors d'affirmer que l'on pouvait traiter sans risques à des cadences systématiques de 14 jours au moins.

Ces produits envahirent très vite le marché de la région, et notamment le métalaxyl du fait de son pouvoir éradicant. Peu après, hélas, apparurent, en 1982, les souches de mildiou résistant aux anilides qui aujourd'hui sont présentes dans l'ensemble du vignoble.

Les travaux actuels de la Station Viticole du BNIC concernant la lutte anti mildiou sont encore très abondants et nous pouvons citer parmi les principaux thèmes étudiés :

- étude des actions secondaires des fongicides anti mildiou sur les autres maladies et parasites, notamment l'oïdium (Uncinula necator), la pourriture grise (Botrytis cinerea) et les acariens (Calepitrimerus vitis et Eotetranichus carpini).

- étude de l'effet à long terme de l'utilisation de molécules systémiques sur la vigne et le parasite dans un essai de longue durée mis en place en 1977. Nous y avons suivi depuis 1982 la perte d'efficacité des fongicides à base d'anilides (Ofurace et Métalaxyl). A l'inverse les specialités à base de Phosétyl-Al ne sont pas concernées par ce problème de résistance et n'ont jamais montré de baisse d'efficacité. Les autres matières actives (oxadixyl, bénalaxyl) y sont également étudiées.

- suivi de la dynamique des populations de mildiou résistant aux amilides avec le Service de la Protection des Végétaux et le GRISP de Bordeaux

- étude de la modélisation pour déterminer les dates de traitement, en collaboration avec l'ACTA et le Service de la Protection des Végétaux.Les premiers résultats sont encourageants et l'on commence à étudier des stratégies de lutte basées sur la modélisation.

BIBLIOGRAPHIE

- Gay-Bellile,F ; Sarrazin,JF ; Lacouture,J ; Courlit,Y ; Ferrand,J. (1979) Résultats des essais mildiou 1977 et 1978 effectués par la Station Viticole du BNIC. Le Paysan n° 735, 11-14.

- Gay-Bellile,F ; Lacouture,J ; Sarrazin,JF ; Courlit,Y ; Menard,E (1985) Protection contre le mildiou de la vigne. Utilisation des divers fongicides. Le Paysan n° 779, 7-10.

- Gay-Bellile,F ; Lacouture,J ; Sarrazin,JF ; Courlit,Y ; Ménard,E (1984) Les produits antimildiou vigne. Le Paysan n° 794, 49-51.

- Lafon,J (1942) La lutte contre le mildiou et l'économie de cuivre. Bulletin OIV N° 149, 60-87.

- Lafon,J (1943) Résultats des essais contre le mildiou effectués en 1942 à la Fondation Fougerat Bulletin OIV N° 155, 118.

- Lafon,J ; Couillaud,P ; (1953) Essais de fongicides organiques dans la lutte contre le mildiou de la vigne. Comptes rendus de l'Académie d'Agriculture de France. Décembre

- Lafon,J (1949) Le Mildiou. Ligue de défense des végétaux 20 octobre

- Lafon, J ; Couillaud,P ; Gay-Bellile,F ; (1958) Sur la Technique des brouillards légers aqueux à 30 litres de liquide par hectare (Lutte contre le mildiou de la vigne). Comptes rendus de l'Académie d'Agriculture de France. Février.

- Lafon,J ; Couillaud,P ; Gay-Bellile,F (1958) Essais de lutte contre le mildiou de la vigne effectués en 1957 par pulvérisation pneumatique à très fort débit d'air et très faible volume de liquide. Vignes et Vins 66, 9-12 ; 67, 17-22.

- Lafon,J ; Couillaud,P ; Gay-Bellile,F (1961) Essais de "microtraitements" de pulvérisation pneumatique dans la lutte contre le mildiou de la vigne (5 à 15 l/Ha) Comptes rendus de l'Académie d'Agriculture de France. Mars

- Vidal,JL ; Lafon,J (1947) Sur une méthode d'épandage automatique des solutions cupriques contre le mildiou de la vigne exactement au moment opportun. Comptes rendus de l'Académie d'Agriculture de France. Février.

SUMMARY

40 years of grappevine downy mildew studies in the Charente Vineyards

As early as 1941, J. Lafon tried out solutions that could save on copper for downy mildew control. He observed the effects of copper nets or of nets coate with copper compounds set out above the vines. This work led to the creation of organocupric products. This was followed by research on decreasing spray volumes through the use of pneumatic spratying, which allowed treatments performed at less than 100 hl/ha. More recently systemic fungicides brought hopes that were partly shattered by the rapid development of phenylamide-resistant downy-mildew strains.

LES MODES D'ACTION DU BENALAXYL DANS LE CONTROLE DE PLASMOPARA VITICOLA (MILDIOU DE LA VIGNE)

F. GOZZO, C. GARAVAGLIA, E. SIGNORINI et A. ZAGNI

FARMOPLANT (Groupe Montedison) Centre Recherche, Milan, Italie

RESUME'

Les paramètres structuraux les plus significatifs qui règlent l'activité des acylalanines et composés similaires dans le controle de *Plasmopara viticola* sont présentés pour mettre en évidence les analogies et les différences du bénalaxyl vis-à-vis des autres produits. La déviation remarquée dans l'action curative pour ce composé a suscité des études sur ses modes d'action, au cours desquelles un effet non-stéreospécifique a été décelé sur membranes de *Pythium spp*. ainsi que sur la germination de zoospores de *P. viticola.*

INTRODUCTION

Dans la classe des fongicides de formule générale

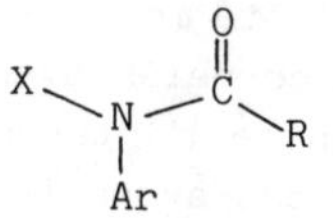

les paramètres stériques et chimio-physiques qui règlent l'action curative sur *P. viticola* ont été déjà mis en évidence dans nos travaux précedents (Gozzo 1979, Gozzo et al. 1981, Gozzo et al. 1984). Parmi les composés de chaque famille Ia et Ib (voir Tableau 1), compte tenu de la nature differente du groupe X, les paramètres les plus significatifs sont représentés par la longueur de l'acyle, L_R, et par l'index de lypophilie, R_M. Ces mêmes paramètres sont en mesure d'expliquer l'activité des derniers composés du Tableau 1, représentatifs de la famille Ic (Gozzo et al. 1984), ce qui confirme leur validité générale.

METHODOLOGIES ET RESULTATS

L_R . La longueur de R suivant la direction de la liaison N-CO a été calculée à partir de l'atome d'azote par le programme STERIMOL (Verloop 1976). Les conformations assumées pour le calcul prévoient une extension allongée du groupe R, une configuration "trans" du groupe C=O acylique à l'égard de l'anneau Ar et une orientation de ce dernier orthogonale par rapport au plan amidique. Les valeurs de L_R ainsi calculées correspondent bien à celles qui ont été déterminées par diffraction aux rayons X sur mono-cristal, comme illustré dans le poster pour le cas du bénalaxyl (Bart, com. privée). Entre l'intervalle de valeurs examinées dans notre régression ($0.36\ nm < L_R < 0.83\ nm$) l'équation que nous avons deduite exprime une proportionnalité directe de l'action curative ($-\log ED_{50}$) sur *P. viticola* en fonction de L_R (Gozzo et al. 1984). Il s'ensuit que, parmi tous les composés les plus représentatifs reportés dans le Tableau 1, le bénalaxyl est celui qui est le plus avantagé par ce paramètre.

TABLEAU 1. Valeurs de L_R (calculées) et de R_M (expérimentales) des composés représentatifs de formule générale Ar-N(X)-COR (I).

	Ar	X	R	L_R (nm)	R_M
Famille Ia	2,6-xylyl	X = $CH(CH_3)-COOCH_3$			
bénalaxyl	"		CH_2-Ph	.83	+ 0.58
métalaxyl	"		CH_2OCH_3	.60	- 0.57
Famille Ib		X = 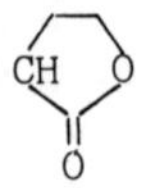			
Ofurace	"		CH_2Cl	.55	- 0.57
M 10640	"		CH_2OCH_3	.60	- 1.02
Famille Ic		X = 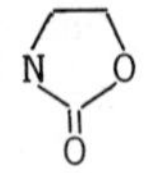			
M 10797 (oxadixyl)	"		CH_2OCH_3	.60	- 1.08
M 12279	$2-CH_3,5-Cl-C_6H_3$		"	.60	- 0.90

R_M . Les index de lypophilie ont été mesurés par chromatographie sur couche mince à phase invertie. Ils sont corrélés avec les coefficients de répartition octanole/eau (Rekker 1977). Entre l'intervalle de valeurs examinées dans notre régression ($-1 < R_M < + 1.2$) nous avons trouvé que l'action curative ($-\log ED_{50}$) sur P. viticola est négativement proportionelle à ce paramètre. Il est évident que le bénalaxyl s'écarte de tous les autres composés du Tableau 1 en ayant une valeur positive de R_M.

Avant d'examiner la relation entre ces paramètres et les modes d'action, il est interessant d'observer, dans le défense des grappes par traitements préventifs, comme le bénalaxyl presente des avantages vis-à-vis du composé ayant la valeur de R_M la plus basse indiquée au Tableau 1. Ces avantages sont mis en évidence par les résultats présentés au Tableau 2.

TABLEAU 2. Efficacité sur P. viticola en traitement de plein champ. Gorgo (Padova), Italie, 1984

Produit	Dose (g m.a./ 100 litres)	Date	Feuilles % surface attaquée	Feuilles % protection	Grappes % dégâts	Grappes % protection	
bénalaxyl + mancozèbe	16 + 130	17/7	0,13	99,34	0	100	
		5/9			5,48	92,21	a
M-10797 + mancozèbe	16 + 130	17/7	0,01	99,95	0	100	
		5/9			10,68	84,82	b
Témoin		17/7	19,84		48,92		
		5/9			70,37		

Traitements aux dates 17/5, 31/5, 15/6, et 2/7, suivis par applications d'un produit de contact.

En revenant aux études de laboratoire sur l'action curative, nous avons déjà décrit une equation générale, incluant les paramètres L_R et R_M, qui permet de prévoir l'activité de nombreux composés I (Gozzo et al. 1984). Toutefois nous avons aussi remarqué qu'une déviation significative à cette equation est observée pour le bénalaxyl, qui présente une activité expérimentale (-log ED_{50} , g/l = 3) bien superieure à celle calculée (-log ED_{50} = 2.4) (Gozzo et al. 1984). Afin d'expliquer cette déviation, nous avons consideré la possibilité que le bénalaxyl agit, en partie, avec un mode d'action différent des autres composés I. Celà nous a conduit aux résultats suivants :

1. Croissance mycélienne. L'inhibition est stéreospécifique, etant associée à l'isomère R(-) (M 12793) (Gozzo et al. 1984). Cet effet est commun à d'autres acylalanines (Hubele et al. 1983) et représente le mode d'action principal.

2. Membranes mycéliennes. L'action sur les membranes a été étudiée en mesurant les acides-aminés (exprimés en leucine), dégagés par des colonies de *Pythium* spp. Cet effet du bénalaxyl n'est pas stéreospecifique et n'est pas associé aux autres composés I. Il est indépendant du degré de résistance de la souche à cette classe de produits (Tableau 3).

TABLEAU 3. Altération de la perméabilité des membranes de *P. ultimum* sensible et résistant aux acylalanines, observée à la concentration de 100 mg/l.

Composé	Souche sensible		Souche résistante	
	Variation en poids %	μ moles leucine degagés/g mycelium	Variation en poids %	μ moles leucine degagés/g mycelium
bénalaxyl	- 26.8	71.6	- 67.0	123.2
métalaxyl	- 2.3	9.4	0.0	10.3
ofurace	- 17.0	11.5	- 21.0	7.5
M 10797 (oxadixyl)	- 5.0	5.7	+ 10.1	7.6
M 12279	- 7.0	4.2	+ 8.2	9.3
Témoin	+ 7.7	5.2	+ 6.9	6.3

Détermination effectuée après 6 heures d'incubation en milieu Czapek Dox Broth (Difco).

3. Germination de zoospores de *P. viticola*. L'action du bénalaxyl sur cette phase du cycle du mildiou de la vigne a été mise en évidence tant sur la souche sensible LS 49 que sur la souche résistante LR 49. A la dose de 10 mg/l la germination des zoospores des deux souches est complètement inhibée et l'observation au microscope permet de voir leur destruction par lyse. Même dans ce cas l'action n'est pas stéreospécifique et n'est pas commune aux autres acylalanines testées (métalaxyl, ofurace, oxadixyl, M 12279), pour lesquelles aucune différence n'a été observée vis-a-vis du témoin.

F11

CONCLUSIONS

Un deuxième mode d'action, qui est particulier au bénalaxyl, à été découvert. Il agit sur la germination des zoospores de P. viticola. Bien que cette action peut se manifester seulement en cas de traitements préventifs, elle suggère l'hypothèse que ce fongicide peut agir même sur le mycelium par deux modes d'action : 1) inhibition de la croissance, commun aux autres acylalanines, et 2) dérangement de la membrane. Ce dernier effet est supporté par l'alteration de la perméabilité de membranes myceliennes de Pythium spp. et pourrait justifier la déviation observée pour le bénalaxyl dans la corrélation des composés I.

BIBLIOGRAPHIE

Gozzo, F. (1979) Relazione tra la struttura chimica e l'attività biologica Atti 1° Simposio Chimica degli Anticrittogamici A. Del Re (Ed) Università Cattolica del S. Cuore, Piacenza, pp. 65-84.

Gozzo, F.; Masoero, M.; Zagni, A. (1981) Recenti sviluppi sulle relazioni attività struttura di fungicidi sistemici antiperonosporici. Atti 3° Simposio Chimica degli Antiparassitari - Modi d'azione A. Del Re (Ed) Università Cattolica S. Cuore, Piacenza, pp. 15-28

Gozzo, F.; Garavaglia, C.; Zagni, A.(1984) Structure activity relathionships and mode of action of acylalanines and related structures. Proceedings of 1984 British Crop Protection Conference - Pest and Diseases 3, pp. 923-928.

Hubele, A.; Kunz, W.; Eckardt, W.; Sturm, E. (1983) The fungicidal activity of acylanilines. In: Pesticide Chemistry J. Miyamoto and P.C. Kearney (Eds.), Oxford, Pergamon Press, pp. 233-242.

Rekker, R.F. (1977) In: The Hydrophobic Fragmental Constant, Amsterdam, Elsevier Scientific Publish. Co.

Verloop, A.; Hoogenstraaten, W.; Tipker, J. (1976) Development and application of new steric substituent parameters in drug desing. In: Drug design (E.J. Ariens Ed.), New York: Academic Press, Vol. VII, pp. 165-207.

SUMMARY

MODE OF ACTION OF BENALAXYL IN PLASMOPARA VITICOLA (GRAPEVINE DOWNY MILDEW) CONTROL

The most significant structural parameters regulating the activity of acylalanines and similar compounds in the control of Plasmopara viticola are presented here in order to show the analogies and differences that exist between benalaxyl and other products. The deviation noticed in the curative action of this compound has led to studies on its modes of action. These have demonstrated the existence of a non stereo-specific effect on the membranes of Pythium spp. as well as on the germination of P. viticola zoospores.

LA STATION D'AVERTISSEMENTS AGRICOLES D'AQUITAINE

A. GRAVAUD

Chef du Service Régional de la Protection des Végétaux d'Aquitaine
Chemin d'Artigues - 33150 Cenon

RESUME

Créée à la fin du XIX° siècle pour protéger le vignoble de Bordeaux contre le mildiou, la Station Régionale d'Avertissements Agricoles Aquitaine, animée par le Service de la Protection des Végétaux aide les agriculteurs à raisonner la protection de leurs cultures.

INTRODUCTION

Les travaux de Pasteur au XIX° siècle qui infirmèrent les théories de la génération spontanée et qui démontrèrent qu'une maladie était obligatoirement provoquée par un organisme, si petit soit-il, furent à l'origine du développement de la science phytosanitaire. Au cours de ce même siècle, l'introduction en Europe de grands fléaux des cultures, mildiou de la vigne, phylloxéra, doryphore ont obligé les responsables du monde agricole à chercher des solutions pour sauvegarder leurs productions.

HISTORIQUE

La découverte, par hasard, de l'action fongicide de la bouillie bordelaise sur le champignon (Plasmopara viticola) responsable du mildiou de la vigne et son utilisation commençant à se généraliser vers 1885 ont entraîné Capus à observer le mode d'action du traitement sur la maladie pour répondre à la question : quand et combien de fois est-il nécessaire de traiter ?

Ses travaux ont montré que pour être efficaces les traitements devaient être préventifs et être appliqués non seulement avant l'apparition des symptômes mais avant la contamination des organes de la vigne. Capus insistait sur les interactions entre les trois facteurs suivants : le parasite, le végétal, l'atmosphère et soulignait l'importance des pluies sur le développement des oeufs d'hiver de P. viticola et la germination des conidies.

Ses travaux et ses observations le conduisirent avec Cazeaux-Cazalet à prévoir une organisation des conseils de traitements aux viticulteurs dans le cadre du Comice agricole de Cadillac (Gironde), pour se protéger du mildiou de la vigne :

- relevés des températures et des pluies
- observation de la croissance de la vigne
- observation du développement (cycle) du mildiou.

Lorsqu'une période de contamination(1) était prévue, un avis de traitement était envoyé aux viticulteurs. C'est ainsi qu'en 1898 à Cadillac (Gironde), après quelques années d'essais, la première Station d'Avertissements Agricoles a donné des conseils de traitements aux viticulteurs.

(1) Dès 1890, Capus a distingué les contaminations primaires à partir d'oeufs d'hiver et les contaminations secondaires à partir des conidies formées sur les organes végétatifs de la vigne.

Par la suite, les autorités et les élus prennent conscience de l'importance du rôle joué par ces conseils de protection des cultures et en 1912, il est créé officiellement un Service de la Météorologie Agricole chargé des Avertissements Agricoles, organisé en services régionaux sur le territoire français et appartenant au Ministère de l'Agriculture.

En 1922 la Station, rattachée à la Recherche Agronomique, est transférée à une propriété acquise par l'Etat, le domaine de la Grande Ferrade à Villenave d'Ornon avec le Laboratoire de Pathologie Végétale qui contribuera à développer les connaissances dans la protection de la vigne.

Les connaissances phytosanitaires s'étant accrues, le Ministère de l'Agriculture a décidé de regrouper toutes ses activités phytosanitaires au sein d'un seul Service de la Protection des Végétaux créé en 1942 et à qui sont confiés les Avertissements Agricoles.

La Circonscription Aquitaine reprenait donc les activités de la Station de la Grande Ferrade qui, pour cause de conflit (guerre 39-40) avait interrompu son action en 1939. Cependant, Darpoux (INRA) avait recommencé les observations, sans les avis, dès 1940. Elle disposait même de deux sous-stations régionales à Cognac (Charente) et dans le vignoble de Jurançon (Pyrénées Atl.). La nécessité de s'agrandir a entraîné le Service de la Protection des Végétaux à chercher une nouvelle implantation pour construire une station équipée des moyens les plus perfectionnés et en 1959 la station est transférée à Cenon sur un domaine d'un hectare environ.

OBJECTIFS DES AVERTISSEMENTS AGRICOLES

Créés à l'origine pour avertir les viticulteurs de la nécessité d'effectuer un traitement opportun, ce qui était déjà un progrès vis-à-vis d'une couverture fongicide systématique et "aveugle", les Avertissements Agricoles se sont perfectionnés pour aboutir aux objectifs actuels de limiter les coûts de protection, d'améliorer la protection et la qualité des récoltes et de limiter les risques de perturbation du milieu naturel.

Pour cela les Avertissements Agricoles :
- conseillent les agriculteurs pour mieux raisonner la lutte contre les ennemis des cultures,
- orientent leurs choix vers les moyens de traitements les plus adaptés à chaque situation,
- renforcent l'efficacité des traitements en précisant aux moments opportuns les dates d'interventions,
- limitent judicieusement l'emploi des substances phytosanitaires.

FONCTIONNEMENT

Collecte des informations

L'élaboration des Avis et des Conseils de protection nécessitent des observations régulières et souvent quotidiennes sur le climat, la croissance des végétaux et le développement des ennemis des cultures.

Ces observations sont effectuées par les ingénieurs et les techniciens du Service de la Protection des Végétaux et des personnes qualifiées bénévoles, la plupart agriculteurs ou exerçant une activité en relation avec eux.

Les agents du Service disposent à la Station de Cenon d'un équipement complet leur permettant de faire des relevés météorologiques, des notations biologiques; phénologie des principales cultures, élevages d'insectes, observatoire d'organes végétaux contaminés. Ils disposent aussi d'un équipement de laboratoire perfectionné leur permettant de faire un simple diagnostic jusqu'à l'identification de virus et la recherche de souche résistante de champignon aux fongicides (mildiou et pourriture grise de la vigne).

Les observateurs organisés en réseaux disposent du matériel nécessaire à leurs activités : postes météorologiques, pièges alimentaires ou sexuels, protocoles d'observations. Les sites d'observations sont choisis pour être les plus représentatifs d'une situation climatologique et/ou d'une culture de la Région Aquitaine :

- un réseau météorologique - 41 postes fonctionnant toute l'année,
- des réseaux d'observations phénologiques et biologiques par culture : viticulture, céréales à paille, maïs, arboriculture fruitière, tomates, colza...
- un réseau particulier contre les tavelures du poirier et du pommier existe en Lot-et-Garonne. Il permet de disposer d'informations sur les risques en moins de 24 h. Tous les jours, les relevés météorologiques sont transmis sur un enregistreur téléphonique où ils sont analysés par un agent du Service de la Protection des Végétaux qui rédige un message en retour.

Les informations sont adressées immédiatement par voie postale à la Station de Cenon qui en dispose dans les 48 h. au plus tard. Cette année les observations météorologiques et celles du réseau CERESMAR sont aussi transmises par voie télématique au serveur informatique de la Station.

Elaboration des Conseils

Toutes ces informations sont enregistrées et analysées par les ingénieurs qui disposent aussi des informations provenant des travaux qui sont menés avec les autres Stations ou organismes de Recherche et d'expérimentation de France (INRA - Instituts Techniques de Développement) : efficacité des substances phytosanitaires, mise au point de méthode lutte, élaboration de systèmes d'aide à la décision, modélisation d'épiphyties.

Ils disposent aussi d'une documentation technique et des archives concernant les fichiers établis pour les années précédentes. Ils peuvent ainsi juger du contenu et de la période du prochain avis à diffuser, qui en dehors de renseignements sur les caractères d'un pesticide, sur la situation phytosanitaire régionale, se classe en trois catégories en ce qui concerne les interventions : AGIR, SURVEILLER, ATTENDRE.

DIFFUSION

Les premiers avis de "sulfatage" étaient portés à la connaissance des viticulteurs par envoi d'un télégramme aux mairies ou aux groupements professionnels qui les transmettaient par voie d'affiches posées par des cyclistes, par tambour, par sonnerie de cloche ou de sirène et même par canon.

Par la suite un second mode de diffusion s'est développé : l'abonnement à un bulletin technique des Avertissements Agricoles édité par la Station. Le tirage est effectué en fonction de la conjoncture phytosanitaire et son rythme peut être hebdomadaire en période critique. Ce bulletin devint vite le principal mode de diffusion, de 300 abonnés en 1922, il est monté à 1367 en 1928. Retombé à 332 en 1944 à la fin de la guerre il a atteint 4537 en 1959. Par la suite la restructuration des exploitations agricoles a provoqué une certaine stagnation.

Ce bulletin traitait de toutes les cultures suivies par la Station Régionale jusqu'en 1981, année où fût créée une édition : Tomates de conserve. 1982 vit la création de l'édition Espaces verts-Pépinières et l'édition générale fût scindée en 1984 en deux éditions : Cultures pérennes (viticulture, arboriculture et fraisiers), Grandes Cultures (céréales, maïs, oléagineux).

En 1984, le nombre total des abonnements aux 4 éditions de la Station Aquitaine a été de 5181 (tirage 6200 exemplaires).

Le nombre de personnes touchées par ces avis est plus important car ces bulletins peuvent être repris par les radios et la presse à qui nous recommandons de mentionner la date d'édition.

Dans chaque département existent un ou deux répondeurs téléphoniques "agro-météorologiques" sur lesquels nous enregistrons de courts messages d'alerte.

Enfin, depuis cinq ans, nous diffusons expérimentalement les avis sur écran transmis soit par voie hertzienne (Télévision-Antiope), soit par câble (Télématique), et la Station mettra en activité un centre serveur régional en 1986.

BIBLIOGRAPHIE

Bourdel, C. (1929) Le rôle des Stations d'Avertissements Agricoles *1° congrès international de la vigne et du vin. Société des Ingénieurs Chimistes de Bordeaux.* 47-52.

Capus, J. (1919) Rapport sur les Avertissements contre les parasites de la vigne. *Annales du Ministère de l'Agriculture,* 48, 315-342.

Journet, P. (1962) Les Avertissements Agricoles. *Bulletin Technique et d'Informations, Ministère de l'Agriculture* , 167, 1-11.

Gennatas, J. (1978) Le rôle des Stations d'Avertissements Agricoles du Service de la Protection des Végétaux. *Bulletin Technique et d'Informations, Ministère de l'Agriculture,* 331, 369-382.

A. GRAVAUD

THE AGRICULTURAL WARNING STATION OF AQUITAINE (FRANCE)

Created at the end of the 19th Century to protect the Bordeaux vinyeards from downy mildew attacks, the Agricultural Warning Station of the Aquitaine Region, run by the Plant Protection Service, helps farmers in the rational protection of their crops.

EFFICACITE DU FENARIMOL SUR L'OIDIUM DE LA VIGNE APRES CINQ ANNEES D'UTILISATION

F. HUGGENBERGER, M.A. COLLINS

Lilly Research Centre Ltd., Erl Wood Manor, Windlesham, Surrey, UK.

A. CASANOVA, M. TUSSAC

LILLY FRANCE S.A. Département Elanco, 203 Bureaux de la Colline,
92213 Saint Cloud, France.

RESUME

Après cinq années d'utilisation en France du fénarimol sur l'oïdium de la vigne, des essais ont été réalisés en laboratoire et en plein-champ pour vérifier que le produit était toujours aussi efficace sur ce champignon pathogène. Les résultats obtenus ont permis de confirmer que le fénarimol avait conservé le même niveau de performance.

INTRODUCTION

Le fénarimol, inhibiteur de la biosynthèse de l'ergostérol, est largement utilisé en France depuis 1980, pour lutter contre l'oïdium de la vigne (Uncinula necator).

Comme la sensibilité de l'oïdium de l'orge (Erysiphe graminis) et de l'oïdium des Cucurbitacées (Sphaerotheca fuliginea) à ce type de fongicide s'est trouvée réduite, dans certains pays, à la suite de traitements répétés pendant plusieurs saisons (Heaney et al 1984. Huggenberger et al 1984), il est apparu important de vérifier que pour l'oïdium de la vigne, le niveau de performance du fénarimol n'était pas modifié après cinq années d'utilisation.

La présente publication fait état de résultats obtenus en ce domaine tant au laboratoire qu'en plein champ.

ESSAIS DE LABORATOIRE

La sensibilité de diverses populations d'Uncinula necator prélevées aux champs, a été évaluée. Le but de l'expérimentation était de rechercher s'il y avait corrélation entre la sensibilité au produit des différentes populations testées et leurs origines : en effet, les prélèvements avaient été effectués dans des parcelles de vigne qui avaient reçu un nombre variable de traitements avec un inhibiteur d'ergostérol pendant une ou plusieurs années consécutives.

Méthode

Des grappes oïdiées sont prélevées dans les parcelles retenues pour l'étude et des jeunes plants de Cabernet-Sauvignon sont inoculés, en serre, à partir des grappes contaminées. Des disques de 18 mm de diamètre de feuilles non contaminées (6 disques par traitement et par population) sont soumis pendant 5 mn à différentes concentrations en fénarimol : 0 - 0,005 - 0,01 - 0,02 - 0,05 - 0,1 - 0,2 - 0,5 - 1,0 et 2 mg de matière active par litre d'eau distillée. Ces disques sont ensuite placés en boîtes de Petri, sur un papier filtre humidifié. L'inoculation est effectuée 24 heures après le traitement et les boîtes de Petri sont alors mises en incubateur pendant 16 heures à 3000 lux et 20-23 °C.

L'évolution du champignon pathogène est mesurée pour chaque population et chaque concentration 10 à 11 jours après le traitement et la concentration nécessaire à son inhibition est alors déterminée.

Résultats

Les résultats obtenus à partir d'échantillons prélevés en Septembre 1984, principalement dans le sud de la France, apparaissent dans le TABLEAU I.

TABLEAU I : Sensibilité au fénarimol de différentes populations d'*Uncinula necator*

Numéro de la parcelle	Localisation du prélèvement	Nb total de traitements avec inh. d'ergostérol (nb d'années)	Concentrations inhibitrices minima (nb tests)
1	Erl Wood, UK	0	0.5 - 2.0 (5)
2	Erl Wood, UK	0	0.5 - 1.0 (2)
3	34 ST CHINIAN, FR	1 (1)	0.5 - 2.0 (10)
4	11 VINASSAN, FR	5 (2)	0.2 - 2.0 (4)
5	34 VILLEPASSAN, FR	7 (1)	0.5 - 2.0 (4)
6	11 VINASSAN, FR	7 (2)	1.0 - 2.0 (3)
7	34 CAPESTAN, FR	16 (3)	0.5 - 2.0 (3)
8	66 ST LAURENT, FR	25 (4)	0.5 - 2.0 (3)
9	34 SERVIAN, FR	40 (6)	0.5 - 2.0 (7)

Les parcelles 1 et 2 sont des références : elles n'ont jamais reçu de traitements fongicides. Les parcelles de vignes françaises sont classées par ordre croissant de nombre d'applications effectuées avec un inhibiteur d'ergostérol. Il faut noter que les parcelles 3 à 7 ont été traitées au moins une fois en cours de saison avec un soufre ou du Karathane. La parcelle 9 n'a reçu que du fénarimol.

Les concentrations inhibitrices minima varient, pour une même population : elles sont liées au développement de la maladie dans les témoins de chaque test. Les deux colonnes du TABLEAU I expriment les valeurs extrêmes notées pour chacune des populations mais, pour un même test, aucune différence importante n'est détectée entre les populations.

Les résultats de ces essais indiquent qu'aucune différence de sensibilité au fénarimol n'a été décelée entre les diverses populations testées. Aucune corrélation entre nombre de traitements avec un inhibiteur d'ergostérol et sensibilité au fénarimol n'a donc été mise en évidence.

ESSAIS DE PLEIN CHAMP

Depuis 1979, des essais destinés à la lutte contre l'oïdium de la vigne sont réalisés chaque année, avec le fénarimol (1). Ces essais sont principalement implantés en zone méditerranéenne sur Carignan, cépage très sensible aux attaques de la maladie. Cette expérimentation a permis de suivre, dans le temps, les performances du fénarimol en les comparant à celles du soufre mouillable, pris comme référence.

Méthode

Les protocoles sont inspirés de la méthode publiée par la Commission des Essais Biologiques (2). Les applications sont effectuées à volumes réduits, 50 à 150 litres à l'hectare, avec des appareils pneumatiques portés soit à dos d'homme, soit sur brouettes autotractées.

La cadence des traitements varie entre 14 et 21 jours en fonction des conditions climatiques et du développement de la maladie.

Seuls apparaissent dans cette publication les résultats obtenus sur grappes. Les niveaux d'infestation sont évalués, avant véraison sur l'ensemble des ceps, douze à vingt, constituant la parcelle élémentaire. Les notations sont effectuées suivant l'Echelle de Barratt-Horsfall (notes de 0 à 11).

Résultats

Les pourcentages moyens d'attaques d'oïdium sur grappes, obtenus dans les essais, sont regroupés dans le TABLEAU II. Sont également indiqués dans ce même tableau les minima (m) et maxima (M) enregistrés pour les deux produits et les témoins.

(1) spécialité commerciale Rubigan 4, titrant 40 g/l de fénarimol

(2) méthode d'essai d'efficacité pratique de fongicides destinés à combattre l'oïdium de la vigne (*Uncinula necator*) Méthode n° 22.

TABLEAU II : Pourcentages moyens (x) d'attaques d'oïdium sur grappes

Année	Nombre d'essais	Nb moyen de traitements	fénarimol 12 g/ha	soufre m 10000 g/ha	Témoin
			x (m - M)	x (m - M)	x (m - M)
1979	2	8,0	0,3 (0,1-0,6)	3,4 (0,5-6,3)	51,9 (46,2-57,6)
1980	3	8,0	0,5 (0-1,6)	3,9 (0,4-8,9)	48,7 (22,0-79,6)
1981	2	9,0	3,5 (2,6-4,4)	2,0 (1,9-2,1)	63,7 (37,5-89,8)
1982	4	8,5	1,4 (0-2,8)	6,4 (0,5-22,0)	76,4 (22,9-97,0)
1983	8	7,8	1,6 (0,1-4,2)	7,2 (0,5-35,4)	49,2 (11,0-91,2)
1984	4	7,7	0,6 (0-2,1)	2,3 (1,4-4,4)	29,5 (8,0-85,5)

L'examen des résultats chiffrés permet de conclure que le niveau de performance du fénarimol reste très élevé après 6 années d'expérimentation.

Les pourcentages moyens d'efficacité du produit, calculés à partir des pourcentages moyens d'attaques varient, selon les années, entre 94,5 % (1981) et 99,4 % (1979) et ce pourcentage est de 98 % pour la dernière année d'essais (1984).

CONCLUSIONS

Les résultats obtenus, tant en laboratoire qu'en plein champ, confirment bien ceux de la pratique : le fénarimol, utilisé de façon assez intensive depuis cinq ans dans le vignoble méditerranéen, conserve toute son efficacité sur l'oïdium.

Il semble donc que le risque d'apparition de souches résistantes d'Uncinula necator au fénarimol soit faible. Cette situation peut s'expliquer soit par l'utilisation de fongicides à modes d'action différents dans les programmes de traitements, au niveau de la parcelle ou de la région, soit par les potentialités génétiques du champignon pathogène.

REFERENCES

Heaney S.P., Humphreys G.J., Hutt R., Montiel P., Jegerings P.M.F.E. (1984) Sensitivity of barley powdery mildew to systemic fungicides in the UK. British Crop Protection Conference - Pests and Diseases 459-464.

Huggenberger F., Collins M.A., Skylakakis, G. (1984). Decreased sensitivity of Sphaerotheca fuliginea to fenarimol and other ergosterol-biosynthesis inhibitors. Crop Protection 3 (2), 137-149.

EFFICIENCY OF FENARIMOL ON GRAPEVINE POWDERY MILDEW AFTER FIVE YEARS OF USE.

After five years of using fenarimol on Uncinula necator in France, tests have been performed in the laboratory and in the field to ensure that the product is still as efficient on this pathogen. Results obtained have confirmed that fenarimol still has the same level of performance.

ACTIVITE DU PHENYLCARBAMATE : S 32165 SUR BOTRYTIS CINEREA, AGENT DE LA POURRITURE GRISE DE LA VIGNE.

P. LEROUX et M. GREDT

I.N.R.A. , Station de Phytopharmacie, 78000 VERSAILLES, France

F. MASSENOT

SOPRA, 1 avenue Newton, 92142 CLAMART, France

T. KATO

SUMITOMO CHEM. Co., Takatsukasa, Takarazuka 665, Japon.

RESUME

Les isolats de B. Cinerea issus de divers vignobles français et résistants aux fongicides benzimidazoles (bénomyl, carbendazime, thiophanate-méthyl) présentent une sensibilité accrue au S 32165. Dans les zones où ces isolats prédominent, ce phénylcarbamate fournit une bonne protection contre la pourriture grise et entraîne une diminution des fréquences des souches résistantes aux benzimidazoles. Quant aux associations de carbendazime et de S 32165, elles présentent une efficacité correcte en toute circonstance sans toujours modifier notablement la composition de la population de B. Cinerea.

INTRODUCTION

Si chez un champignon, un gène conférant la résistance à un fongicide entraîne simultanément une sensibilité accrue à un autre composé, on dit qu'il y a résistance croisée négative entre ces deux produits fongitoxiques. Ce phénomène s'observe chez divers champignons (notamment B. Cinerea) entre deux groupes d'antimitotiques : les fongicides "benzimidazoles" (bénomyl, carbendazime, thiophanate-méthyl,...) et des "phénylcarbamates" (barbane, MDPC) (Kato et al, 1984 ; Leroux et Gredt, 1979). Dans ces conditions, une stratégie anti-résistance peut consister à combiner l'emploi de ces benzimidazoles et de ces phénylcarbamates. Parmi ces derniers, le S 32165 (Fig. 1) mis au point par SUMITOMO CHEMICAL Co. a été expérimenté en France contre la pourriture grise de la vigne et les résultats obtenus font l'objet de cet article.

MATERIEL ET METHODES

Les essais de laboratoire concernent des isolats de B. Cinerea issus de divers vignobles français ; leur culture est réalisée sur un milieu gélosé à base de sels minéraux, glucose, extrait de levure (Leroux et al, 1977). L'effet des produits sur la croissance mycélienne est étudié selon la méthode de Leroux et al. (1977) ; celle-ci permet d'estimer des CI 50 "mycelium" (concentrations inhibant la vitesse de croissance mycélienne de 50 %).

Au vignoble, les expérimentations sont conduites selon "la méthode d'essai d'efficacité pratique de fongicides destinés à combattre la pourriture grise des raisins" (N° 37), prescrite par la Commission des Essais Biologiques. Les traitements sont réalisés à la chute des capuchons floraux, à la fermeture de la grappe, début véraison et 3 à 4 semaines avant la vendange. A la vendange, le taux d'attaque (% de baies pourries) est noté dans les diverses parcelles et les pourcentages d'efficacité sont calculés par rapport au témoin.

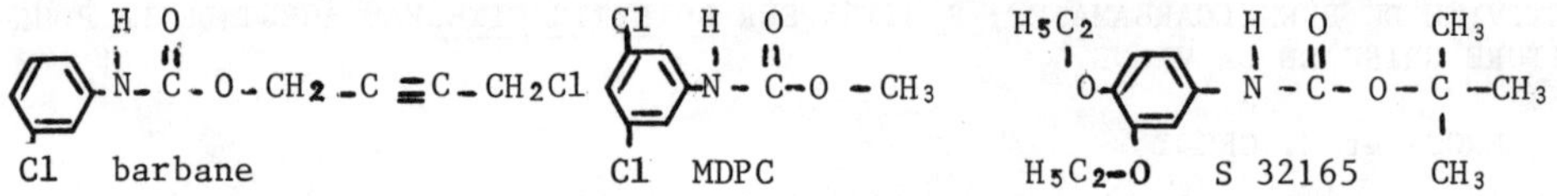

Figure 1 : Structures de phénylcarbamates antimitotiques

Les fréquences des souches de B. Cinerea résistantes aux benzimidazoles et aux dicarboximides (iprodione, procymidone, vinchlozoline,...) dans les parcelles sont estimées selon la méthode de Leroux et Clerjeau (1985).

RESULTATS

Les souches de B. Cinerea collectées dans les vignobles français présentent deux types de comportement vis à vis des benzimidazoles et phénylcarbamates (tableau 1). La résistance croisée négative entre ces deux groupes d'antimitotiques est toujours observée. Les isolats résistants aux benzimidazoles sont environ 10 000 fois plus sensibles au S 32165 que ceux sensibles aux benzimidazoles. Il faut noter l'absence de résistance croisée (positive ou négative) entre les dicarboximides et les phénylcarbamates (tableau 1).

Tableau 1 : Effets de divers produits fongitoxiques sur la croissance mycélienne de B. Cinerea (CI 50 "mycelium" en mg/l - moyenne de 4 souches par catégorie).

Produits fongitoxiques	Souches de B. Cinerea du vignoble			
	SdSb	SdRb	RdSb	RdRb
Bénomyl	0,03	> 100	0,02	> 100
Carbendazime	0,02	> 100	0,02	> 100
Thiabendazole	0,12	15	0,15	20
Barbane	20	0,20	25	0,25
S 32165	200	0,025	200	0,03
Iprodione	0,030	0,30	3,0	3,5
Procymidone	0,20	0,25	2,5	2,5
Captafol	8	10	10	12
Dichlofluanide	2,5	3,0	2,5	3,0

SdSb : souches sensibles aux dicarboximides et aux benzimidazoles
SdRb : souches sensibles aux dicarboximides et résistantes aux benzimidazoles
RdSb : Souches résistantes aux dicarboximides et sensibles aux benzimidazoles
RdRb : Souches résistantes aux dicarboximides et aux benzimidazoles.

Au vignoble, lorsque la résistance aux benzimidazoles est bien implantée (fréquence supérieure à 50 % dans les parcelles non traitées), le S 32165 seul à 250 g/ha fournit une efficacité supérieure à 50 %. Par contre, dans les situations où la résistance est peu ou pas développée, l'activité de ce phénylcarbamate est faible (voire nulle). Quant au mélange S 32165 + carbendazime (500 g/ha + 500 g/ha), il fournit en toute circonstance une protection correcte ; ainsi, en 1984, l'efficacité moyenne sur 9 essais a été de 78 %.

Tableau 2 : Niveaux d'attaque et fréquence des divers types de souches de B. Cinerea dans 4 essais réalisés en Champagne en 1983 et 1984.

Conditions des essais	Taux d'attaque (%)	% Souches de B. Cinerea à la récolte					
		Rd	Rb	SdSb	SdRb	RdSb	RdRb
Mareuil le Port (1983)							
Témoin	18	65	55	10	25	35	30
Procymidone	18	95	65	5	0	30	65
S 32165	8	30	25	55	15	20	10
S 32165 + Carbendazime	2	67	70	23	10	7	60
Tauxières (1983)							
Témoin	34	36	68	32	32	0	36
Procymidone	32	85	90	10	5	0	85
S 32165	15	40	32	54	6	14	26
S 32165 + Carbendazime	6	87	87	13	0	0	87
Mareuil le Port (1984)							
Témoin	21	30	60	40	30	0	30
Procymidone	18	92	98	0	8	2	90
S 32165	10	17	15	80	3	5	12
S 32165 + Carbendazime	3	14	17	79	7	4	10
Tauxières (1984)							
Témoin	44	27	27	73	0	0	27
Procymidone	39	95	100	0	5	0	95
S 32165	24	8	0	92	0	8	0
S 32165 + Carbendazime	5	4	11	86	10	3	1

Rd : souches résistantes aux dicarboximides - Rb : souches résistantes aux benzimidazoles - SdSb, SdRb, RdSb, RdRb : voir tableau 1.

Pour 4 essais réalisés en Champagne en 1983 et 1984, les compositions parcellaires (au moment de la récolte) des populations de B. Cinerea sont fournies dans le tableau 2. Ainsi, le S 32165 utilisé seul provoque une régression importante des souches résistantes aux benzimidazoles, qui parfois s'accompagne d'une diminution des fréquences des isolats résistants aux dicarboximides. Un phénomène inverse, c'est à dire accroissement simultané des fréquences des souches résistantes aux benzimidazoles et aux dicarboximides s'observe dans les parcelles traitées à la procymidone (750 g/ha). Ces fluctuations s'expliquent probablement par le fait qu'en Champagne, les isolats Rb Rd (résistants à la fois aux benzimidazoles et aux dicarboximides) sont largement répandus (Leroux et Clerjeau, 1985). Le mélange S 32165 + Carbendazime peut ou non provoquer de régression des souches résistantes aux benzimidazoles. Il faut également noter que les analyses réalisées dans les parcelles ayant reçu des traitements à base de S 32165 n'ont jamais indiqué la présence de souches résistantes à la fois aux benzimidazoles et aux phénylcarbamates.

CONCLUSION

La sensibilité accrue des souches de B. Cinerea résistantes aux benzimidazoles vis à vis du barbane et du MDPC s'observe également avec le S 32165. Ces trois phénylcarbamates sont, comme les benzimidazoles, des antimitotiques doués d'une forte action inhibitrice sur l'élongation des hyphes myćéliens (Kato et al, 1984).

Le S 32165 n'est efficace que dans les vignobles où la résistance aux benzimidazoles est bien implantée et dans ces situations, une régression des souches résistantes aux benzimidazoles est observée. Quant à l'association de ce phénylcarbamate avec un benzimidazole (le carbendazime), elle permet un bon contrôle de la pourriture grise en toute circonstance.

La découverte du S 32165 permet donc la réutilisation des benzimidazoles et offre une solution prometteuse qui devra être intégrée dans une stratégie cohérente de lutte contre B. Cinerea. Il faudra notamment combiner son emploi avec celui des fongicides "multi-sites" (captafol, folpel, dichlofluanide) et des dicarboximides.

REFERENCES BIBLIOGRAPHIQUES

Kato, T. ; Suzuki, K. ; Takahashi , J. ; Kamoshita , K. (1984) Negatively correlated cross-resistance between benzimidazole fungicides and methyl N- (3,5-dichloropnenyl) carbamate. Journal of Pesticide Science,9,489-495.

Leroux, P. ; Clerjeau, M. (1985) Resistance of Botrytis Cinerea and Plasmopara viticola to fungicides in French vineyards. Crop Protection,4, (sous presse).

Leroux, P. Fritz, R. ; Gredt, M. (1977) Etudes en laboratoire de souches de Botrytis Cinerea résistantes à la dichlozoline, au dicloran, au quintozène, à la vinchlozoline et au 26019 RP (glycophène). Phytopathologische Zeitschrift, 89, 347-358

Leroux, P. ; Gredt, M. (1979) Phénomènes de résistance croisée négative chez Botryis Cinerea entre les fongicides benzimidazoles et des herbicides carbamates. Phytiatrie Phytopharmacie, 28, 79-86.

ACTIVITY OF THE PHENYLCARBAMATE S 32165 ON BOTRYTIS CINEREA, CAUSATIVE AGENT OF GRAPEVINE GREY MOULD

Isolates of B. Cinerea, from various French vineyards, that are resistant to benzimidazole fungicides (benomyl, carbendazim, thiophanate-methyl) showed increased sensitivity to S 32165. In the areas where these isolates dominate, this phenylcarbamate offers good protection against grey-mould attack and leads to a diminished frequency of benzimidazole-resistant strains. Carbendazim and S 32165 associations showed adequate efficiency in all circumstances without always noticeably modifying the composition of B. Cinerea populations.

LUTTE RAISONNEE CONTRE MILDIOU ET POURRITURE GRISE DE LA VIGNE

R. MARMION, P. ROUSSET

Société SOPRA, 1 Avenue Newton, 92142 CLAMART

RESUME

La prise en compte de l'existence des souches résistantes de certains champignons phytopathogènes (Plasmopara viticola aux anilides, Botrytis cinerea aux imides cycliques) oblige le viticulteur à s'orienter vers des programmes de protection faisant intervenir l'alternance. L'expérimentation sur Plasmopara viticola a confirmé la sécurité des séquences alternées phtalimides - ofurace + phtalimides et celle sur Botrytis cinerea a montré qu'il fallait mettre en oeuvre :

- les phtalimides dans la lutte Plasmopara viticola pour leurs actions secondaires anti-pourriture,
- l'alternance imides cycliques - phtalimides pour remonter l'efficacité des programmes basés sur les imides seuls.

INTRODUCTION

Une évolution récente dans la conception de la lutte contre les maladies de la vigne s'est imposée au viticulteur. Il ne peut plus choisir un fongicide en fonction d'une maladie sans se préoccuper :

- des actions secondaires des matières actives qui le composent,
- des risques d'apparition de souches résistantes.

Dans beaucoup de situations, il devra adapter sa stratégie de lutte en fonction même de l'existence de ces souches résistantes.
Quels sont les objectifs de la lutte raisonnée contre Plasmopara viticola et pourriture grise ?

- Trouver des méthodes de lutte efficaces, adaptées à différentes techniques de conduite cépages régions, par la mise au point de produits nouveaux.
- Rechercher des solutions pratiques face à l'apparition des souches résistantes de Botrytis cinerea (aux anilides), de Botrytis cinerea (aux imides cycliques), en élaborant des programmes de traitement alternant les matières actives de différentes familles (par exemple phtalimides - imides cycliques et phtalimides - anilides).

MISE AU POINT D'UN PROGRAMME ANTI-MILDIOU PERFORMANT

L'utilisation très importante des nouveaux fongicides de la famille des anilides a amené la sélection de souches résistantes dans les vignobles où ces produits étaient utilisés toute la saison. L'ofurace, par contre, était conseillé dans la phase de croissance active de la vigne (Caltan - Caltan C) et était relayé par une séquence phtalimides pour la couverture de la véraison (Mycodifol Liquide), période de ralentissement de la circulation de la sève. En 1982, la prise en compte de l'existence de ces souches résistantes aboutissait à une restriction du nombre de traitements ofurace (2 à 3 applications) encadrés par 2 séquences phtalimides (Mycodifol Liquide).

Ces recommandations ont depuis fait leurs preuves et ont ainsi pu être vérifiées par un certain nombre de travaux dus à l'Institut Technique de la Vigne et du Vin, ainsi qu'à la Station de Pathologie de l'INRA Bordeaux. Parmi ceux-ci, rappelons ceux de 1984 de l'INRA (1).
Ce travail fut effectué par contamination artificielle avec de l'inoculum résistant. Celle-ci fut tardive (après le début de la seconde phase des programmes mettant en oeuvre un produit de contact, après 3 traitements systémiques).
La protection des grappes est due, partiellement, à l'effet résiduel des systémiques et à celui des produits de contact.
Les observations au cours de la saison ont montré une efficacité totale du programme Caltan C suivi de Mycodifol Liquide (0 % de grappes atteintes et de dégâts) qui a donc confirmé ainsi sa supériorité sur les références contact seul et systémique puis contact.

INTERET D'UN PROGRAMME ANTI-MILDIOU PERFORMANT DANS SES ACTIONS SECONDAIRES CONTRE LA POURRITURE GRISE

La baisse d'efficacité des imides cycliques dans certains vignobles ne permet plus d'obtenir les 90 % d'efficacité dans le contrôle de la pourriture grise.
C'est pourquoi le viticulteur recherche des anti-mildiou qui assurent une lutte indirecte contre la pourriture grise.
Un certain nombre de travaux (1) ont permis de montrer l'intérêt du programme Mycodifol Liquide - Caltan C - Mycodifol Liquide :
- Station de Pathologie INRA Bordeaux, 1983 et 1984 ;
- ACTA Bordeaux, 1983 ;
- Institut Technique de la Vigne et du Vin (ITV) Beaujolais, 1983 et 1984 ITV Beaune, 1984.

C'est ainsi qu'en 1983 il était noté, par l'ITV Beaujolais, une réduction de la pourriture grise de 45 % (57 % pour la référence non phtalimides et 31 % pour le programme Mycodifol Liquide - Caltan C - Mycodifol Liquide).
Les mêmes données étaient confirmées par une expérimentation SOPRA en 1984 en Champagne.
En risques concordants de *Plasmopara viticola* et pourriture grise, il est observé une excellente réduction du niveau de *Botrytis cinerea* avec un nombre normal d'applications anti-mildiou.

LUTTE SPECIFIQUE CONTRE LA POURRITURE GRISE : L'ALTERNANCE AUX IMIDES CYCLIQUES

Intérêt de la formulation Mycodifol Liquide (captafol + folpel)

Essais SOPRA (1)

La prise en compte de l'existence des souches de *Botrytis cinerea* résistantes aux imides cycliques nous a amenés à demander l'APV pour la spécialité Mycodifol Liquide à 5 l/ha : le bilan de l'expérimentation a montré une efficacité moyenne de 55 %, à partir d'essais conduits en zones de résistance et de non résistance.

(1) : Les travaux étaient présentés dans la publication SOPRA à l'ANPP (26 et 27 Février 1985).

Autres travaux (1)

D'autres travaux, en particulier de la Station de Pathologie INRA Bordeaux, ont confirmé cette efficacité :
- 1985 = 66 %,
- 1984 = 57,5 % et 77,8 %.

Mycodifol Liquide montre ainsi qu'il peut être un bon partenaire dans un programme en alternance avec un imide cyclique.

Intérêt des programmes alternés

Cette idée, testée et mise en oeuvre avant l'arrivée des souches résistantes pour les vignobles à faible pression de Botrytis cinerea ou valorisant moins les fongicides, a montré l'intérêt d'associer dans la méthode standard :
- 2 imides cycliques (Sumisclex Liquide 1,5 l/ha),
- 2 phtalimides (Mycodifol Liquide).

Plusieurs combinaisons furent testées dans des niveaux de résistance très variables (Travaux SOPRA ; Station de Pathologie de l'INRA Bordeaux ; ITV). Exemple : Mycodifol Liquide = A - C ; Sumisclex Liquide = B - D.
Ces programmes alternés montrent une efficacité de 75 % en moyenne sur l'ensemble du vignoble français et atteint même 95,5 % et 97,4 % en faible résistance (Station de Pathologie INRA Bordeaux, 1983 et 1984).
Les résultats de ces programmes pourraient encore être améliorés si le raisonnement était plus basé sur l'évolution du champignon (modélisation) que sur les stades de la vigne (méthode standard). En effet, les caractéristiques de persistance sont différentes entre les phtalimides et la procymidone.

LUTTE GLOBALE CONTRE LA POURRITURE GRISE

Elle est basée sur la combinaison d'un choix de fongicides antimildiou freinant le développement de la pourriture grise (phtalimides) et celui de programmes alternés de lutte spécifique contre le Botrytis cinerea (phtalimides - imides cycliques). Cette méthode a fait ses preuves quel que soit le niveau de résistance. Citons les travaux de la Station de Pathologie de l'INRA Bordeaux qui ont montré des efficacités supérieures à 95 %, mais surtout le travail de l'ITV en Beaujolais 1983 = 81 % d'efficacité (zone de résistance). Le cas particulier des zones à forte résistance (Champagne) montre que l'introduction d'un imide dans le programme donne un bon niveau d'efficacité (60 % au moins).

CONCLUSION

Les résultats de ces études montrent la complémentarité entre les familles de fongicides phtalimides - imides cycliques pour la lutte contre la pourriture grise, et phtalimides - anilides pour la lutte contre le Plasmopara viticola. La stratégie faisant appel à l'alternance basée sur :
- des séquences alternées pour phtalimides et anilides (Mycodifol Liquide - Caltan C) contre le Plasmopara viticola,
- des traitements alternés pour phtalimides et imides cycliques (Mycodifol Liquide - Sumisclex Liquide) dans la lutte spécifique contre la pourriture grise,

a permis d'apporter au viticulteur une solution efficace face aux problèmes d'apparition de souches résistantes.

REMERCIEMENTS

Nous adressons nos remerciements à la Station de Pathologie de l'INRA de Bordeaux, à l'ITV (Beaujolais - Beaune), aux Centres Techniques SOPRA, qui ont contribué, par leurs travaux, à réaliser cette publication.
Ces résultats, présentés de manière très synthétiques, sont bien entendu à la disposition des personnes intéressées, avec plus de détails.

BIBLIOGRAPHIE

. F. Gay-Bellile ; J. Lacouture ; J.F. Sarrazin ; Y. Courlit ; E. Meward (1984) ; Station viticole de Cognac B.N.I.C. 1984 - Les produits anti-mildiou vigne, leurs caractéristiques, leurs modes d'emploi ; Le Paysan ; Avril 1984 ; 49-51.

. R. Marmion ; P. Rousset (1985) ; La lutte contre le mildiou et la pourriture grise de la vigne ; "In :" ANPP ; Février 1985 ; Tome 1 ; 385-392.

. J. Millou ; G. Quéré ; A. Taborin (1983) ; Intérêt de l'ofurace dans le cadre des programmes de traitements contre le mildiou de la vigne ; Phytoma ; Mai 1983 ; 47-49.

RATIONAL CONTROL METHOD FOR GRAPEVINE DOWNY MILDEW AND GREY MOULD

The existence of resistant strains in certain phytopathogenic fungi (*Plasmopara viticola* against phenylamides, *Botrytis cinerea* against dicarboximides), forces the winegrower to choose protection programmes that include alternation. Experiments on downy mildew have confirmed the safety of alternating sequences of phthalimides and ofurace + phthalimides, and those done on *Botrytis cinerea* showed that one had to use phthalimides against downy mildew because of their secondary anti-botrytis activity and alternate dicarboximides with phthalimides to enhance the efficiency of programmes based on dicarboximides only.

UTILISATION DU METOMECLAN [1] ET DE L'ASSOCIATION METOMECLAN + FOLPEL [2] DANS LA LUTTE CONTRE LA POURRITURE GRISE DE LA VIGNE.

Y. ROSSIGNOL, L. ROÂ, F. FEVRE

Procida/RU, Département d'Expérimentation en Cultures et de Développement Agronomique, 27, rue Maurice Berteaux, 78540 Vernouillet.

RESUME

Le métoméclan, fongicide dicarboximide synthétisé par Wacker Chemie Gmbh, a été expérimenté en France seul ou associé au folpel, avec succès sur Botrytis de la vigne par Procida/RU depuis 1981. Son efficacité s'est montrée au moins égale à celle de la procymidone à dose commune de 750g/ha. L'évolution des résistances aux dicarboximides dans les vignobles septentrionaux a conduit à une réflexion sur la meilleure utilisation possible de ces spécialités.

INTRODUCTION

Le métoméclan est une nouvelle matière active appartenant au groupe des dicarboximides, synthétisée dans les laboratoires de la Société Wacker Chemie Gmbh, et expérimentée dans le monde entier depuis 1979 (Vulic et al. 1984). Fongicide de contact comme les autres molécules de la même famille, il est actif sur un spectre étendu de champignons tels que *Botrytis, Sclerotinia, Alternaria, Monilia, Helminthosporium.*

Le Département d'Expérimentation en Cultures et de Développement Agronomique de Procida/RU a expérimenté le métoméclan en France depuis 1981, seul ou associé au folpel, sur plusieurs objets dont en premier lieu *Botrytis cinerea* sur vigne. L'étude entreprise dans les différents vignobles a permis de mettre en évidence l'excellente efficacité des formules expérimentées (Florelli et al, 1985). Dans la situation française liée à l'évolution des souches de *Botrytis cinerea* résistantes aux dicarboximides, cette étude a permis également de définir des stratégies visant à sauvegarder l'intérêt du métoméclan dans la lutte contre la pourriture grise de la vigne.

MATERIEL ET METHODE UTILISES

Depuis 1981, 25 essais ont été conduits sur l'ensemble du vignoble français selon la méthode n°37 de la Commission des Essais Biologiques. Dans tous les cas, quatre traitements ont été réalisés aux stades repères de la méthode ITV : A (chute des capuchons floraux), B (fermeture de la grappe, C (début véraison, D (3 à 4 semaines avant vendange).

Les résultats présentés en efficacité relative par rapport au témoin non traité portent sur le pourcentage de baies attaquées lors de la dernière observation avant vendange.

RESULTATS OBTENUS

Dans les zones où les souches sensibles de *B. cinerea* sont dominantes, (Tableau I), au cours des quatre années d'expérimentation, le métoméclan a montré une efficacité constante. Utilisé à 750g/ha, il est apparu au moins égal à la procymidone. Un léger effet dose, peu perceptible en pratique, a été observé entre 500 et 750 g/ha. Pour le métoméclan + folpel, l'efficacité est satisfaisante dès 625 + 1500 g/ha.

Dans les zones où la résistance de *B. cinerea* est généralisée, (tableau II), le métoméclan a montré un effet dose sensible entre 500 et 750g/ha. A 500 g/ha (1982) comme à 625 g/ha (1983 et 1984), il est apparu au moins égal

(1) RUFON® et (2) MYCEL® - Marques déposées Roussel Uclaf

à la référence. A 750 g/ha, sur les trois années le métoméclan dont l'efficacité varie entre 35 et 73% s'est montré globalement supérieur à la procymidone dont l'efficacité varie entre 13 et 51% (meilleure efficacité dans 6 essais sur 8, comparable dans 2 essais).

TABLEAU I

Efficacité de métoméclan en zones dites de sensibilité aux dicarboximides (Sud-Est et Sud-Ouest de la France). Résultats exprimés en % de réduction par rapport au témoin non traité.

Année	Essais	Produits et doses en g.m.a./ha						Témoin (% baies attaquées)
		métoméclan			métoméclan+folpel		procymidone	
		500	625	750	500+1500	625+1500	750	
1981	Gironde	87	-	87	-	-	90	(47,6)
	"	83	-	94	-	-	91	(41,3)
	Hérault	89	-	94	-	-	97	(11,6)
1982	Gironde	73	-	84	77	-	79	(50,3)
	"	80	-	82	84	-	89	(20,3)
	"	85	-	86	84	-	90	(35,5)
	Hérault	73	-	88	81	-	86	(48,6)
	"	80	-	85	84	-	83	(13,8)
	Gironde	98	-	99	-	-	97	(26,7)
1983	Gironde	-	81	-	77	-	71	(14,9)
	"	-	56	-	60	-	39	(38)
	"	-	89	88	86	-	86	(15,7)
	Tarn et Garonne	-	99	98	97	-	99	(33,1)
1984	Gironde	-	64	76	-	81	79	(52,8)
	"	-	87	84	-	82	71	(31,5)
	Tarn et Garonne	-	91	97	-	94	97	(21,4)
	Gard	-	92	95	-	92	88	(20,2)

TABLEAU II

Efficacité de métoméclan en zones dites de résistance aux dicarboximides (Champagne, Bourgogne, Alsace). Résultats exprimés en % de réduction par rapport au témoin non traité.

Année	Essais	Produits et doses en g.m.a./ha						Témoin (% baies attaquées)
		métoméclan			métoméclan+folpel		procymidone	
		500	625	750	500+1500	625+1500	750	
1982	Haut-Rhin	-	-	53	-	-	48	(35,6)
	"	43	-	52	-	-	35	(18,4)
1983	Côte d'Or	-	27	54	55	-	15	(52,6)
	Saône et Loire	-	67	73	78	-	51	(43,7)
1984	Marne	-	35	35	-	37	36	(51,6)
	"	-	22	38	-	39	14	(21,1)
	Haut-Rhin	-	-	38	-	36	37	(34,9)
	Côte d'Or	-	51	58	-	35	13	(39,1)

L'association métoméclan + folpel a été expérimentée sur deux années. Les résultats obtenus en 1983 ont mis en évidence les bonnes performances de l'association métoméclan + folpel, en comparaison au métoméclan comme à la procymidone. Le folpel, ayant contribué à l'activité de la formule, a provoqué par son efficacité propre une réduction de l'inoculum, et à l'intérieur de celui-ci de l'inoculum résistant (Florelli et al. op cit.). En 1984 le développement exceptionnellement tardif de *Botrytis cinerea* à la veille de la récolte n'a pas permis au folpel, appliqué trois semaines auparavant, d'exercer son efficacité.

DISCUSSION

L'utilisation du métoméclan, seul ou associé au folpel, ne peut-être préconisée qu'en situation d'absence de résistance pratique aux dicarboximides. Dans ce contexte, la préoccupation principale doit être de préserver pour l'avenir son activité fongicide. L'efficacité constatée dans le cadre des quatre traitements de la méthode "standard" doit être maintenue par une stratégie intégrant, en plus des classiques mesures propylactiques (conduite du vignoble et de la protection hors *Botrytis)*, un aménagement de la lutte chimique spécifique. L'objectif principal est de freiner la pression de sélection conduisant à la dominance des souches résistantes sur les souches sensibles.

Pour le métoméclan seul comme pour l'association métoméclan+folpel, deux principes peuvent être retenus :

1) L'optimisation du positionnement du métoméclan, rendue possible par la progression de différents types d'études :

. Les expérimentations menées par les organismes professionnels, qui ont permis de comparer l'efficacité de différents programmes de traitement à partir de la méthode "standard", ont montré l'intérêt majeur des applications des dicarboximides aux stades repères B et C (Brechbuhler, 1984).

. Les travaux effectués sur le comportement de différentes souches de *Botrytis cinerea* qui ont montré la meilleure compétitivité des souches sensibles aux dicarboximides à l'approche de la maturité des raisins (Leroux et Gredt, 1985). Ils conduisent à éviter l'application de dicarboximides en traitement tardif, de manière à orienter la compétition des souches du pathogène vers une situation de sensibilité aux dicarboximides.

. Les études de modélisation (Strizyk, 1984), conduisent à une adaptation des programmes, intégrant au minimum un traitement à base de dicarboximides situé le plus souvent entre les stades B et C en fonction du risque estimé.

2) L'alternance, c'est-à-dire l'utilisation successive de matières actives à mode d'action différent dans le programme de traitement. Coordonnée au souci d'optimisation défini plus haut, elle suppose l'application des produits à mode d'action multisite (phtalimides par exemple) aux stades repères A et D.

L'utilisation de la formule prête à l'emploi métoméclan + folpel correspond au souci d'intégrer dans la stratégie de traitement un troisième principe qui est celui de l'association au dicarboximide d'un fongicide multisite (Leroux, 1985) permettant d'exercer une pression fongicide sur les souches résistantes aux dicarboximides comme sur les souches sensibles. Métoméclan + folpel doit alors être appliqué aux stades B et C.

Le tableau n° III propose un modèle de programme de traitement intégrant les données exposées ci-dessus. Ce modèle pourra être adapté aux différentes situations, comme à la mise en oeuvre de la modélisation. En cas de confirmation du retour à la situation de sensibilité aux dicarboximides dans les vignobles non traités du Nord de la France (Besselat, 1985), ces programmes proposés pour les zones "sensibles" pourraient à terme être utilisés dans ces régions en permettant de préserver l'efficacité du métoméclan.

F16

TABLEAU III - Modèle de programme pour l'utilisation du métoméclan en vigne.

Stades de traitements	Produits	Critères de choix
A	Multisite	Alternance sur A/B
B et C	métoméclan ou métoméclan + folpel	Efficacité du dicarboximide Efficacité du dicarboximide et association dicarboximide/multisite
D	Multisite	Alternance sur C/D et compétition des souches S/R

CONCLUSION

L'évolution des situations de résistance aux dicarboximides conduit à sauvegarder l'excellente efficacité du métoméclan sur la pourriture grise de la vigne en utilisant les différentes pratiques issues de l'expérimentation, des études biologiques et des études de modélisation. Celles-ci peuvent se coordonner pour constituer des programmes de lutte intégrant les différents concepts (alternance, association, optimisation). L'utilisation de stratégies raisonnées basées sur la prévention restera une donnée de base de la lutte contre la pourriture grise de la vigne.

REFERENCES BIBLIOGRAPHIQUES

Besselat B.(1985) Evolution au vignoble de la résistance de *B.cinerea* aux dicarboximides. Stratégies de traitement. ANPP; lères journées d'études sur les maladies des plantes 1, 393-400.

Brechbuhler Ch.(1985) Résistance du *B. cinerea* aux fongicides - *Les Vins d'Alsace;* décembre 1984, pp. 490-496.

Florelli F., Roâ L., Fèvre F., Brechbuhler Ch.(1985) Métoméclan+folpel, une nouvelle association destinée à la lutte contre le *Botrytis* de la vigne. ANPP; lères journées d'études sur les maladies des plantes 2, 593-601.

Leroux P.(1985) Les phénomènes de résistance des champignons phytopathogènes aux fongicides.ANPP;lères journées d'études sur les maladies des plantes 1,19-48.

Leroux P.et Gredt M.(1985) La résistance de *B.cinerea*, aux fongicides, conséquences pratiques.ANPP; lères journées d'étude sur les maladies des plantes 1, 401-410.

Strizyk S.(1984) *"Modèle d'état potentiel d'infection" Application au Botrytis cinerea.* Document ACTA.

Vulic M., Eberle O., Haberle M.(1984) Metomeclan, a new dicarboximide active ingredient with a broad fungicide spectrum of activity. International Symposium Fytofarmacie en Fytiatrie - Gand 2-3.

USE OF METOMECLAN AND THE ASSOCIATION METOMECLAN + FOLPEL IN GRAPEVINE GREY-MOULD CONTROL

Metomeclan, a dicarboximide fungicide, has been used experimentally by Procida/ R.U. since 1981 in France, alone or in conjunction with folpel, to give successful control of *Botrytis cinerea* on grapevine. Efficiency was at least equal to procymidone at the usual dose of 750 g/ha. The evolution of dicarboximide resistance in Northern vineyards has led to thoughts on the best possible use for these products.

FIELD EVALUATION OF POST-HARVEST TREATMENT TO VINES: A NEW CONCEPT IN PLASMOPARA CONTROL.

M WADE, D P HIGHWOOD, C L DUNN

Shell Research Ltd., Sittingbourne Research Centre, Sittingbourne, England.

J-M MONCORGE

Agrishell, 243 bis, Grande Rue de la Guillotiere, 69366 Lyon, France

G PERUGIA

Shell Italia S.p.A., Via Londonio 2, 20154 Milan, Italy.

ABSTRACT

In field trials under <u>optimum</u> conditions, the Shell experimental fungicide, WL87353, applied to vines shortly after harvest at 2 kg/ha, gave control of vine downy mildew (*Plasmopara viticola*) at least until the end of flowering the next season.

In further trials, under a broad range of practical conditions, long-lasting protection was achieved, but results were not sufficiently consistent at economic dose rates to warrant development of WL87353 as a post-harvest treatment. Nevertheless, the concept is valid and offers exciting possibilities for the future.

INTRODUCTION

Following successful initial tests on the concept of controlling vine downy mildew by post-harvest applications of the Shell experimental fungicide WL87353 (Dunn & Klein 1985) an extensive series of field trials was undertaken. In the autumn of 1982 trials designed to confirm and extend the initial observations were laid down near Bordeaux and Avignon, France. Results obtained were sufficiently encouraging to prompt further trials in France and Italy during 1983/84 to assess the efficacy of post-harvest treatments in practice over a broad range of climatic and viticultural conditions.

MATERIALS AND METHODS

Six trials were undertaken in the Autumn of 1982, with post-harvest treatments being superimposed on plots which had received two WL87353 sprays during the growing season. In the Autumn of 1983, further trials were initiated in France and Italy on sites which had not previously been treated with WL87353. Treatments were generally replicated 4 times in randomised block and split plot design trials. In a collaborative trial carried out at INRA, Bordeaux, treatments were replicated 10 times. Plot sizes ranged from 10 to 33 m^2 and treatments were applied in 700-1200 l/ha sprays containing 400 mg Tween 20 and 2000 mg ammonium sulphate per litre. WL87353 dosages and vine varieties used are shown in Tables 1-3.

In the next season, foliage was periodically inoculated with *P. viticola* spores. Humidity for infection and sporulation was achieved either by 'bagging' individual shoots or by mist irrigating the whole area. Both techniques exert severe disease pressure on treatments.

F17

TABLE 1 Dose response and duration of protection given by WL87353

Treatments kg/ha		Assessment : % disease control - leaves								
Summer	Post-harvest	Trial 008 (Avignon) [246]	[256]	[264]	[269]	Trial 454 (Bordeaux) [224]	[232]	[239]	[243]	[251]*
500	+ 2000	100	99.9	100	95	100	100	100	100	83
275	+ 1000	100	91	83	57	100	100	92	100	81
200	+ 500	90	30	-	-	100	100	94	-	55
0	+ 0	0	0	0	0	0	0	0	-	0
vine stage**		17	23	27	29	15	17	19-21	23-25	27
Cultivar		Cinsault				Cabernet Franc				
Inoculations		[228] and [255]				[216], [224], [230] and [235]				

* [ ] Days after treatment ** Eichorn/Lorenz scale.

TABLE 2 - Duration of protection given by WL87353 at 2kg/ha post-harvest

Region	Trial No.	Vine Variety	Stage of the Vine* and Duration of Protection (01 — 15-17 — 19 — 21 — 23 — 25 — 27)
Bordeaux	450	Merlot	<--------X--------------------------▶- - -▶82%
	451	Merlot	<--------X------------X----------▶- - -▶74%
	452	Merlot	<--------X------------------------------▶100%
	454	Merlot	<--------X------------X----------▶- - -▶71%
	453	Cabernet-Sauvignon	<--------X------------X----------▶- - -▶97%
	457	Cabernet-Sauvignon	<--------X------------------------------▶100%
	460	Sauvignon	<--------X------------ - - -▶36%
Avignon	003	Carignan	<---------------X------------------▶- - -▶71%
	001	Carignan	<---------------X--▶- - - - - ▶50%
	002	Carignan	<---------------X--- - -▶31%
	004	Grenache	<--------X--▶-- - - - - ▶35%
	005	Grenache	<--------X-- - - - -▶63%
	006	Grenache	<--------X--▶ - - ▶ <100%
Albenga	13P	Barbera	<--------X--- - ▶ <100%
Asti	14P	Barbera	<--------X--- - ▶ <100%
Siena	8N	Sangiovese	<--------X--- - ▶ <100%
Caserta	8A	Trebbiano	<--------X--- - ▶ <100%
Valeggio	1F	Merlot	<--------X-----------------------▶100%

X Inoculation *Eichorn/Lorenz scale.

<---▶ Period of 100% Plasmopara viticola control

\- - ▶ Percent disease control at final assessment

Table 3: Post-harvest and in-season treatment programme: INRA Bordeaux 1983/84

Test No.	Post-harvest Treatment 12.10.83 WL87353	In-season Treatments - 1984: May 28	June 4	11	18	25	29	July 2	9	16	23	24	In-season Products Key	Test No.	Assessments (% Disease Control) Leaves	Bunches
						INOCULATIONS LEAVES	INOCULATIONS BUNCHES				ASSESSMENTS LEAVES	ASSESSMENTS BUNCHES			VINE STAGE >31**	
	BRUMISATIONS					Ø	Ø				Ø	Ø				
1	5 kg/ha													1	94	94
2	2.5 kg/ha													2	88	71
*3	"													*3	60	66
4	"							○	○				○ :Remiltine 3 kg/ha	4	94	83
5	"				○			○	○				"	5	98	97
6	"			○	○			○	○				"	6	97	99
7	"		○	○	○			○	○				"	7	98	99
8	"	○	○	○	○			○	○				"	8	99	98
9	"				●								● WL87353 50g/ha	9	89	82
10	"				●			○	○				● ○ " then Remiltine	10	95	92
11	"				▲								▲ WL87353 100 g/ha	11	98	92
12	"				▲			○	○				▲ ○ " then Remiltine	12	97	92
13	Not treated													13	0	0
14	Not treated	○	○	○	○			○	○					14	94	97

*50% of leaves removed by hand. ● and ▲: WL87353 in 4 ml Tween 20 + 20 g. $(NH_4)_2SO_4$/10 l. Values are the mean of 10 replicate plots
** Eichorn/Lorenz scale. ○ Remiltine (50% a.i.) Ø = brumisations

ACKNOWLEDGEMENTS

The authors are indebted to R. Lafon and colleagues for conducting the INRA (Institut National de la Recherche Agronomique) trial and for their expertise and support for the programme and to all members of the WL87353 Project Team at Sittingbourne Research Centre and in France and Italy.

RESULTS

In 1982-83 results were consistent. Details from two trials representative of the regions are summarised in Table 1. In each case, complete disease control was achieved to the end of flowering (stage 25) at the highest dose. The period and degree of protection was less at lower doses. Analytical studies (data not presented) showed a clear relationship between performance and levels of WL87353 detected in leaves and flower buds. Concentrations of 2 and 5 mg/kg were required in leaves/flowers for 90% and 95% disease control respectively.

A summary of results obtained in 1983-84 is shown in Table 2. Under practical conditions, a single post-harvest treatment with WL87353 can protect vines against P. viticola until the end of flowering, e.g. cv Cabernet Sauvignon in Bordeaux and cv Merlot in Bordeaux and Valeggio. Table 3 gives details of one trial (INRA, Bordeaux) where a post-harvest treatment with WL87353 at 5 kg/ha matched 6 Remiltine in-season applications, up to the end of July (Stage 31+). The same level of control was also achieved with a post-harvest dose of 2.5 kg/ha WL87353 followed by either 2-3 Remiltine or 1 WL87353 spray the following season. However, this extended period of disease control was not always obtained at economic dosages.

The evaluation programme also studied many other factors considered important in the exploitation of the post-harvest concept. These included viticultural practice, the timing of post-harvest treatment in relation to the quantity and quality of foliage at application, the influence of mechanical harvesting, spray volume and type of sprayer. None of these factors exerted a significant effect on the performance of WL87353 itself. However, one factor that may be important is the mode of action of the compound. Those that exert a fungistatic action may not be appropriate as depletion of compound levels with time may lead to disease outbreak later in the season.

CONCLUSIONS

Under a broad range of practical conditions, lasting protection was achieved but results were not consistent enough at economic rates to warrant development of WL87353 as a post-harvest treatment. Nevertheless, the concept has been proved and points the way forward for the next generation of vine disease control agents.

REFERENCES

Dunn, C.L.; Klein, S.P. (1985) Post harvest treatment of vines: a new concept in Plasmopara control. Proceedings Bordeaux Mixture Centenary Meeting (in press).

EVALUATION AU CHAMP DU TRAITEMENT DES VIGNES APRES VENDANGE - UN NOUVEAU CONCEPT DANS LA LUTTE CONTRE PLASMOPARA VITICOLA

Dans des essais au champ en conditions optimales, le fongicide expérimental WL87353 de la Société Shell, appliqué sur les vignes peu de temps après les vendanges à raison de 2 kg/ha, s'est montré efficace contre le mildiou (Plasmopara viticola) au moins jusqu'à la fin de floraison de la saison suivante. Dans les essais suivants, réalisés dans une large gamme de conditions pratiques, une protection de longue durée a été obtenue mais les résultats n'étaient pas suffisamment constants aux doses d'usage économique pour justifier le développement du WL87353 en tant que traitement après vendange. Toutefois, le concept est valable et offre des possibilités intressants pour l'avenir.

G.
Fungicide use on other crops
Utilisation des fongicides sur autres cultures

EFFICACITE DE QUELQUES FONGICIDES SUR L'ALTERNARIA ALTERNATA IN VITRO

V.A.BOURBOS,M.SKOUDRIDAKIS

Institut des Plantes Subtropicales et de l'Olivier Chania,Grèce

Maria MALIKOYTSAKI - MATHIOUDI

Centre de Recherche Agronomique de Crète,Chania,Grèce

RESUME

L'action de 9 fongicides,les plus couramment utilisés pour lutter contre les alternarioses,a été étudiée,in vitro,sur la germination des spores de l'*Alternaria alternata* et de sa forme spécifique *lycopersici*.On peut supposer qu'iprodione présente une résistance vis à vis de la f.sp.*lycopersici*.On a constaté une faible efficacité du chlorothalonil,tandis que probinèbe avait une action moins efficace sur les deux souches.Tous les pesticides utilisés n' avaient aucune action éradicante sur le mycelium développé.

INTRODUCTION

Le champignon *Alternaria alternata* (Fr.) Keissler (=*A.tenuis* C.G Nees)essentiellement saprophyte,cosmopolite et dans certains cas parasite de faiplesse,peut se manifester,dans des conditions favorables, comme pathogène redoutable.Isolé pour la première fois en 1892,par Behrens,comme parasite responsable du fletrissement des plantules du Tabac et,en 1926 Young le réfère comme agent pathogène de la Tomate(race physiologique 3) (Viennot-Bourgin 1949).Joly (1969) décrit le parasitisme des feuilles de Tomate et de Concombre par l'*A.tenuis* C.G.Nees f.*jaczewskii* Baransky.

Depuis quelques années cette espèce se manifeste comme un agent pathogène strict provoquant des dégâts importants sur les feuilles du Concombre (Vakalounakis et Malathrakis 1982)et sur les tiges de Tomate (Bourbos 1983,Malathrakis 1983).Chez le Concombre les syptômes sont semblables à ceux d' *A.pluriseptata* (Karts.et Har.)Jorstad décrits par Naumann et Schmidt (1979).Dans les serres des régions crétoises on ne pouvait jamais isoler cette espèce d' *alternaria*.Chez la Tomate la maladie présente les symptômes typiques d'*A.alternaria* f.sp. *lycopersici* connus sous le nom "stem canker" (Grogan et al 1975).

Pour le Concombre et la Tomate,la lutte contre la maladie provoquée par l'*A.alternata* et sa f.sp. *lycopersici* par des méthodes chimiques,n' a pas donné jusqu' à maintenant des résultats satisfaisants.

Nous avons donc décidé d' étudier,in vitro,le comportement de certains fongicides,les plus couramment utilisés contre les alternarioses, vis à vis de l'*A.alternata*.Les pesticides sélectionnés feront ultérieurement l'objet de recherches,in vivo,pour tenter finalement de résoudre le problème aigü des serristes.

MATERIEL ET METHODES

Les souches utilisées d'*A.alternata* et de sa f.sp.*lycopersici* ont été isolées à partir des plantes infestées du Concombre(cultivar Sandra) et de la Tomate (cultivar Early Pack) respectivement,cultivées en Crète en serres non chauffées.

Les souches isolées ont été portées sur milieu nutritif malt gélosé et incubées à 25 °C pendant une semaine.Un ml d' une suspension contenant $1X10^4$ spores des souches étudiées a été utilisé pour chaque boîte de Pétri standard (90mm Ø).

Pour nos essais,nous avons utilisé neuf pesticides (tabl.1)parmi lesquels metomeclan et prochloraze ne sont pas encore homoloqués en Grèce.Ces fongicides ont été incorporés à la dose recommandée par les sociétés productrices dans le même milieu que précédemment et à 45 °C.L' efficacité des fongicides testés a été basée sur le pourcentage de spores germées en comptant 100 spores en boîte de Pétri incubées à 25 °C en 24 heures.

RESULTATS

Sur les fongicides captafol,iprodione,mancozèbe,metomeclan et prochloraze les spores d'*A.alternata* n' ont pas germé.Le Tableau I rassemble les pourcentages des germinations obtenus sur chlorothalonil (43,0%)puis propinèbe (26,2%),manèbe (6,45%) et dichlofluanide (3,75%).

TABLEAU I

Efficacité de fongicides testés sur la germination de spores d *Alternaria alternata et d A.alternata* f.sp.*lycopersici*.

Produits	dose en m.a ppm	% de spores germées *A.alternata*	% de spores germées *A.alternata* f.sp. *lycopersici*
Captafol	1600	0	0
Chlorothalonil	1875	43,00	90,30
Dichlofluanide	1000	3,75	0
Iprodione	500	0	30,15
Mancozèbe	2000	0	0
Manèbe	2000	6,45	0
Métomeclan	500	0	0
Prochloraze	450	0	52,50
"	150	0	54,50
Propinèbe	1625	26,2	7,39
Témoin	—	100	98,5

Pour *A.alternata* f.sp. *lycopersici,* le comportement des fongicides testés est different: captafol,dichlofluanide,mancozèbe,manèbe et métomeclan inhibent complètement la germination des spores,pour chlorothalonil le taux de germination est de 90,3%,pour prochloraze il varie entre 52,5% à 54,5% pour les deux doses utilisées.L'iprodione permet un taux élevé de spores germées (30,15%).Dans le cas d'*A.alternata* f.sp. *lycopersici* et en comparaison à l'*A.alternata* probinèbe présente une nette diminution du pourcentage de spores germées de l' ordre de 18,81%.

DISCUSSION

Le champignon *A.alternata* et sa f.sp.*lycopersici* provoquent à l' heure actuelle des dégâts considérables sur les cultures de Concombres et de Tomates en serre.Il semblerait que la lutte chimique appliquée contre les diverses maladies des cultures protégées contribue à l'apparition des parasites jusque là négligeable. Ce phénomène est connu "disease trading" (Kreutzer 1960) ou "échange des maladies"(Davet 1981) Dans notre région l'utilisation répétée des Benzimidazoles semble introduire des perturbations dans les équilibres biologiques favorisant le parasite *A.alternata* et sa f.sp. *lycopersici*. Des constatations analogues ont été observées sur les poires en conservation (Spalding 1970), sur les fruits des agrumes (Frossard, communication personelle) et sur les grains du blé à la récolte (Rapilly et al 1973).

Les résultats obtenus, in vitro, nous permettent d'envisager une lutte chimique plus efficace. On a en effet constaté que le comportement de deux souches d'*A.alternata* vis a vis de fongicides testés est différent. L'*A.alternata* f.sp. *lycopersici* parait montrer une résistance à l' iprodione. Une telle conduite peut être en principe attribuée à l'utilisation répétée et quelques fois démésurée de ce fongicide contre *Botrytis cinerea* Pers. La résistance à l' iprodione a déjà été signalée pour *A.alternata* sur cerisiers (Mcphee 1980). Chlorothalonil n'a pas extériorisé une bonne efficacité sur les deux souches utilisées. Prochloraze, non homologué en Grèce, promet des résultats interessants pour lutter contre *A.alternata* chez le Concombre. Rien n' est vérifié pour la f.sp. *lycopersici*. Les fongicides dichlofluanide et manèbe semblent satifaisants. En raison du taux élevé de spores germées pour *A.alternata*, probinèbe parait peu efficace. A l' inverse, les captafol, mancozèbe et métomeclan extériorisent une meilleure efficasité.

Tous les pesticides testés n' avaient aucune action éradicante ou thérapeutique sur le mycelium développé.

REFERENCE

Bourbos, V.A (1983) Contribution à l' étude de la mycoflore du sol de culture de Tomate en serre non chauffée. *Thèse, Université Paris VI*, 108 p.

Davet P.(1981) Effets non intentionnels des traitements fongicides sur les microflores aérienne, tellurique et aquatique. *3ème colloque sur les effets non intentionels des fongicides* S.F.P.P, Paris 41-54.

Grogan, R.C; Kimble, K.A.; Misaghi I.(1975) A stem canker disease of Tomato caused by Alternaria alternata f.sp.lycopersici. *Phytopathology* 65, 880-886.

Joly, P.(1964) Le Genre Alternaria. Ed Paul Lechevalier, Paris 163-168.

Kreutzer, W.A.(1960) Soil treatment. In "*Plant Pathology, an Advanced Treatice*" J.G.Horsfall et A.E Dimond(Ed) Academic Press, New York and London. 3, 431-476.

Mcphee, W.J(1980) Some characteristics of Alternaria alternata Strains Resistant to Iprodione. *Plant Disease* 64 (9), 847-849

Malathrakis, N.E (1983) Alternaria stem canker of Tomato in Greece. *Fitopathologica Mediterranea* 22, 33-38

Naumann, K.; Schmidt, A.(1979) Auftreten von Alternaria pluriseptata an Gurkenkulturen im Freilland und under Glas. *Nachrichtenblatt für den Pflanzenschutz in der DDR*.(6), 115-118

Rapilly, F.; Foucault, B.; Poisson, J.; Cahagnier, B.(1973) Conséquences au niveau du grain de traitements fongicides réalisés en végétation sur Blé d'hiver. *Phytiatrie-Phytopharmacie*. 22, 281-291.

Spalding,D.H.(1970) Postharvest use of benomyl and thiabendazole to control blue mold rot development in pears.*Plant Disease Reporter.*54,655-657.

Vakalounakis,D.J.; Malathrakis,N.E (1982) A cucumber disease caused by the fungus Alternaria alternata.*2nd Conference on* protected *Vegetables and Flowers,Heraklion (Greece)* 54-55.

Viennot-Bourgin,G.(1949) Les Champignons Parasites des Plantes Cultivées. Ed.Masson et Cie,Paris 2 1542-1544.

EFFICIENCY OF A FEW FUNGICIDES ON ALTERNARIA ALTERNATA IN VITRO

The effect of the 9 most widely used fungicides in alternariosis control, was studied,in vitro,on spore germination of Alternaria alternata and of its specific form lycopersici.We may assume that the specific form lycopersici showed resistance towards iprodione. We observed meager efficiency of chlorothalonil,whilst propineb was less effective on both strains.None of the pesticides used could eradicate fully developed mycelium.

ACTIVITE POST-INFECTION ANTI-TAVELURE DE FONGICIDES DE CONTACT ET SYSTEMIQUES.

AUGUSTO CESARI - FRANCA CASTAGNOLI - ROBERTO DAVI
Dipartimento di Protezione e Valorizzazione Agroalimentare
Sezione Fitoiatrica - Università di Bologna, Italia

Resumé

Cette étude concerne l'activité curative et stoppante des préparations fongicides systemiques et de contact par rapport à la tavelure du pommier.

Les résultats mettent en évidence l'activité curative plus élevée, supérieure à 100 h après l'infection, des produits : bitertanol, DPX H 6573, fenarimol, ethaconazol+captan, nuarimol+Chlorothalonil, penconazole+captan, sistane et triforine.

Chlorothalonil, dithianon et dodine montrent une activité comprise entre 60 et 70 h après l'infection, alors que l'activité curative de mancozeb, metiram et propineb est, dans touts les cas, inférieure à 58 h.

Des rèsultats positifs, même si variables par rapport au nombre des applications, sont enregitrés pour l'activité stoppante des préparations : bitertanol, DPX H 6573, ethaconazol+captan, penconazole+captan, sistane et triforine.

Objectif

La defénse contre Venturia inaequalis, agent de la tavelure du pommier revêt dans plusieurs régions de l'Italie septentrionale, un intérêt considérable technique-economique et écologique à cause des traitements exigés annuellement.

Les critères les plus répandus pour l'utilisation des fongicides suivent fondamentalment deux orientations:
- la première par intervalles fixes hebdomadaires
- la deuxième sur la base de la "prévision" du risque de l'infection.

Cette dernière orientation, qui prévoit les interventions après avoir déterminé les conditions d'infection, s'avère particulièrement intéressante puisqu'elle permet de réduire, ou au moins de rationaliser les applications de fongicides.

Dans cette optique on réalise, dans notre centre, depuis quelques années des investigations visant à évaluer l'activité post-infection (curative, stoppante, etc.) des préparations fongicides utilisées dans la défense contre la tavelure du pommier. (Cesari A. et al., 1979; Fiaccadori R. et al., 1984).

Methodes

Sur des pommiers cultivés en plein champ, sans aucun traitement, comprénant des cultivars à haute réceptivité par rapport à Venturia inaequalis (Imperatore années 1978-82-83-84; Stark Spur Red année 1981), on a effectué des applications avec des

2)

préparations fongicides systémiques et de contact (Table 1) à des intervalles différents à partir du début de l'infection primaire reconnue selon les paramètres climatiques indiqués par Mills,complétés avec vérification de la présence des ascospores.

L'infection décetée au cours des essais était dans tous les cas de type "grave" et correspondant à la phase phénologique des "boutons rose".

Pendant l'intervalle compris entre l'infection et les traitements,la température moyenne a été enregistrée afin de mettre en évidence son incidence éventuelle sur l'activité des produits.

Les contrôles effectués après détection de l'infection comportaient le comptage du nombre de taches de tavelure sur les feuilles, avec conversion en dégré d'action par rapport au témoin.

Pour le contrôle de l'activité "stoppante" on a suivi la méthode déjà décrite par Kelley R.D. et Jones A.L. (1981 qui permet d'évaluer la vitalité du mycélium dans les taches correspondantes de tavelure soumises à des traitements différents (Table 1).

Resultats

Dans nos conditions expérimentales les résultats obtenus permettent de mettre en évidence ce qui suit.

Pendant l'année 1978,en travaillant à une température moyenne de 12.2°C on remarque que les produits systémiques fénarimol et bitertanol montrent un haut degré d'activité curative,encore à 106 h après l'infection; l'activité de la dodine s'affaiblit considérablement à 80 h alors que les produits dithiocarbamiques sont presque inactifs à 58 h.

En ce qui concerne l'activité stoppante,le bitertanol montre la meilleure activité,tandis que l'action du fénarimol et de la dodine est décidément inférieure.

Pendant les années 1981-82-83,avec température légèrement plus élevée, c'est-à-dire 15.8° et 13° C,les préparations triforine et éthaconazol + captan montrent un important degré d'action curative encore à 117 et 136 h après l'infection,comme nuarimol+chlorothalonil.

A 96 h après l'infection,l'activité de dithianon et chlorothalonil s'affaiblit d'une façon considérable.

En ce qui concerne l'activité stoppante les meilleurs résultats ont été obtenus avec le bitertanol, en trois applications.

L'ethaconazol+captan et la triforine sont très efficaces, alors que que l'activité du nuarimol et du chlorothalonil est moins forte.

En 1984 les expériences réalisées avec température moyenne autour de 7° C pour les interventions jusqu'à 74 h et de 10° C pour les interventions effectuées à 194 h, permettent de mettre en évidence l'activité curative élevée des préparations DPX H 6573 et penconazole+captan par rapport à celles du sista=

ne et du bitertanol.

Toutes les préparations montrent une bonne activité "stoppante avec trois interventions. Se distinguent surtout penconazole +captan et DPX H 6573 suivis, à des niveaux progressivement inférieurs,par le sistane et le bitertanol.

Conclusions

Cette étude met en évidence que les préparations systémiques (bitertanol,fenarimol,ethaconazol,triforine,nuarimol+chlorothalonil,DPX H 6573,penconazole+captan,sistane) inserees dans les programmes de lutte contre la tavelure du pommier avec fonction curative,offrent des perspectives intéressantes dans la stratégie d'application de fongicides contre cette maladie,puisqu'elles permettent des temps d'intervention après l'infection supérieurs aux 100 h.

Suivent,avec des marges d'intervention inférieures (de 60 à 70 h) les produits à base de dodine,dithianon et chlorothalonil et enfin les produits dithiocarbamiques avec des marges inférieures à 58 h.

Cet aspect doit toutefois être mis en rapport avec le milieu (temperature), avec la phase phénologique de la culture et les organes à protéger (feuilles, fruits), avec la gravité de l'infection et le potentiel d'inoculation présent dans le pommier.

L'activité stoppante se révèle intéressante après 3 application avec les préparations systémiques : bitertanol,penconazole +captan,DPX H 6573,ethaconazole+captan,sistane et triforine.

Toutefois bitertanol et ethaconazole+captan montres des résultats positifs intéressants déjà après deux applications.

Bibliografie

Cesari A; Minghetti I.; Gaiba F. (1979) - L'attività curativa ed eradicante di nuovi fungicidi contro le infezioni primarie di Venturia inaequalis (Cooke) Wint. Informatore Fitopatologico n.3,25-28.

Fiaccadori R.; Cesari A.; Brandolini V. (1984) - Attività post-infezionale di fungicidi applicati contro la ticchiolatura del melo. "Atti Giornate Fitopatologiche 1984" Vol.I, 163-164.

Kelley R.D.; Jones A.L. - Evaluation of two triazole fungicides for postinfection control of apple scab. Phytopathology 71, 737-742.

TABLE 1
Activité curative et stoppante de préparations fongicides diverses sur infections de Venturia inaequalis (Cke) Wint.

Produits	Doses en a.i. g/100litres	Activité curative (degré d'action) h a partir du debout de l'infection			Activité stoppante (degré d'action) nombre de traitements			
Année 1978		58 h	80 h	106 h	1	2	3	4
Bitertanol	25	100 a	100 a	100 a				99 a
Fenarimol	4,8	100 a	100 a	99 a				58 b
Dodine	65	87 b	56 b	26 b				37 c
Mancozeb	160	6 c						
Metiram	160	3 c						
Propineb	140	4 c						
Témoin	-	(15,75)*						
Année 1981		69 h	93 h	117 h				
Chlorothalonil	112,5	74 b	50 b	54 b				
Dithianon	90	70 b	34 bc	38 bc				
Ethaconazol + Captan	1+49	93 a	98 a	100 a				
Triforine	27	95 a	89 a	98 a				
Témoin	-	(25,57)						
Année 1982-83		87h	113 h	136 h				
Ethaconazol	1	97 a	95 a	91 a				
Triforine	27	100 a	92 a	95 a	24 b	50 ab	70 ab	
Nuarimol + Chlorothalonil	4,2+42	99 a	97 a	97 a				
Bitertanol	25				47 a	86 a	94 a	
Nuarimol	3,9				10 bc	43 bc	58 bc	
Ethaconazol + Captan	1+49				64 a	76 a	82 a	
Témoin	-	(4,53)						
Année 1984		74 h		194 h				
Bitertanol	18,7	80 b		79 b		16 ab	61 b	
DPX H 6573	2	97 a		92 a		30 a	85 a	
Penconazole + Captan	2,5+47,5	95 a		97 a		23 a	97 a	
Sistane	4,48	87 ab		84 ab		14 ab	71 ab	
Témoin	-	(102)						

* Degré d'infection présent sur le témoin indiqué comme numero de taches sur 100 feuilles.

PROTECTION OF APPLE TREES FROM NECTRIA GALLIGENA CANKER BY PP969

LOUISE R. COOKE

Plant Pathology Research Division, Department of Agriculture for Northern Ireland, Newforge Lane, Belfast, BT9 5PX, Northern Ireland.

ABSTRACT

Root drenches of the experimental triazole fungicide PP969 applied to potted apple seedlings (300 mg a.i. per seedling) in 1983, protected them from infection when stems were inoculated with *Nectria galligena* (apple canker) five days later, without causing phytotoxicity. In 1984, PP969 drenches applied to the soil around the base of small apple trees (7.5 g a.i. per tree) much reduced lesion development on branches inoculated four or eight weeks later. However, two of the five trees developed severe phytotoxic damage to leaves. A trunk application (625 mg a.i. per tree) was much less effective than the drench in reducing lesion development.

INTRODUCTION

The fungus *Nectria galligena* is a serious pathogen of apple trees within the U.K., particularly in Northern Ireland where the wet climate favours its spread. Infection through bud-scale and leaf scars, growth cracks or wounds results in the development of cankers. These weaken the tree and also produce spores which may initiate further cankers or contaminate fruit leading to rotting in store.

An experimental fungicide, 6-hydroxy-2,2,7,7-tetramethyl-5-(1,2,4-triazol-1-yl)octan-3-one (PP969), exhibits an unusual degree of mobility within a range of plant species including perennial crops and can protect apple trees from powdery mildew (*Podosphaera leucotricha*) and leaf scab (*Venturia inaequalis*) when applied by soil drench or trunk injection (Shephard *et al* 1983, Gendle *et al* 1984). The routine programme of spring and summer fungicide sprays, which a PP969 treatment might replace, also gives some protection from *N. galligena* infection (Swinburne 1975). The trials described in this paper were initiated to determine if PP969 applied to soil or to bark could also protect trees from *N. galligena*. Trunk injection was not investigated since the technique was considered likely to be too time-consuming and expensive for routine orchard use.

MATERIALS AND METHODS

Fungicide

PP969 was used as a 500 g/kg soluble powder (JF 7415) in water for the *in vitro* test and the drench treatments. For trunk application, a liquid formulation containing 125 g a.i./litre (JF 7565) was applied undiluted.

In vitro activity test

Stock solutions of PP969 were added to malt extract agar to give final concentrations of 25, 12.5, 6.3, 3.1, 1.6 and 0 µM. The agar was dispensed into Petri dishes (10 ml/dish, 5 dishes/concentration) which were inoculated centrally with mycelial plugs (5 mm diameter) cut from the margins of agar cultures of *N. galligena* isolate N1/82. After incubation (20°C, 7d), the diameters of the growth zones were measured and the percentage reductions, with respect to the control, calculated. A Genstat computer program was used to determine the ED_{50} (the dose required to reduce growth by 50%).

Plants

For trial 1, apple seedlings (c. 45 cm high) growing outside in plastic pots were used. Trial 2 employed three year old trees, cv. Bramley's Seedling, (c. 1.8 m high) on MM 106 rootstock.

Trial 1

On 19 May 1983, seven seedlings received a PP969 root drench (300 mg a.i. in 300 ml water per plant) and seven received water only. Five days later, the seedlings were inoculated with a section (c. 4 x 2 mm) cut from an agar culture of N. galligena which was inserted into a vertical scalpel cut c. 10 cm from the base. The inoculation points were covered with 'Stericrepe' which was removed after 14 days.

Trial 2

The treatments, which were allocated to five randomised blocks each containing three trees were (1) no fungicide, (2) PP969 drench (7.5 g a.i. in 5 litres per tree) and (3) PP969 trunk application (625 mg a.i. in 5 ml per tree). On 8 May 1984, the drench was applied to the soil around the base of the trees and the trunk application made by pipetting the liquid into a plastic collar attached around the trunk. Two branches per tree were inoculated (as Trial 1) after 28 days and a further two branches after 56 days.

Assessments

The length and appearance of lesions and phytotoxicity were assessed at intervals after inoculation. In Trial 2, the inoculated branches were removed in November and incubated in humid chambers for 14 days to encourage sporulation. The spores were washed off, concentrated by centrifugation and counted by haemocytometer.

RESULTS

In vitro activity test

The ED_{50} for PP969 was found to be 6.9 µM (1.8 mg/l) with 95% confidence limits 5.6-8.2 µM. A second test gave a similar result.

Trial 1

All seven inoculated control seedlings developed severe lesions which girdled and killed three of the plants within three months. Of the PP969-treated seedlings, five had no lesion development whilst two had restricted necrotic areas around the inoculation point after three months. The mean lesion lengths on 3 August for untreated and treated plants (106.6 and 18.1 mm, respectively) were significantly ($P<0.05$) different. None of the treated seedlings showed phytotoxic damage to leaves.

Trial 2

Phytotoxicity was observed in two drench-treated trees (treatment 2) in early June and by 3 July most leaves had died. Two other trees in treatment 2 developed marginal necrosis on leaves, while one was undamaged. Trees receiving the trunk application (treatment 3) produced no phytotoxic symptoms.

TABLE 1

The effect of PP969 treatments on 8 May 1984 on lesion development and sporulation following inoculation with *Nectria galligena*

Treatment	5 June inoculation lesion length (mm)[a]	5 June inoculation no of conidia[b]	3 July inoculation lesion length (mm)	3 July inoculation no of conidia[b]
No fungicide	37.4	10.1 (24834)	21.1	7.1 (1211)
PP969 drench	13.7	3.1 (22)	16.2	6.3 (544)
PP969 trunk application	22.8	9.0 (8021)	18.8	7.5 (1807)
S.E.M. (8 D.F.)	±5.49	±1.28	±1.17	±1.99

a lesion length assessed two months after inoculation (including 10 mm inoculation cut).

b $\log_n$ transformation of numbers of conidia washed off branches in November; back transformed means are given in brackets.

Lesions developed on all inoculated branches on control trees following both inoculations, but spread was greater in those inoculated in June than in July (Table 1). On drench-treated trees the inoculation points healed and formed callus, except on one tree where canker lesions were produced. This latter tree was the one which did not show phytotoxicity. The trunk application failed to prevent lesion development in most cases, although spread was slightly reduced.

Spore production was significantly reduced by the drench treatment, following inoculation in June. However, sporulation from the July inoculations on control trees was much less than from June inoculated branches and differences between treatments were not significant.

DISCUSSION

The *in vitro* activity of PP969 against mycelial growth of *N. galligena* compared favourably with that of other sterol-inhibiting triazole fungicides e.g. bitertanol (ED_{50} 18 µM; L.R. Cooke, unpublished), triadimenol (ED_{50} 72 µM; Gendle *et al*, 1983).

The rate chosen for the initial *in vivo* experiment on apple seedlings (300 mg/plant) gave good protection without causing phytotoxicity. However, it was difficult to estimate how much this should be scaled up for use on young trees, since not only was the volume of plant material much greater, but root uptake from open ground would be likely to be less efficient than from a pot. In retrospect, the rate selected (7.5 g/tree) was too great since excessive damage resulted. It is likely that this damage was exacerbated by the unusually hot dry summer of 1984 and by the use of a recent planting of trees on a poor site. Gendle et al (1984) showed that prolonged sunshine results in rapid accumulation of PP969 in leaves leading to phytotoxicity. Nonetheless, the degree of protection from N. galligena following a fairly severe inoculation procedure is sufficiently encouraging to warrant further trials with reduced rates.

The results from the trunk application suggest that insufficient fungitoxicant reached the site of action due either to insufficient PP969 being applied or to inadequate movement through bark into xylem (or to a combination of both). The volume of liquid which could be applied by this technique was limited by run-off, but it is possible that a larger dose of fungitoxicant could be applied to bark using repeated spray applications. Such a treatment might be less liable than a drench to result in severe phytotoxicity if, as seems likely, diffusion through bark is a slower process than root uptake.

ACKNOWLEDGEMENTS

I thank ICI Plant Protection Division for their gift of PP969, Dr M.C. Shephard for helpful discussions and Miss D. Moore for technical assistance.

REFERENCES

Gendle, P.; Clifford, D.R.; Mercer, P.C.; Kirk, S.A. (1983) Movement, persistence and performance of fungitoxicants applied as pruning wound treatments on apple trees. Annals of Applied Biology 102, 281-291.

Gendle, P.; Gay, C.N.; Clifford, D.R. (1984) Tree injection - a viable method for disease control Proceedings 1984 British Crop Protection Conference - Pests and Diseases 3, 995-1000.

Shephard, M.C.; French, P.N.; Rathmell, W.G. (1983) PP969; a broad spectrum systemic fungicide for injection or soil application. Proceedings 10th International Congress of Plant Prote ction 1983 2, 521.

Swinburne, T.R. (1975) European Canker of Apple (Nectria galligena). Review of Plant Pathology 54, 787-799.

PROTECTION DES POMMIERS A L'AIDE DU PP969 CONTRE LE CHANCRE DU A NECTRIA GALLIGENA

L'arrosage à l'aide du fongicide expérimental triazole PP969, realisé sur jeunes plants de pommiers en pot (300 mg matiere active/plant) en 1983, les a protégés contre l'infection lorsque les tiges ont ete inoculées avec Nectria galligena (chancre du pommier) 5 jours après, sans causer de phytotoxicité. En 1984, des arrosages de PP969, appliqués au sol autour de la base de petits pommiers (7, 5 g m.a./arbre) ont beaucoup réduit le développement de lesions sur les branches inoculées 4 ou 8 semaines plus tard. Toutefois, pour deux des cinq arbres, des dégâts phytotoxiques graves sont apparus sur les feuilles. Une application sur tronc (625 mg m.a./arbre) s'est révélée beaucoup moins efficace que l'arrosage dans l'inhibition du développement des lésions.

HUIT ANNEES D'EXPERIENCE DANS LA LUTTE CONTRE L'OIDIUM ET LA TAVELURE DU POMMIER .

JM. GAULLIARD

Société Pépro - L'Orée d'Ecully - Bât. C - 69130 Ecully .

JL. LECA

Société Elanco - 203 Bureaux de la Colline - Bât. D - 92213 Saint-Cloud .

RESUME

Expérimenté depuis 1976 contre la tavelure et l'oïdium du pommier le fénarimol a montré une efficacité nettement supérieure à celle des références classiques utilisées . Sur la tavelure l'efficacité de cette matière active est parfaite pour des traitements réalisés quatre jours après le début de la contamination . Enfin , la neutralité de ce produit vis-à-vis de la rugosité est aujourd'hui parfaitement démontrée .

INTRODUCTION

Le fénarimol , matière active issue des laboratoire Eli-Lilly est un fongicide systémique , à large spectre d'action , intéressant de nombreuses cultures : vigne , arboriculture , betterave , cultures maraîchères et ornementales . Autorisé à la vente depuis 1978 , Rubigan 4 (concentré émulsionnable à 40 g/l de fénarimol) est distribué par la Société Pépro . Il est utilisé avec succès en traitement du pommier contre la tavelure et l'oïdium .

Nous résumons dans cette communication les principaux résultats de huit années d'expérimentation .

MATERIEL ET METHODES

Essais en verger contre oïdium et tavelure

Ils ont été réalisés selon les directives des méthodes CEB(Commission des Essais Biologiques) par traitement des arbres dès l'apparition des conditions favorables (stade C3-D) au développement des maladies (Avertissements Agricoles) . Les applications apportant 4 g de fénarimol par hectolitre de bouillie sur la base de 1000 à 1500 l/ha sont répétées à une cadence de 10 à 14 jours . Les volumes réels de bouillie se situent de 1000 l (atomiseur à dos - années : 83-84) à 1500 l (pulvérisation pneumatique à dos - années : 76-82) et sont appliqués sur des parcelles de 1 à 10 arbres réparties selon un dispositif blocs de Fischer à 4/6 répétitions avec témoin incorporé .

La majorité des essais ont été conduits sur Golden delicious . les variétés Starkrimson , Golden spur et Granny smith ont également été utilisées . Les notations pour la tavelure consistent à évaluer le pourcentage de surface foliaire envahie et le pourcentage de fruits tavelés (cf. CEB n° 14) . Pour l'oïdium , une notation de l'efficacité des traitements sur pousses oïdiées primaires et sur contaminations secondaires (feuilles) ont été faites selon les directives de la méthode CEB n° 33 . Un contrôle de la rugosité sur pommes Golden a eu lieu à la récolte (cf. CEB n° 45) .

Traitements anti-tavelure de post-infection

Des traitements avec le fénarimol à la dose de 4 g/hl ont été réalisés sur pommiers (plantules, greffes en pots ou au verger) dans un intervalle de temps variant de 24 heures à 144 heures après contamination artificielle Les pourcentages de feuilles malades entre témoin et traité ont été comparés . La référence captane à 150 g/hl a été ajoutée à l'essai .

RESULTATS

Fig. 1

La figure 1 résumant 25 essais sur cinq ans , montre l'efficacité de Fénarimol à 4 g /hl dans tous les cas supérieure à la référence utilisée à 150 g/hl .

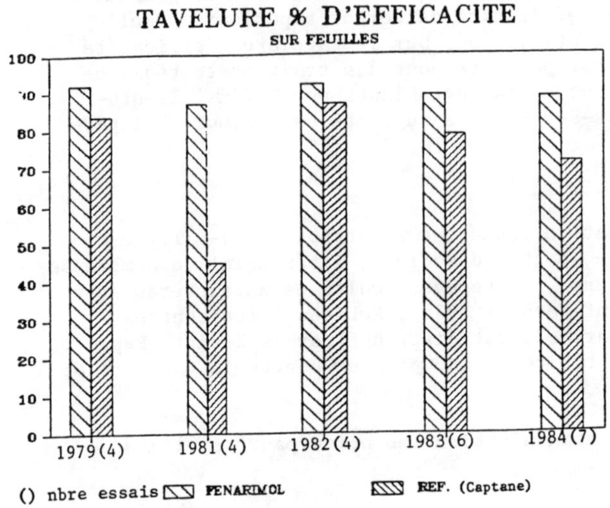

Fig. 2

Sur fruits , 14 essais réalisés en 5 ans montrent la protection de très haut niveau obtenue avec le produit .

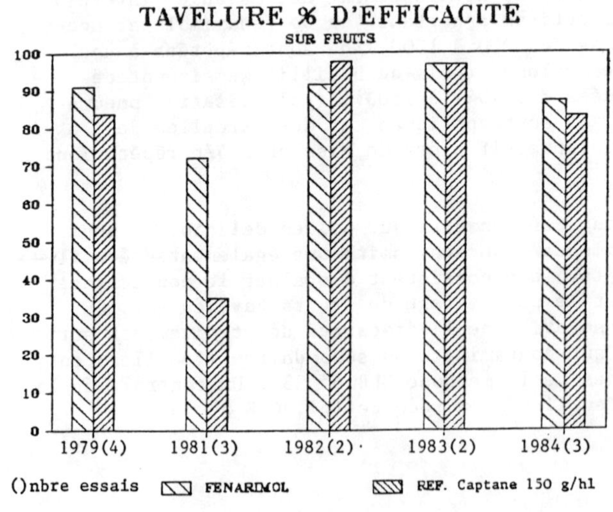

De nombreux essais ont été conduits en conditions contrôlées sur pommier (plantules ou arbres greffés) pour permettre d'évaluer le pouvoir curatif du fénarimol .

Fig. 3

La courbe d'efficacité en fonction de la date d'application par rapport à la contamination (artificielle) montre bien les qualités préventives et curatives du fénarimol . Le pouvoir curatif du fénarimol a été largement confirmé par les essais conduits à l'Inra d'Angers par M. Olivier .

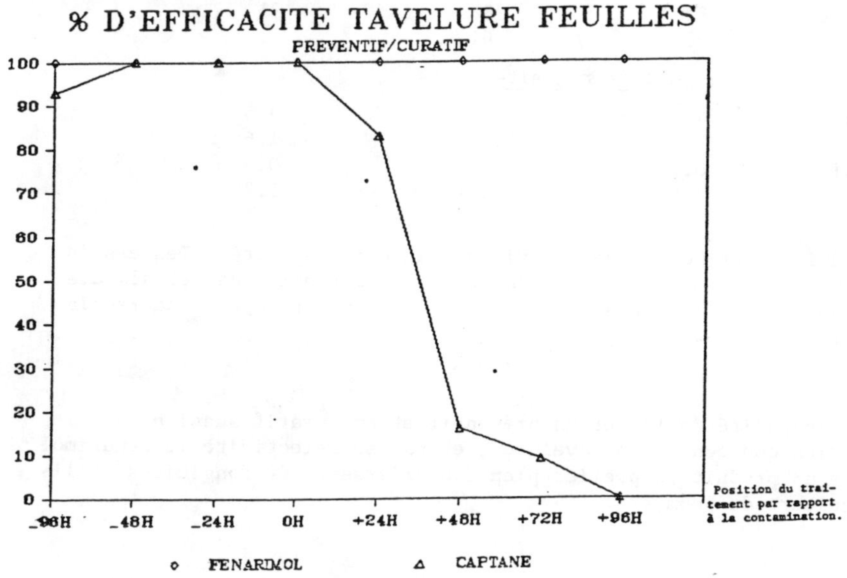

Fig. 4

L'activité sur contamination primaire (bourgeon oïdié) par rapport à deux références met en évidence à la fois les qualités d'efficacité et de pénétration du Fénarimol (référence 1 = produit de contact 25 g/hl - référence 2 = produit pénétrant 29,5 g/hl) .

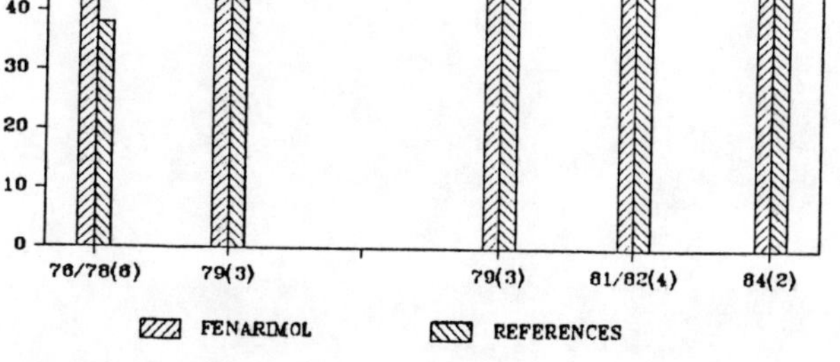

Rugosité

1982 - Action du produit seul sur rugosité des golden .
Cadence des traitements : 14 jours .

Lieu d'essai	fénarimol 40-60 g/ha	témoin non traité	captane 1500-2250 g/ha
	% de fruits en 1er choix		
37-Saint-Paterne	24	22	25
47-Penne	64	63	77
47-Casseneuil	85	86	91
82-Valence	58	61	73
	% de rugosité		
37-Saint-Paterne	4.0	3.7	3.5
47-Penne	2.6	2.8	1.6
47-Casseneuil	0.9	0.9	0.5
82-Valence	2.6	2.1	1.2

Le produit s'est montré neutre vis à vis de la rugosité . Des essais d'association avec du soufre ou un fongicide de la famille des phtalmides ont permis de réduire la rugosité des pommes Golden par rapport au témoin non traité .

CONCLUSION

Par sa capacité de lutter en préventif et en curatif aussi bien contre l'oïdium que contre la tavelure , et par sa sélectivité le Fénarimol s'avère être un produit de premier plan dans l'arsenal de fongicides utilisables en culture du pommier .

SUMMARY

FENARIMOL, EFFICIENCY IN POWDERY MIDEW CONTROL AND SCAB CONTROL ON APPLE .

Tested since 1976 against Podosphaera leucotricha and Venturia inaequalis on apple , fenarimol has proved significantly more efficient in controlling these diseases than classical reference products . The systemic properties of this product gave curative action against scab at least four days old and gave control of primary infections in the case of powdery mildew . The product caused no russeting .

INTERET DU PHOSETHYL-AL DANS LA LUTTE CONTRE LE CHANCRE DU POMMIER DU A PHYTOPHTHORA CACTORUM

J.M. GAULLIARD

PEPRO, L'OREE D'ECULLY Bâtiment C - Chemin de la Forestière B.P. 5
69131 ECULLY CEDEX - FRANCE

J. PAVIOT - J.L. SOUCHE

RHONE-POULENC AGROCHIMIE, 14-20, rue Pierre Baizet - B.P. 9163
69263 LYON CEDEX 09 - FRANCE

RESUME

De nombreux essais ont montré que l'application de phoséthyl-Al permettait de lutter efficacement contre le chancre du collet du pommier (Phytophthora cactorum). Une cicatrisation des nécroses peut être obtenue par 4 pulvérisations foliaires annuelles (200 g ma/hl) ou par un badigeonnage des chancres après curetage (pâte concentrée à 50%). En utilisation préventive, deux applications annuelles devraient suffire à protéger les vergers.

INTRODUCTION

L'efficacité du phoséthyl-Al (ALIETTE ®) est bien connue contre diverses maladies à Phytophthora des cultures fruitières méditerranéennes et tropicales (P. cinnamomi sur avocatier, P. citrophthora, P. palmivora et P. parasitica sur agrumes). Sa systémie descendante lui permet en effet, à l'aide de traitements foliaires, de protéger les arbres contre les infections au collet et sur les racines.

En climat tempéré, le pommier peut également être l'objet d'attaques de la part de Phytophthora cactorum. Le symptôme typique est une nécrose (chancre) se développant sur le tronc, en dessous du point de greffe. La maladie est en extension en Europe de l'Ouest, notamment sur le porte-greffe M 106, particulièrement sensible (BOMPEIX, 1984).

Divers essais réalisés depuis 1978 par nous-mêmes et d'autres chercheurs ont permis de démontrer l'intérêt du phoséthyl-Al pour lutter contre ce pathogène.

MATERIEL ET MATHODES

Matériel végétal

Les essais ont été réalisés sur les couples Golden/M 106 (France), Cox Orange/M 26 (Angleterre), voire sur jeunes scions de M 26 (France, contamination artificielle).

Contaminations

En verger, l'expérimentation a été conduite sur des arbres naturellement infectés.

De plus, un essai a été inoculé artificiellement, par dépôt de mycélium de P. cactorum obtenu en culture sur des blessures réalisées à l'emporte-pièce sur des scions de M 26. Les plaies inoculées ont été ensuite protégées de la déshydratation par un film caoutchouté.

Traitements

Deux techniques d'application ont été utilisées : la pulvérisation foliaire à la dose de 200 g pf/hl (soit 200 g ma/hl) ou le badigeonnage des chancres après curetage, avec une pâte concentrée à 50% (1 kg d'ALIETTE mélangé à 1 l d'eau).

RESULTATS

Pulvérisation foliaire

Dans l'essai réalisé en contamination artificielle (tableau 1), l'efficacité d'ALIETTE est parfaitement démontrée. Dans ces conditions difficiles, 3 applications à cadence de 1 mois sont nécessaires pour bien contrôler la maladie (le premier traitement intervenant en préventif).

Par contre, face à une contamination naturelle (tableau 2), et une première application curative, 4 traitements selon un rythme mensuel sont capables de faire régresser la maladie (cicatrisation des chancres). En préventif, 2 traitements annuels semblent suffisants (tableau 2) pour empêcher l'extension des zones atteintes. Il faut toutefois remarquer que les conditions de 1984 n'étaient pas très favorables au P. cactorum (peu d'évolution dans les témoins) et que l'exemple de la contamination artificielle démontre qu'au moins 3 traitements sont nécessaires en situation grave.

	Dose g ma/hl	Nombre de Traitements	M 26 - FRANCE 1980 Largeur du chancre en mm contamination artificielle: Plaie initiale 10/7	12/8	12/9
TEMOIN			9	30,4	31,2 c
phoséthyl-Al	200	2	9	22,1	20,1 b
		3	9	15,0	11,6 a

2 traitements : 12/6 et 14/8
3 traitements : 12/6 - 9/7 - 14/8

ppds 5% = 4,09
CV = 13,5

Tableau 1 : Efficacité du phoséthyl-Al (pulvérisations foliaires) sur le développement des chancres à P. cactorum

	DOSE g ma /hl	Nombre de Traitements	GOLDEN/M 106 - FRANCE 1984 Efficacité curative - % de circonférence du tronc atteint par le chancre		Efficacité préventive. Nouveaux cas de maladie en 1984
			Avril 84	Octob. 84	
TEMOIN			54,4	53,3	4
phoséthyl-Al	200	2			0
		4	47,4	15,3	

Tableau 2 : Efficacité du phoséthyl-Al (pulvérisations foliaires) en situations préventive et curative.

Badigeonnage des chancres

Des essais réalisés en Grande-Bretagne (Harris et al) ont permis de montrer qu'un badigeonnage des chancres après un curetage soigneux permettait également de stopper l'évolution des nécroses (tableau 3).

	COX ORANGE / M 2 OU M26		
	ESSAI 1 Traitement avril 83 - Contrôle octobre 83		ESSAI 2 Traitement décembre 83 - Contrôle octobre 84
	Nbre de lésions (sur 17) actives après traitement	Croissance des lésions en mm	Nbre de lésions actives après traitement
TEMOIN	1	47	17 (sur 24)
phoséthyl-Al (pâte concentrée)	0	0	0 (sur 28)

Tableau 3 : Efficacité du phoséthyl-Al (badigeonnage d'une pâte concentrée) - Cicatrisation des chancres.

CONCLUSION

Les exemples décrits permettent de définir une stratégie d'utilisation d'ALIETTE contre le chancre à P. cactorum du pommier.

En présence d'un verger infesté (arbres présentant des nécroses), il est possible de bloquer l'évolution du pathogène, et donc de sauver les arbres atteints, par 4 applications la première année (mai - juin - juillet - août) d'ALIETTE à la dose de 250 g pf/hl (200 g ma/hl).

En situation préventive, deux applications annuelles suffisent parfois (1 essai) à empêcher l'extension de la maladie, il semble que dans les situations particulièrement favorables à P. cactorum, un nombre supérieur de traitements (3 ou 4) soit nécessaire (cf. essai en contamination artificielle).

Ce même type de programme a permis dans d'autres essais, sur des vergers apparemment sains, d'augmenter sensiblement la quantité et la qualité (calibre) de la production (PAVIOT et al, 1985). Cet effet pourrait correspondre au contrôle d'attaques racinaires insidieuses.

La technique du badigeonnage des chancres avec une pâte concentrée d'ALIETTE est également possible. Plus contraignante, elle doit être réservée au traitement des tous premiers foyers déclarés, l'ensemble de la parcelle recevant par ailleurs 4 pulvérisationsfoliaires préventives.

ABSTRACT

Control with fosetyl-Al of apple canker due to Phytophthora cactorum

The efficacy of fosetyl-Al in controlling collar rot in apples (Phytophthora cactorum) has been demonstrated in many trials. Healing of the cankers is obtained either with 4 annual foliar sprays (0.25 kg/hl) or by painting the lesions with a concentrated paste of the product (1 : 1 w/v dilution). Used as a preventive treatment, 2 foliar sprays per year succeeded in protecting in the orchards.

BIBLIOGRAPHIE

Bompeix G. (1984) Les pourritures du collet et des racines sur le pommier. *Arboriculture Fruitière* 364 , 25-28.

Harris (1984) Communication personnelle.

Paviot, J. ; Souche, J.L. ; Planard A. (1985) Effet d'ALIETTE sur le rendement des arbres fruitiers, sous presse.

TESTS EN VERGER DE QUELQUES SPECIALITES A ACTION FONGICIDE OU ANTAGONISTE VIS-A-VIS DU CYTOSPORA CINCTA SUR PECHER.

C. GROSCLAUDE

INRA - Station de Pathologie Végétale, 84140 Montfavet, France

RESUME

Plusieurs fongicides formulés en bouillies ou en badigeons (carbendazime, folpel, captafol, thiabendazole + captafol) ainsi qu'une suspension de spores du champignon antagoniste *Trichoderma harzianum* sont testés en verger vis-à-vis de leur action contre le *Cytospora cincta* inoculé artificiellement à des rameaux de Pêcher. Alors que la carbendazime se montre très efficace, ainsi qu'un badigeon contenant le mélange thiabendazole + captafol, à l'inverse, captafol, folpel et Trichoderma ne font preuve d'aucune efficacité aux doses utilisées.

INTRODUCTION

On sait maintenant que le *Cytospora cincta* est un champignon parasite susceptible de provoquer de graves dégâts chez le Pêcher ou d'autres espèces fruitières comme l'Abricotier. Il s'agit d'un parasite de blessure pénétrant aussi bien par les cicatrices d'abscission foliaire que par les plaies de taille. Quelles que soient les voies de pénétration du champignon, la progression de celui-ci aboutit la plupart du temps à la formation d'un chancre à évolution lente sur tronc ou charpentières, d'où le nom de "chancre pérenne" employé à l'étranger. En revanche, les premiers stades de la maladie sont plus discrets puisqu'il s'agit parfois d'une simple lésion au niveau d'un oeil puis du dessèchement d'un petit rameau d'où le parasite continuera sa progression vers une branche plus importante. Parfois encore, le parasite s'installe dans la tige d'un jeune scion à la faveur des blessures résultant du rabattage des anticipés (GROSCLAUDE, 1985a). Dans ce qui suit nous relatons des essais destinés à évaluer l'efficacité à l'encontre du parasite de diverses spécialités à action fongicide ou antagoniste appliquées sur des blessures de taille.

TECHNIQUE EMPLOYEE.

Le principe de la méthode employée a fait l'objet de publications antérieures (GROSCLAUDE, 1984, 1985b). Les tests furent réalisés sur une parcelle de jeunes pêchers (3e pousse) de la variété Redtop, connue pour sa grande sensibilité au *Cytospora cincta* ; la plantation était située en Ardèche à 650m d'altitude. Au cours de l'hiver 1984-85, on sectionne la partie supérieure (environ 10cm) des rameaux de l'année écoulée, sur lesquels porteront les tests.

Les blessures ainsi faites reçoivent successivement :
- soit l'inoculum, puis la spécialité à tester (tests curatifs)
- soit la spécialité à tester, puis l'inoculum (tests préventifs).

Dans tous les cas l'inoculum est constitué par une suspension de spores du parasite (de titre compris entre 14 et 20 millions de spores par millilitre) obtenue en dissolvant des cirrhes récoltées sur des rameaux de pêcher tués par le parasite durant la saison précedente et présentant de nombreuses pycnides matures (ces rameaux avaient été conservés au réfrigérateur depuis le mois de juillet 1984).

Selon les cas, on procède à l'inoculation par dépôt sur la blessure d'une gouttelette de 20 microlitres de suspension de spores ou encore par application sur la blessure d'un disque de papier-buvard stérilisé, imbibé par la même suspension de spores.

Le délai qui sépare l'inoculation de l'application du produit à tester varie de 0 jour (en fait, 1 heure au maximum) à 2 jours.

SPECIALITES ET MATIERES ACTIVES TESTEES.

a) sous forme de bouillies liquides ou de solutions pulvérisées sur les plaies.

. carbendazime chlorhydrate 22,2g/l (M.A.) - Sandomil PP -
. folpel 20g/l (M.A.) - Phaltane -
. captafol 10g/l (M.A.) - Difosan Flo -
. Trichoderma harzianum 10^8 sp/ml -Phior P -

b) sous forme de peintures ou badigeons appliqués au pinceau

. carbendazime 4p.cent
. mélange thiabendazole 1p.cent + captafol 2,8p.cent - Drawipas -
. Bituplastic enduit bitumineux sans propriétés fongicides (utilisé comme témoin).

En outre, un badigeon à base d'oxyde de mercure - Santar - connu pour sa très bonne efficacité à l'égard d'autres parasites était inclus dans deux essais préventif et curatif comportant des badigeons. Mais ce produit s'étant révélé phytotoxique sur les petits rameaux de nos tests, il n'en sera pas tenu compte par la suite.

Tableau 1
Modalités des differents tests pratiqués

Type de test	Date de réalisation	Délai entre inoculation et traitement	Formulation des matières actives	Matières actives testées (doses indiquées dans le texte)
Préventif	23.10.84	2 jours	bouillies ou solution	carbendazime chlorhydrate, folpel, captafol.
Préventif	09.11.84	0 jour	id	id
Préventif	25.10.84	0 jour	badigeons	carbendazime, thiabendazole + captafol, (1)
Curatif	25.10.84	0 jour	id	id

(1) et témoin neutre ("Bituplastic")

RESULTATS OBTENUS.

Les premiers symptômes sont visibles dès la fin du mois de novembre, soit 3 à 4 semaines après l'inoculation. Il s'agit d'une nécrose des tissus internes et externes aux contours généralement bien délimités montrant souvent une zonation. On mesure alors périodiquement sur chaque rameau inoculé la longueur de la nécrose visible extérieurement. Cette nécrose s'accroit régulièrement (sauf bien entendu durant les périodes trop froides) et c'est ainsi qu'un lot témoin présentait au début du mois de mars des nécroses mesurant en moyenne plus de 70mm.

Pour chaque traitement, les longueurs de nécrose sont réparties en 5 classes : 1 (nécrose nulle), 2 (nécrose comprise entre 0 et 25mm), 3 (26 à 50mm), 4 (51 à 100mm) et 5 (nécrose de plus de 100mm). On évalue ensuite l'effectif de chaque classe. Un test d'homogénéité (test 2I) permet d'apprécier les différences statistiquement significatives au seuil de 5p. cent.

Les résultats dont le détail figure en annexe se résument ainsi :

a) avec des liquides (solutions ou suspensions) utilisés préventivement. Dans les 2 essais réalisés, seule la carbendazime chlorhydrate à 22,2g./l est différente du témoin ; elle se montre très efficace. Inversement, folpel, captafol et Trichoderma, aux doses indiquées plus haut ne diffèrent pas du témoin et peuvent être considérés comme inefficaces.

b) avec des badigeons.
Les 2 enduits à base de carbendazime d'une part et du mélange thiabendazolecaptafol ne diffèrent pas significativement entre eux et possèdent une bonne efficacité. Ils sont significativement différents du témoin.

Compte tenu de ce qui précède, on peut penser que l'efficacité de l'enduit à base de thiabendazole et captafol vis-à-vis du <u>Cytospora cincta</u> est due au premier des deux composants. Cependant, le captafol peut sans doute rendre le mélange plus polyvalent que ne le sont les benzimidazoles seuls. Par ailleurs, tous les enduits devant être appliqués au pinceau, il serait logique d'en réserver l'emploi pour la protection des grosses plaies. En revanche, la carbendazime sous sa forme soluble de chlorhydrate présente l'avantage de pouvoir être appliquée au moyen d'un sécateur-pulvérisant sur des plaies de dimension moindre.

REFERENCES BIBLIOGRAPHIQUES

Grosclaude C. (1984) L'efficacité des produits de protection des blessures chez les végétaux ligneux. <u>Phytoma-Défense des cultures</u> <u>362</u>, 38-42.

Grosclaude C. (1985a) Les dégâts de <u>Cystospora cincta</u> parasite de blessures sur pêchers. <u>L'Arboriculture fruitière</u> <u>371</u>, 51-53.

Grosclaude C. (1985b) La protection des plaies de tailles par voie chimique ou biologique chez les végétaux ligneux. <u>A.N.P.P. Premières journées d'études sur les maladies des plantes</u>. Versailles 26-27 février 1985, Tome 2, 505-511.

SUMMARY

TESTS DONE IN PEACH ORCHARDS WITH A FEW PRODUCTS HAVING FUNGICIDAL OR ANTAGONISTIC ACTION AGAINST <u>CYTOSPORA CINCTA</u>

Several fungicides formulated as mixtures or as dressing (carbendazim, folpet, captafol, thiabendazole and captafol) as well as a spore suspension of the antagonistic fungus **T. harzanium** were tested in orchards for possible activity against **C. cincta** artificially inoculated into peach voughs. Whereas carbendazim was very effective, as was a dressing containing a mixture of thiabendazole + captafol, the other products tested, captafol, folpet and **T. harzianum**, had no effect whatsoever at the doses used.

Annexe

Effectifs des classes de longueur de nécrose.
(Notation : Mars 1985)

	nécrose nulle	nécrose comprise entre 0 et 25mm	de 26 à 50mm	de 51 à 100mm	nécrose >100mm
Test préventif Du 23.10.84					
carbendazime-chlorhydrate	20	0	0	0	0
{ folpel	0	0	2	16	2
captafol	2	0	4	13	1
Trichoderma	0	0	2	14	4
témoin }	0	0	3	23	6
Test préventif du 09.11.84					
carbendazime-chlorhydrate	13	0	1	1	0
{ folpel	0	0	1	13	1
captafol	0	0	1	9	5
Trichoderma	0	0	0	13	2
témoin }	0	0	0	10	5
Test préventif du 25.10.84 *					
{ carbendazime	4	0	0	1	0
thiabendazole + captafol }	4	1	0	0	0
témoin	0	1	0	3	1
Test curatif du 25.10.84					
{ carbendazime	19	1	0	0	0
thiabendazole + captafol }	14	1	0	4	1
témoin	0	0	4	24	4

Les traitements réunis par une accolade ne diffèrent pas significativement entre eux.
* interprétation statistique réalisée par la méthode de DUNCAN à partir des données brutes.

LUTTE CONTRE LA TAVELURE DU POMMIER ; NOUVELLES POSSIBILITES OFFERTES PAR L'UTILISATION DES INHIBITEURS DE SYNTHESE DE L'ERGOSTEROL

J.M. OLIVIER

I.N.R.A., Station de Recherches sur les Champignons, Pont-de-la-Maye, 33140 Villenave d'Ornon, France

J. GUILLAUMES

I.N.R.A., Station de Pathologie Végétale, Route de St Clément, 49000 Angers, France

RESUME

Les fongicides inhibiteurs de la synthèse de l'ergostérol (bitertanol, fenarimol, ...) sont maintenant couramment utilisés chez les arboriculteurs recherchant une action curative contre la tavelure du pommier. Les résultats concernant un autre volet de la lutte, à savoir les interventions en automne contre la forme sexuée, sont exposés et discutés dans l'article. Une seule application de bitertanol ou de fénarimol après la récolte permet de réduire d'au moins 90 % l'intensité des projections d'ascospores. Les modalités pratiques d'une telle application sont discutées à partir des expérimentations réalisées depuis 1982.

INTRODUCTION

Les conditions climatiques exceptionnelles en 1983 et 1984 ont rappelé le danger que représente la tavelure du pommier pour les vergers français. Quinze à dix-huit interventions dirigées contre la tavelure ont été parfois nécessaires dans l'Ouest de la France. Dans de telles conditions, les principes de lutte raisonnée (Olivier 1983) et la mise en oeuvre de réseaux d'avertissements (Gendrier 1983, Boureau et Olivier 1984) se sont trouvés confrontés à des conditions particulièrement sévères. De plus, la généralisation de la résistance aux benzimidazoles, a profondément modifié les stratégies de lutte contre la tavelure (Olivier 1980).

Les expérimentations réalisées depuis 1978 dans différents pays, ont permis de définir des bases nouvelles, en particulier les conditions d'utilisation des inhibiteurs de synthèse de l'ergostérol comme fongicides curatifs (Césari et al 1979, Olivier 1984). La possibilité de limiter les projections d'ascospores par des traitements en automne a fait l'objet d'expérimentations avec l'urée (Bassino et Blanc 1975) ou les benzimidazoles (Darpoux et al 1975) sans apporter une solution actuellement généralisable. Des essais en laboratoire ont montré l'efficacité des inhibiteurs de synthèse de l'ergostérol pour ce type d'interventions (Olivier 1984). Les expérimentations réalisées à l'échelle des vergers font l'objet de la présente communication.

MATERIEL ET METHODES

Les essais sont réalisés dans des vergers fortement tavelés, en collaboration avec le Service de la Protection des Végétaux, l'ACTA, les Coopératives et Groupements d'Arboriculteurs et les firmes.

Sur la base de 1 000 litres d'eau/hectare, les différents fongicides sont expérimentés à la dose homologuée ou à une dose supérieure si nécessaire. Un lot de feuilles tavelées est prélevé juste avant traitement représentant environ le volume d'un sac de 5 litres par type de traitement et constitue le témoin. Un autre lot de même volume est prélevé sur les mêmes arbres après le traitement lorsque le feuillage est sec. Les feuilles sont mises à hiverner dans des coffres en bois en un même lieu (INRA-Angers). Les données de Jeger et al (1983) nous ont conduit à arroser les feuilles pendant les périodes sèches, en novembre et avril (1 litre d'eau par m² et par semaine). Dès les premières projections, les feuilles sont soumises à l'analyse. 15 feuilles sont placées, ensembles, en agitation dans 30 à 50 cc d'eau selon leur taille, pendant 15 heures. Le liquide est récupéré après filtration sur mousseline et sert au comptage des ascospores libérées. Si nécessaire, le filtrat peut être concentré 5 fois par centrifugation (20 minutes à 27 000 g). Pour chaque type de traitement, l'opération est réalisée 2 fois entre le 15 avril et le 15 juin, 3 répétitions étant faites à chaque date. Le nombre d'ascospores est ramené à la matière sèche du lot de feuilles et le résultat est exprimé comme un pourcentage par rapport au témoin. Le seuil de détection est calculé pour chaque essai et pris comme valeur numérique en cas d'absence d'ascospores dans les trois répétitions.

RESULTATS

Le tableau 1 regroupe les résultats obtenus en 1982-1983. On note l'efficacité du fénarimol à la dose homologuée et du bitertanol à une dose légèrement accrue. Il faut noter que peu d'essais interprétables mettent en jeu la dose homologuée du 18,75 g de bitertanol. Les autres matières actives se montrent insuffisamment efficaces.

Les données recueillies en 1983-1984 confirment la bonne efficacité du fénarimol et du bitertanol (tableau 2). Pour ce dernier, aucun effet significatif entre les doses utilisées n'apparaît dans le tableau 3.

La date du traitement n'influe pas sur l'efficacité des produits au niveau des feuilles demeurées sur l'arbre (tableau 4).

L'association avec du cuivre (0,5 à 0,8 hg/hl de cuivre-métal) sous forme d'oxychlorure ne modifie pas l'efficacité du traitement contre la tavelure.

DISCUSSION

Il ressort de ces essais que l'efficacité d'un seul traitement après la récolte peut être remarquable. L'application est compatible avec un mélange avec le cuivre destiné à lutter contre *Nectria galligena* ou *Erwinia amylovora*. Il faut aussi souligner que la prise en compte du seuil de détection comme valeur numérique minimum tend à sous-estimer l'efficacité des traitements.

L'influence de la date d'application peut être discutée ; dans notre protocole, nous ne considérons, en effet, que les feuilles présentes sur l'arbre. Il nous paraît donc raisonnable de recommander un traitement tôt après récolte de façon à limiter le nombre de feuilles échappant au traitement. Un problème demeure si le climat de novembre est relativement doux et favorise la multiplication du parasite ; un renouvellement du traitement n'est théoriquement pas à exclure, mais une expérimentation s'impose encore. Il nous paraît plus important de tempérer l'optimisme né des résultats en rappelant qu'une efficacité de 90 % signifie aussi qu'il reste 10 % de spores viables ; si l'inoculum initial est dense, ce reliquat ne peut être négligé. Donc, d'un point de vue pratique, un traitement d'automne procure une plus grande souplesse mais ne signifie pas un relachement dans la lutte au printemps. Enfin, un autre élément de discussion peut être le risque de contribuer à développer des populations du parasite résistantes aux fongicides employés. Le problème de la résistance éventuelle aux inhibiteurs de synthèse de l'ergostérol dépasse largement le cadre de la seule tavelure ; on peut cependant noter ici que ces produits sont utilisés généralement dans des programmes de traitements réalisant des associations ou des mélanges de matières actives ayant des modes d'action différents. Il convient cependant d'être vigilant, de surveiller toute émergence anormale de la maladie et d'assurer un choix judicieux des matières actives employées au printemps.

Dans ces conditions, le traitement après récolte avec les inhibiteurs de la synthèse de l'ergostérol peut être une aide précieuse, particulièrement dans les vergers fortement attaqués au moment de la récolte.

TABLEAU I

Intensité des projections après traitement (1982-1983)
(% par rapport au témoin = 100)

Matières actives	Doses (g/hl)	Nombre d'essais	1er comptage 1au 20 avril	2ème comptage 9 au 30 mai
Témoin	-	-	100	100
Fénarimol	4	14	4.9	5.8
Bitertanol	18.75	2	14.3	-*
	25	3	4.9	< 10
Triforine	38	5	10.5	21.9
Doguadine	68	1	99.8	-*
	135	11	28.4	42.3
Urée	10 kg	1	75.9	>100

* pas de comptage possible par absence d'ascospore dans les lots témoins

TABLEAU 2

Intensité des projections après traitement (1983-1984) toutes doses et dates confondues (% par rapport au témoin)

Matières actives	Nombre d'essais	1er comptage 20 avril au 15 mai	2ème comptage * 20 mai au 15 juin
Témoin	-	100	100
Bitertanol	10	4.4	4.1
Fénarimol	8	4.2	4.8
Bitertanol + cuivre	6	6.7	3.1
Fénarimol + cuivre	2	5.0	8.2

* L'analyse porte sur un nombre limité d'essais, aucune libération d'ascospores n'ayant été observée sur les "lots témoins" de plusieurs essais).

TABLEAU 3

Intensité des projections après traitement (1983-1984) selon la dose utilisée (% par rapport au témoin = 100)

Matières actives	Doses (g/hl)	1er comptage 20 avril au 15 mai	2ème comptage 20 mai au 10 juin
	25	5.0	4.5
Bitertanol	20	2.6	2.4
	18.75	2.6	2.5
	6	4.2	4.8
Fénarimol	4.8	1.0	3.4
	4	4.2	4.8

TABLEAU 4

Intensité des projections après traitement (1983-1984) selon la date du traitement (% par rapport au témoin = 100)

Matières actives	Dates du traitement	1er comptage 20 avril au 15 mai	2ème comptage 20 mai au 10 juin
Témoin	-	100	100
Bitertanol	20.10 - 20.11	4.7	3.0
	2.11 - 20.11	4.2	12.5
Fénarimol	20.10 - 1.11	4.7	2.8
	2.11 - 20.11	1.7	3.5

BIBLIOGRAPHIE

Bassino J.P. ; Blanc M. (1975) La tavelure du pommier. Amélioration de la lutte par la destruction de la forme hivernante du champignon. La Défense des Végétaux 174, 149-153.

Boureau M. ; Olivier J.M. (1984) Bilan d'activité des réseaux d'avertissements "tavelure" en France. Phytoma 360, 31-33.

Cesari A. ; Minghetti I. ; Gariba F. (1979) L'attavita "curativa" ed "cradicante" di nuovi fungicidi contro le infezioni primarie di Venturia inaequalis (Cke) Wint. Informatore Fitopatologico 29 (3), 25-28.

Darpoux H. ; Lebrun A. ; De La Tullaye B. (1975) Action de traitements sur la formation des périthèces et la production de l'inoculum primaire de Venturia inaequalis (Cooke) Wint. et de Venturia pirina Aderh. Phytiatrie - Phytopharmacie 24, 3-14.

Gendrier J.P. (1983) Mise en oeuvre d'un réseau d'informations des risques de tavelure en moyenne vallée du Rhône par la mesure et l'utilisation raisonnée de facteurs climatiques. Bulletin OEPP 13 (2), 315-320.

Jeger M. ; Butt D.J. (1983) Overwintering of Venturia inaequalis the agent of apple scab in relation to weather. Annals of Applied Biology 103, 201-218.

Olivier J.M. (1980) La tavelure du pommier. La Défense des Végétaux 206, 89-100.

Olivier J.M. (1983) Contribution à la lutte raisonnée contre la tavelure du pommier. 3ème Colloque sur les recherches fruitières - Bordeaux, CTIFL 239-252.

Olivier J.M. (1984) Evolution de la lutte contre la tavelure du pommier. La Défense des Végétaux 225, 22-35.

APPLE SCAB CONTROL ; NEW POSSIBILITIES OFFERED BY THE USE OF ERGOSTEROL BIOSYNTHESIS INHIBITORS

Ergosterol biosynthesis inhibiting fungicides (bitertanol, fenarimol, ...) are now regularly used by growers wanting curative action against apple scab (Venturia inaequalis). The results given here deal with another aspect of control, i.e. autumn application against the sexual form. These are explained and discussed in this article. A single application of bitertanol or of fenarimol after harvest allows at least 90 % reduction in ascospore discharge. The practical aspects of such an application are discussed on the basis of experiments performed since 1982.

EFFET DU PHOSETHYL-AL SUR LE RENDEMENT DES ARBRES FRUITIERS

J.L. SOUCHE - J. PAVIOT

RHONE-POULENC AGROCHIMIE, 14-20, rue Pierre Baizet - BP 9163
69263 LYON CEDEX 09 - FRANCE

A. PLANARD

RHODIA - Fazendas Sao Francisco - Paulinia SP - CP 252
CAMPINAS 13100 SP (Brésil)

RESUME

Les études poursuivies à propos de l'utilisation d'ALIETTE (PM à 80% de phoséthyl-Al) en arboriculture ont abouti à la démonstration d'un effet bénéfique de ce produit appliqué en pulvérisation foliaire à 250 g/hl sur le rendement. Il est possible d'obtenir des gains supérieurs à 10%, et on observe, dès la première année de traitement, un accroissement très net du calibre des pommes. De tels résultats, déjà publiés par d'autres chercheurs, méritent d'être confortés par la poursuite de ces essais sur plusieurs années. On attribue ces gains de rendement à la limitation d'attaques fongiques insidieuses sur les racines des arbres.

INTRODUCTION

La lutte contre les pourritures à Phytophthora des arbres fruitiers à longtemps été du seul ressort de la sélection variétale (porte-greffes tolérants) et de la mise en oeuvre de pratiques culturales favorables au ressuyage du sol. Quelques applications de fongicides sur les chancres des parties aériennes venaient compléter cet arsenal. L'arrivée de fongicides antiphytophthora systémiques, et plus particulièrement du phoséthyl-Al, doué de systémie descendante, est venue enrichir la panoplie des moyens de lutte disponible. Très vite, les propriétés de systémie descendante ont été mises à profit pour lutter contre les chancres situés sur le tronc et les charpentières au moyen de pulvérisations foliaires à 250 g/l d'ALIETTE, poudre mouillable titrant 80% de phoséthyl-Al.

Parallèlement, l'existence d'une arme efficace et facile d'emploi a permis de remédier à des dépérissements insidieux attribués jusqu'à maintenant à des erreurs culturales ou à l'épuisement des arbres fruitiers. Les dépérissements peuvent faire sentir leurs effets peu d'années après la plantation en limitant le potentiel de rendement des arbres. De nombreux essais réalisés par plusieurs chercheurs ou par nous-mêmes ont démontré qu'il était possible de lever un facteur limitant du potentiel de rendement des arbres fruitiers au moyen de pulvérisations foliaires de phoséthyl-Al. Quatre de ces résultats ont été choisis à titre d'exemple. Le premier concerne les agrumes, les autres, les pommiers. Tous ont été réalisés au Brésil où les attaques de <u>Phytophthora</u> peuvent prendre une allure de catastrophe.

...

TRAITEMENT SUR ORANGERS

Des orangers de quatre ans, de variété Hamlim, apparemment sains, c'est-à-dire présentant un feuillage d'aspect normal (coloration, densité) et une production satisfaisante, ont été séparés en trois lots recevant chacun un traitement différent :

- TEMOIN NON TRAITE
- phoséthyl-Al 200 g/hl en pulvérisation foliaire tous les 2 mois
- phoséthyl-Al 200 g/hl en pulvérisation foliaire tous les 3 mois.

Le volume de bouillie pulvérisé est de 1000 à 1500 l/ha. L'essai a commencé en octobre 1982 et se poursuit encore. Les seules mesures effectuées ont été les rendements qui ont été consignés dans le tableau ci-dessous :

TRAITEMENT	Rendement en t/ha		
	1983	1984	Cumul
phoséthyl-Al 200 g/hl tous les 2 mois	18	35	53
phoséthyl-Al 200 g/hl tous les 3 mois	19	39	58
TEMOIN	15	32	47

Tableau 1 : Gain de rendement mesuré au cours de deux campagnes successives de traitement avec le phoséthyl-Al sur agrumes.

Les résultats présentés dans ce tableau montrent que les écarts par rapport au témoin, enregistrés sur les parcelles traitées au phoséthyl-Al, sont très importants et rentabilisent largement le coût du programme annuel d'application.

Il a été possible de relier ce gain à une remise en état du système racinaire qui était déjà endommagé par Phytophthora citrophthora quatre ans après la plantation. Le traitement avec le phoséthyl-Al a permis de régénérer des racines gravement atteintes par le pathogène.

TRAITEMENT SUR POMMIERS

Des essais similaires ont été réalisés sur des pommiers de variété Gala, greffés sur MM 106, âgés de 7 ans, traités selon diverses modalités :

...

- TEMOIN NON TRAITE
- phoséthyl-Al, 200 g/hl, 4 pulvérisations foliaires réparties sur 5 mois
- phoséthyl-Al, 200 g/hl, 3 pulvérisations foliaires réparties sur 5 mois
- phoséthyl-Al, 200 g/hl, 3 pulvérisations foliaires réparties sur 3 mois

Les pulvérisations sont réalisées en utilisant un volume de 1000 l/ha.

Les essais ont commencé en 1984 et les mesures de poids de récolte et de calibre sont données dans le tableau ci-après :

TRAITEMENT	Rendement t/ha 1984			Poids moyen d'un fruit en g		
	essai 1	essai 2	essai 3	essai 1	essai 2	essai 3
phoséthyl-Al 200 g/hl 4 traitements en 5 mois	21	30	56 a	81,5	111,7	106 a
phoséthyl-Al 200 g/hl 3 traitements en 5 mois	21,5	30	49 ab	81,5	106,4	105 a
phoséthyl-Al 200 g/hl 3 traitements en 3 mois	19	30	55 a	82,0	109,3	105 a
TEMOIN	19	27	45 b	71,0	100,4	87 b
ppds			4			15

Tableau 2 : Gain de rendement mesuré au cours de la première campagne de traitement avec le phoséthyl-Al sur pommiers

On a pu observer dans ces essais que des gains de rendement d'au moins 10% ont été obtenus sur les parcelles traitées. Ces gains peuvent être reliés à l'accroissement du calibre des fruits. Dans l'essai 3, le gain est de 20% et devient statistiquement significatif.

...

CONCLUSION

De nombreux essais démontrent que des gains de rendement peuvent être obtenus à la suite de traitements avec ALIETTE sur des arbres apparemment sains et donnant des productions satisfaisantes. Cette observation surprenante peut sans doute s'expliquer par l'existence d'attaques racinaires insidieuses qui affaiblissent l'arbre sans le conduire rapidement à la mort. En effet, on a pu mettre en évidence des nécroses racinaires dues à Phytophthora cactorum dans les essais. Des essais à long terme sont en cours pour confirmer ce point.

La réduction de vigueur qui découle de ces dégâts est telle que le gain de rendement résultant d'un programme de traitements avec ALIETTE compense largement les frais que représentent ces applications dans les situations décrites. Un examen plus systématique de la flore pathogène des racines des arbres fruitiers mériterait d'être effectué au verger pour assurer un diagnostic plus précis des maladies présentes, et autoriser des traitements d'amélioration de l'état sanitaire extrêmement rentables.

EFFECT OF FOSETYL-AL ON THE YIELD OF FRUIT TREES

Studies on the use of fosetyl-Al in tree crops have demonstrated a beneficial effect on yield after foliar sprays with Aliette (0.25 kg/hl). We have been able to obtain yield increases above 10 % ; and in apple trees at the end of the first year of treatment we observed an improvement of fruit grade. Such results have already been published by other research workers but they need to be confirmed in many-year tests. We assume that these improvements in yield are related to the control of minor fungal pathogens of the root system.

HANSFORDIA PULVINATA ET PHOSETHYL-Al, AGENTS DE LUTTE INTEGREE CONTRE LA CLADOSPORIOSE DE LA TOMATE.

Yves TIRILLY

Laboratoire de Microbiologie Appliquée, Faculté des Sciences, Brest, France.

RESUME

Une pulvérisation sur feuilles de tomate d'une solution de 500 mg. l^{-1} de Phosethyl-Al a réduit de 92 % le nombre de taches de cladosporiose, en chambre climatisée. L'inhibition du *Cladosporium fulvum* constatée, *in vitro*, à cette concentration, pose le problème de la part de l'effet direct dans le mode d'action du Phosethyl-Al sur le *C. fulvum*. Une bonne compatibilité a été observée entre le fongicide et le *Hansfordia pulvinata*. Ainsi apparaît une possibilité de lutte intégrée au cours de laquelle les taches de cladosporiose seraient recouvertes par l'hyperparasite et les contaminations secondaires seraient inhibées par le Phosethyl-Al.

INTRODUCTION

Les essais d'utilisation du *Hansfordia pulvinata*, hyperparasite du *Cladosporium fulvum* (syn. : *Fulvia fulva*) contre la cladosporiose de la tomate ont montré que ce champignon s'installait rapidement et exprimait un antagonisme actif sur 75 à 95 % des taches de cladosporiose 4 jours après l'apport (Péresse et Le Picard 1984).

Cependant, en serre de production, la pulvérisation sous pression d'une suspension de propagules de l'hyperparasite sur un feuillage contaminé provoquait une dissémination aérienne des spores de *C. fulvum*. En cas de conditions climatiques favorables, dans les 15 jours suivants, apparaissaient de nouvelles infections. Le *H. pulvinata* ne peut en effet atteindre le parasite pendant les phases de germination, de pénétration par les stomates et d'incubation dans la feuille de tomate.

Le problème était donc d'inhiber la germination de spores de *C. fulvum* dispersées lors du traitement tout en permettant l'installation du *H.pulvinata* sur les taches développées à la face inférieure des feuilles. Divers fongicides ont été testés en vue de mettre au point une méthode de lutte intégrée (Péresse et Le Picard 1984). Une association d'une efficacité satisfaisante contre le *C. fulvum* et d'une compatibilité avec le *H. pulvinata* n'a pu être réalisée : dans les meilleurs des cas, l'hyperparasite s'implantait mais sa sporulation était fortement réduite par l'apport conjoint du fongicide.

Nous avons alors inclus dans notre screening le Phosethyl-Al, fongicide systémique connu pour sa capacité à stimuler les réactions de défense des plantes et tout particulièrement de la tomate (Vernenghi 1985). Si son activité contre le *C. fulvum* n'a pas été signalée, elle l'a été contre le *Cercosporidium personatum*, parasite de l'arachide (Bertrand *et al.* 1977) susceptible d'être, comme le *C. fulvum*, hyperparasité par le *H. pulvinata* (Shokes et Taber 1983).

L'hypothèse, à la base de nos essais, était que l'effet fongicide indirect du Phosethyl-Al (Vo-Thi-Hai *et al.* 1979 ; Bompeix *et al.* 1981) serait sans conséquences sur le *H. pulvinata* mais pourrait contrecarrer de nouvelles infections par le *C. fulvum*.

MATERIEL ET METHODES

Conditions culturales et infections expérimentales

Les techniques décrites précédemment ont été retenues (Tirilly et Trique 1983). Les essais ont été effectués sur des plants de tomate (cv St-Pierre) âgés de 5 à 7 semaines).

Application du fongicide

Le Phosethyl-Al (Aluminium tris-O-éthyl-phosphonate), formulé à l'état de poudre mouillable (80 % de m.a.), a été pulvérisé à la face inférieure des feuilles ; chaque cm2 de foliole a reçu en moyenne 6,5 µl de la solution de fongicide apportée.

Tests *in vitro* de fongitoxicité

Des suspensions de spores de *C. fulvum* ou de *H. pulvinata* ont été étalées à la surface de boîtes de Pétri contenant un extrait de malt (2 %) et de levures (0,2 %) gélosé. Le Phosethyl-Al a été inclus dans les milieux aux doses 0, 100, 200, 500 et 1000 mg (m.a.) par litre. Le pH des milieux a été ajusté à 6,2 par de la soude N/10.

Un cube de milieu a été prélevé périodiquement dans chaque boîte et placé entre lame et lamelle sous microscope. Les mesures retenues représentaient la taille moyenne de 30 microthalles.

RESULTATS

1. Activité du Phosethyl-Al contre le *C. fulvum, in vivo*

Le fongicide et les spores du parasite ont été apportés séparément sur feuilles de tomate. Les résultats, exprimés en % de réduction du nombre de taches de cladosporiose par rapport au témoin, indiquaient, 20 jours après l'infection, une forte activité du Phosethyl-Al. Les doses 500 et 1000 $mg.l^{-1}$ (Tableau 1) donnant une protection sensiblement équivalente, la concentration de 50 $mg.l^{-1}$ a été retenue pour une expérimentation au cours de laquelle les traitements de Phosethyl-Al ont été différés de 2 et 4 jours. Aucune modification significative n'a été constatée dans le premier cas ; par contre, un apport de fongicide 4 jours après l'infection a procuré une efficacité moindre (72 %).

TABLEAU 1

Limitation des symptômes de cladosporiose par le Phosethyl-Al

	Phosethyl-Al ($mg.l^{-1}$) 0	100	200	500	1000
nombre de taches*	594	243	89	45	24
réduction en %	0	59	85	92	96

*Les lectures ont été effectuées, pour chaque condition, sur la 5e feuille de 3 plants de tomate (cv St-Pierre) âgés de six semaines au moment de l'infection.

2. Activité du Phosethyl-Al contre le *H. pulvinata, in vivo*

Une suspension de spores de *H. pulvinata* et une solution de 500 $mg.l^{-1}$ de Phosethyl-Al ont été pulvérisées séparément sous des feuilles de tomate contaminées 3 semaines plus tôt par le *C. fulvum*. Par rapport à un lot témoin, où seul l'hyperparasite a été apporté, il n'apparaissait, 4 jours plus tard, aucune différence significative. La compatibilité entre le fongicide et l'hyperparasite semble donc satisfaite.

3. Effet inhibiteur du Phosethyl-Al, *in vitro*

Les premiers résultats obtenus sur l'activité *in vitro* du Phosethyl-Al envers les deux champignons testés n'ont pas mis en évidence une inhibition de la germination des spores, mais un effet négatif sur l'allongement des tubes germinatifs puis sur le développement des thalles.

Le *C. fulvum* s'est révélé nettement plus sensible que le *H. pulvinata* à l'action du fongicide (Tableau 2). Après 8 jours de culture, l'hyperparasite présentait une bonne sporulation à 500 $mg.l^{-1}$, alors qu'à cette même dose le *C. fulvum* semblait ne pouvoir dépasser le stade de développement atteint après 48 h d'incubation.

TABLEAU 2

Pourcentage d'inhibition de croissance du *C. fulvum* et du *H. pulvinata*, à 4 concentrations de Phosethyl-Al, après 48 heures de culture sur milieu à l'extrait de malt.

	Phosethyl-Al ($mg.l^{-1}$)			
	100	200	500	1000
Cladosporium fulvum	0	22	92	94
Hansfordia pulvinata	0	0	11	64

L'adjonction de KH_2PO_4, à la concentration de 8 mM, dans le milieu de culture, n'a pas atténué l'effet fongistatique du Phosethyl-Al sur les deux champignons testés.

DISCUSSION

Le rôle dévolu au Phosethyl-Al dans le modèle de lutte intégrée proposée contre la cladosporiose de la tomate était soumis à deux impératifs :

. inhiber les nouvelles infections de *C. fulvum* au moment de l'apport de l'*H. pulvinata*,

. ne pas gêner l'installation de l'hyperparasite.

Les expériences menées en chambre climatisée ont montré qu'une seule pulvérisation du fongicide à la concentration de 500 $mg.l^{-1}$ permettait de satisfaire ces deux conditions.

Les activités *in vitro* et *in vivo* du Phosethyl-Al sur le *C. fulvum* et le *H. pulvinata* présentent une convergence : le *C. fulvum* est le plus sensible dans les deux cas.

Fenn et Coffey (1984) estiment que l'effet fongicide direct du Phosethyl-Al est, à tort, sous-estimé, mais que les champignons autres que les *Phytophthora* sont peu inhibés par ce produit. Cependant, le *C. fulvum* possède une étonnante sensibilité au fongicide *in vitro*, mais aucun effet n'est décelé à 100 $mg.l^{-1}$, en boîtes de Pétri, alors que l'inhibition est de 59 % *in vivo*. De plus, la quantité de produit disponible sur l'épiderme des feuilles de tomate est rapidement inférieure à celle appliquée du fait de la pénétration du composé et de sa systémie. Bompeix et Saindrenan (1984) considèrent que, dans de nombreux cas, l'action du Phosethyl-Al porte essentiellement sur la stimulation des réactions de défense de la plante. Les résultats obtenus suggèrent l'implication d'un tel mode d'action.

Cette méthode de lutte intégrée sera testée en serre de production dès cette année afin d'en apprécier l'efficacité dans des conditions naturelles et de tenter d'optimiser les concentrations d'hyperparasite et de fongicide nécessaires.

REFERENCES

Bertrand, D. ; Ducret, J. ; Debourge, J.C. ; Horrière, D. (1977) Etude des propriétés d'une nouvelle famille de fongicides : les mono éthyl phosphites métalliques, caractéristiques physicochimiques et propriétés biologiques. *Phytiatrie-Phytopharmacie* 26, 3-18.

Bompeix, G. ; Fettouche, F. ; Saindrenan, P. (1981) Mode d'action du Phosethyl-Al. *Phytiatrie-Phytopharmacie* 30, 257-272.

Bompeix, G. ; Saindrenan, P. (1984) *In vitro* antifungal activity of Fosetyl-Al and phosphorous acid on *Phytophthora* species. *Fruits* 39, 777-785.

Fenn, M.E. ; Coffey, M.D. (1984) Studies on the *in vitro* and *in vivo* antifungal activity of Fosetyl-Al and phosphorous acid. *Phytopathology* 74, 606-611.

Péresse, M. ; Le Picard, D. (1984) Perspectives actuelles d'utilisation du *Hansfordia pulvinata* contre la cladosporiose de la tomate. In *Faune et flore auxiliaires en agriculture*, Paris, *A.C.T.A.*, pp. 282-288.

Shokes, F.M. ; Taber, R.A. (1983) Occurrence of a hyperparasite of *Cercosporidium personatum* on peanut in Florida. *Phytopathology* 73, 505.

Vernenghi, A. (1985) Réactions de défense du *Lycopersicon esculentum* à des infections cryptogamiques : essai de détermination de phytoalexines et de leurs propriétés inhibitrices. Thèse de 3e cycle, Paris, 174 p.

Vo-Thi-Hai ; Bompeix, G. ; Ravisé, A. (1979) Rôle du tris-O-phosphonate d'aluminium dans les réactions de défense des tissus de tomate contre le *Phytophthora capsici*. *Comptes Rendus de l'Académie des Sciences*, Paris, sér.D 288, 1171-1174.

HANSFORDIA PULVINATA AND FOSETYL-Al : INTEGRATED CONTROL AGENTS FOR LEAF-MOULD IN TOMATO.

Spraying tomato leaves with a 500 mg/l solution of Fosetyl-Al reduced the number of leaf-mould spots by 92 % under controlled conditions. The inhibition of *Fulvia fulva* observed *in vitro* at this concentration led us to consider that there is a share of direct effect in the mode of action of Fosetyl-Al against *F. fulva*. Good compatibility was observed between the fungicide and *Hansfordia pulvinata*. Hence, there is the possibility of an integrated control method in which leaf-mould spots would be covered by the hyperparasite and secondary infection would be inhibited by Fosetyl-Al.

FUNGICIDES FOR THE CONTROL OF *CYLINDROCLADIUM SCOPARIUM* Morgan ON *RHODODENDRON SIMSII* Planch.

W. WELVAERT

Rijksuniversiteit - Gent, Coupure links, 653, B-9000 Gent

G. DE PREST

Centrum voor de Studie van de Sierplantenteelt (I.W.O.N.L.) Coupure 653, Gent

ABSTRACT

The lack of control of Cylindrocladium scoparium *with benzimidazoles in some Azalea nurseries was concluded to be due to the occurrence of resistant strains. These were isolates from nurseries which had repeatedly used benzimidazoles (benomyl and/or thiophanate-methyl). In 'in vivo' infection trials these fungicides controlled only the sensitive strains. Prochloraz, which is less active 'in vitro', was able to control infection by sensitive and resistant strains.*

INTRODUCTION

Cylindrocladium scoparium is known from North and South America, the West Indies, Europe, Africa, Southern Asia, New Zealand and Australia. It is one of the most pathogenic and polyphagous species of its genus and may cause damping-off, seedling root rot and blight and leaf spots on a very wide range of hosts, particularly woody plants (Domsch *et al.*, 1980; Bugbee & Anderson, 1963), including *Rhododendron simsii* Planch. (common name Azalea). The leaves of azalea can even be used for baiting *C. scoparium* (Linderman, 1972).

The Azalea-grower in the Ghent area (Belgium) also has to deal with this disease. Normally they use benzimidazoles during rooting and later when potting on. In other cases the mother-plants are treated two weeks before taking the cuttings, which are dipped in a captan suspension. In recent years some growers have complained that in spite of these fungicide treatments disease control is rather poor.

To determine the cause of this, a series of trials were set up in order to give or to restore a reliable control.

MATERIALS AND METHODS

Origin of the *C. scoparium* isolates used

- DP 8 (DH-Z-18.08.83) from infected stems of Azalea cv. 'Hellmut Vogel', isolated from one year old plants with stem infection. The plants had been treated with alternating fungicides.
- DP 48 (M-L-25.01.84) from diseased mother-plants of Azalea cv. 'Schäme' November cuttings. Benzimidazole products frequently used: carbendazim, benomyl, thiophanate-methyl in combination with dichlofluanid. Mother-plants were infected.
- DP 51(VDW-D-27.02.84) : leaf spots on Kentia. No benzimidazoles used.
- DP 74 (VL-Z-2.07.84): from rooted Azalea plants. During the growing period, young plants received four treatments of thiophanate-methyl.

- DP 76(DK-L-12.07.84): from Azalea cv. 'Hellmut Vogel' (Inga). Rooted cuttings in December were treated in February with thiophanate-methyl and after repotting received a captan treatment. There was a contamination of 40%.
- DP 99 (DH-E-10.10.1984): from leaf spots on Azalea cv. 'Hellmut Vogel', some nature plants, no stem infection.

Control experiments 'in vivo'

A peat soil (Neuhaus special - pH 4.5) was inoculated with 4.10^5 spores/ml *C. scoparium* at a dose of 1 l/m^2, two days before planting the healthy freshly rooted cuttings. A sensitive and a resistant strain wereused for the inoculation.

Fungicide treatment

After four days the inoculated peat soils, were treated with fungicides and kept in a glasshouse at 20-22°C. The following fungicide concentrations were used (according to earlier experiments): benomyl (Benlate 50% a.i.) at 10 g/m^2; thiophanate-methyl (Topsin-M 70% a.i.) 7 g/m^2 and prochloraz (Sporgon 46% a.i.) 10 g/m^2. The fungicides were poured out over the potted plants at 5 l/m^2. Afterwards the plants were washed off with pure water. Five parallels were used.

Evolution of disease and assessment

The cuttings weren taken out after seven weeks and examined visually. From the survivors, three pieces of the stem base of each cutting were plated out on a 2% malt agar. After one week incubation the results were recorded.

RESULTS

In table 1 the growth on benzimidazole containing agar of the different *C. scoparium* isolates are compared. It can be concluded that DP 48 and DP 74 are resistant strains.

TABLE 1

Radial growth of different *C. scoparium* isolates on benzimidazole containing agar

Cylindrocladium strains	Control	benomyl (mg/l)				thiophanate-methyl (mg/l)			
		1	2	10	20	1	2	10	20
DP 8	34.7	0	0	0	0	28.3	6.2	0	0
DP 48	32.2	29.8	26.3	24.8	25	25.3	23.8	27.8	25
DP 51	41.5	0	0	0	0	27	8.6	0	0
DP 74	40.3	36.5	32	9.5	0	31.6	32.2	30.6	12.5
DP 76	40.2	0	0	0	0	28.2	6	0	0
DP 99	38.3	0	0	0	0	28.8	7.8	0	0

From table 2, where only a sensitive strain was used, it appears that in 'in vitro' agar tests, prochloraz has only a slight activity.

TABLE 2

Radial growth (%) of *C. scoparium* on agar medium with different fungicides

Concentration mg/l	benomyl	thiophanate-methyl	prochloraz
0	100	100	100
0.1	95.3	89.7	88.8
0.2	98.6	81.3	85.5
1.0	55.7	86.0	71.6
2.0	0	81.6	73.4
10.0	0	1.2	77.1
20.0	0	0	51.7
100.0	0	0	10.6

Table 3 summarizes the results of control experiments 'in vivo'. Benomyl, thiophanate-methyl and prochloraz were active against the sensitive strain (significant Duncan test) but only prochloraz was able to effectively control the resistent strain (significant Duncan test). The occurrence of infection in the non inoculated plants was caused by latent infections in the cuttings used.

TABLE 3

Percentage of *C. scoparium* infected, dead or healthy Azalea plants using different strains and treatments

Treatment / Assessment class	Non inoculated	Inoculated with DP 8 sensitive strain				Inoculated with DP 48 resistant strain			
		C	B	T	P	C	B	T	P
Healthy	88	46	76	80	88	62	50	58	90
Infected	12	54	24	20	12	38	50	52	10
Dead	2	12	2	0	4	24	8	8	2

C: control T: thiophanate-methyl Healthy/infected S.E. = 0.534634
B: benomyl P: prochloraz

DISCUSSION

We can conclude from these experiments that benzimidazole resistant strains of *C. scoparium* occur in some nureseries. The reason is most probably the unilateral use of these products.

It is obvious that to avoid resistance either the systemic fungicides used should be alternated with products which have a different mode of action or from the beginning mixtures which are already available on the market should be used.

In the case of the occurrence of benzimidazole resistant strains adequate control can be obtained with prochloraz.

The 'in vitro' growth inhibition method in agar was not suited for screening products to indicate control 'in vivo', prochloraz was effective 'in vivo' but did not give control 'in vitro'.

Acknowledgement

We thank the I.W.O.N.L. (Instituut tot Aanmoediging van het Wetenschappelijk Onderzoek in Nijverheid en Landbouw) for subsiding these experiments.

REFERENCES

Bugbee, W.M. & Anderson, N.A. (1963). Host range and distribution of *Cylindrocladium scoparium* in the North Central States. Plant Disease Reporter, 47, 512-515.

Domsch, K.H.; Gams, W. & Traute Heidi Anderson (1980). Compendium of Soil Fungi - Academic Press, New York, p. 251-253.

Linderman, R.G. (1972). Isolation of *Cylindrocladium* from soil or infected Azalea stems with Azalea leaf traps. Phytopathology, 62, 736-739.

RESUME

FONGICIDE POUR LA LUTTE CONTRE *CYLINDROCLADIUM SCOPARIUM* SUR *RHODODENDRON SIMSII*

Les échecs de traitements aux benzimidazoles contre C. scoparium *dans certaines pépinières d'azalées pourraient être dus à la présence de souches résistantes. Il s'agit d'isolats provenant de pépinières où des benzimidazoles ont été utilisés de façon répétée (bénomyl et/ou méthyl-thiophanate). Dans les essais d'infection 'in vitro', ces fongicides ne sont efficaces que sur les souches sensibles. Néanmoins, le prochloraz, moins actif 'in vitro', se montre efficace aussi bien sur les souches sensibles que sur les souches résistantes.*

AUTHOR INDEX

NOTES

NOTES

NOTES

NOTES

NOTES

NOTES